ciencia que ladra...

serie mayor

Dirigida por Diego Golombek

Traducción: Gabriela Ferrari

EL GORILA INVISIBLE

y otras maneras
en las que nuestra intuición nos engaña

CHRISTOPHER CHABRIS
DANIEL SIMONS

siglo veintiuno
editores

siglo veintiuno editores argentina, s.a.
Guatemala 4824 (c1425bup), Buenos Aires, Argentina

siglo veintiuno editores, s.a. de c.v.
Cerro del Agua 248, Delegación Coyoacán (04310), D.F., México

siglo veintiuno de españa editores, s.a.
Sector Foresta nº 1, Tres Cantos (28760), Madrid, España

Chabris, Christopher
El gorila invisible: y otras maneras en las que nuestra intuición nos
engaña. / Christopher Chabris y Daniel Simons. - 1ª ed. 1ª reimp. -
Buenos Aires: Siglo Veintiuno Editores, 2011.
304 p.; 23x16 cm. - (Ciencia que ladra... Serie Mayor / dirigida por
Diego Golombek)

Traducido por: Gabriela Ferrari

ISBN 978-987-629-168-2

1. Ciencias Biológicas. I. Simons, Daniel II. Ferrari, Gabriela, trad.
III. Título

CDD 570

Título original: *The Invisible Gorilla*
© 2009, Christopher F. Chabris y Daniel J. Simons
© 2011, Siglo XXI Editores Argentina S.A.

Diseño de portada: Juan Pablo Cambariere

ISBN 978-987-629-168-2

Impreso en Artes Gráficas Delsur // Alte. Solier 2450, Avellaneda
en el mes de agosto de 2011

Hecho el depósito que marca la ley 11.723
Impreso en Argentina // Made in Argentina

Índice

Este Libro (y esta colección)

—No hay nadie. Ilusión.
—¿No hay nadie? ¿Y no es nadie la ilusión?
Juan Ramón Jiménez

Si las puertas de la percepción se abrieran,
el mundo aparecería ante el hombre como es,
infinito.
William Blake

Aclaración importante: no lean este libro. Ni siquiera este pró-
logo (y si es posible, pasen por alto incluso el título). Esto es, no comiencen a leer hasta no ver y experimentar por ustedes mismos las increíbles
ilusiones que proponen los autores. Es fácil: basta con buscar en Internet
los videos adecuados* y sorprenderse ustedes y todos cuantos experimen-
ten estas sensaciones.** Así que ya saben: hagan la prueba (o las pruebas)
antes de leer las páginas que siguen.

Volvamos, ahora sí, a estos gorilas en la niebla que nos demuestran
mucho más de lo que parece. Y empecemos por el principio: el mundo
no existe. En cambio, existe lo que los sentidos nos dicen sobre él. De
nuevo: el mundo no existe, sino lo que los sentidos –y ese cerebro con
patas que, en definitiva, somos– deciden informar. En el medio, una serie de trampas: a veces los sentidos nos roban una porción del mundo,
otras veces lo inventan. Las ilusiones, así, son una parte inseparable de
nuestra existencia, y este libro desenmascara algunos de los procesos que
decididamente van en contra de nuestra intuición de que hay un mundo
ahí fuera y, es más, que lo conocemos perfectamente. Lo esencial es mucho más invisible a los ojos de lo que imaginamos.

---

* Por ejemplo, en http://www.simonslab.com/videos.html.
** El efecto es siempre sorprendente; por ejemplo, hemos efectuado estas
   pruebas en televisión, y al grabarlas en un estudio, hasta los camarógrafos y
   el resto de los técnicos fueron atrapados por la ilusión.

Se trata entonces de comprender –de comenzar a comprender– cómo funciona la mente, y no es como pensamos. Hay mucho más en el cielo y en la Tierra que lo que puede nuestro cerebro, y reconocer esto es sólo un primer paso, que requiere una tremenda dosis de humildad intelectual. Pero si de ilusiones se trata, en el libro hay colecciones para todos los gustos. Comenzamos por la ceguera inatencional (nuestro típico gorila apareciendo inesperadamente): al enfocar nuestra atención en algo, el resto del mundo queda a oscuras. Sin embargo, no olvidemos que esta ilusión nos acompaña a diario, y sin ella serían imposibles los Houdinis y los Merlines –qué aburrido sería un mundo sin magia–. Algo similar ocurre con la ceguera frente a los cambios: por más increíble que parezca, se nos escapan enormes variaciones en ese mundo que creemos tan conocido, como si la percepción se basara más en nuestras expectativas, en lo que suponemos que está ocurriendo o va a ocurrir, que en lo que realmente sucede.

Ciencia de todos los días; ilusiones de todos los días. El libro nos va desnudando en nuestra facilidad para ser engañados (sobre todo, por nosotros mismos). La memoria, por ejemplo, no para de jugarnos bromas, y el cerebro adora la sensación tanguera de que todo tiempo pasado fue mejor. Entendemos la vida –nuestra vida– como una narrativa, con lo bueno y lo malo, y al construir esa ficción inventamos la cara de la primera novia, recordamos detalles inexistentes y, en definitiva, nos quedamos tranquilos porque nos parece que nos conocemos mucho más de lo que en realidad sabemos de nosotros y nuestras andanzas. Esta ilusión de la memoria fabrica nuestras historias tanto con ladrillos de nuestros propios recuerdos como con cemento de lo que hemos leído o escuchado, o incuso de lo que otros cuentan sobre nosotros. Conócete a ti mismo, sí… al menos hasta donde puedas. ¿Será que evolucionamos con una capacidad innata para embellecer nuestro pasado?

El genial físico Richard Feynman solía decir que la primera regla es no engañarnos a nosotros mismos… pero nuestros desmitificadores Simons y Chabris están empeñados en convencernos de que esto es de lo más imposible, como las imposibilidades que vivía a diario el conejo de Alicia antes del desayuno. Según la ilusión del conocimiento, creemos que sabemos mucho más de lo que realmente sabemos –una ilusión a la cual los científicos solemos ser bastante adictos, por cierto–. Y no olvidemos la ilusión de confianza: en nuestra mente las habilidades de las que somos capaces son siempre gigantes, aun cuando estemos preparados para un mundo que ya no existe. Así, nuestra neurología está construida y adaptada para caminar, cazar y en todo caso volver a la cueva… no para andar en auto o en avión; ni siquiera para hablar por teléfono en la ruta con manos libres, aun cuando confiemos ampliamente en nuestras posibilidades de atención y de respuesta.

Una de las ilusiones más conocidas, pero no por eso menos difundidas entre todos nosotros, es la de causa, que confunde correlación con causalidad. Efectivamente, nuestra mente está preparada y decidida a ver patrones, y significados en esos patrones. Así, inventamos teorías conspirativas donde no las hay, y delineamos el contorno de la Virgen María en un sándwich tostado, o caemos en las trampas astrológicas o I-Chingescas con la mayor alegría, convencidos de que hay cierto método en la locura de cómo se entrelazan los hechos, y leemos una secuencia de causas y consecuencias allí donde sólo hay azar o simplemente relaciones sin un orden originario. Tal vez sea que nuestro cerebro viene cableado para responder de esa manera; al fin y al cabo es un cerebro inductivista, que, luego de n hechos iguales o similares, esperará que el hecho $n+1$ repita la serie sin atreverse a romper el orden establecido. Así, luego de salir al campo y contar tres, cuatro, veintidós cisnes blancos, nuestro cerebro está listo para gritarle al mundo que todos los cisnes son blancos... Claro que la ciencia tiene por objeto la aburrida tarea de estar al acecho de cisnes negros, amarillos y a lunares violetas (aunque nunca aparezcan).

¿Y con esto qué? ¿Se trata de un texto destinado a demostrar lo pequeños –y engañables– que somos? ¿Un ayuda-memoria de nuestras falencias? Nada de eso. Lo primero, como ya dijimos, es poder reconocer nuestras fallas y nuestros límites. Pero también el libro puede ser leído en clave de autoayuda, y el penúltimo capítulo ofrece algunos ejercicios para mejorar nuestras capacidades para entender el mundo. Curiosamente, estos consejos no tienen que ver con la famosa gimnasia mental (luego de realizar innumerables crucigramas o resolver miles de sudokus seremos, inevitablemente, expertos en crucigramas o sudokus, y no necesariamente estos resultados serán extrapolables al resto de nuestro desempeño en la vida real, que no es un camino de letras verticales o una fila que sume 23); ni siquiera con el famoso efecto Mozart ni con la dieta de la luna (que son ejemplos de la ilusión del potencial, la consabida y falsa idea de que sólo usamos el 10% del cerebro y que el resto está ahí, esperando que lo despertemos). De manera mucho más modesta, los autores nos recuerdan que lo único que ha sido comprobado como efectivo a la hora de mejorar o al menos de mantener en buen estado el desempeño cognitivo es el ejercicio físico moderado (mal que nos pese a algunos amantes de los sillones y las almohadas).

En definitiva, lo que aquí está en juego no es otra cosa que el concepto de verdad, y de cuánto podemos conocer confianzudamente sobre nosotros mismos y el mundo que nos rodea. Seguramente la herramienta más poderosa que hemos inventado para ese conocimiento es la ciencia, que necesita construir el mundo paso a paso, y que se vale de experimentos para ir deshojando margaritas e hipótesis por el camino. Pero para conocer ese mundo no podemos sino valernos de nuestros sentidos (o bien, de aquellas extensiones tecnológicas de nuestros sentidos, como las lupas, las reglas o los microscopios), con todos los errores que supimos conseguir. Incluso con esas graves (y, como veremos, divertidas) falencias, esa aventura llamada ciencia nos invita a conocer, a entender y, de paso, a agregarle belleza y hasta magia al universo. Vale la pena intentarlo, aunque nos aparezcan gorilas donde menos lo esperemos.

Esta colección de divulgación científica está escrita por científicos que creen que ya es hora de asomar la cabeza por fuera del laboratorio y contar las maravillas, grandezas y miserias de la profesión. Porque de eso se trata: de contar, de compartir un saber que, si sigue encerrado, puede volverse inútil.

Ciencia que ladra… no muerde, sólo da señales de que cabalga.

DIEGO GOLOMBEK

Agradecimientos

El 30 de septiembre de 2004, en Cambridge, Massachusetts, recibimos el Premio Nobel Ig[1] de Psicología. El premio nos fue entregado "por demostrar que cuando se presta atención a algo, es muy fácil descuidar todo lo demás, incluso una mujer disfrazada de gorila". Dos días más tarde, cuando nos dirigíamos a la sala de conferencias del Massachusetts Institute of Technology para dar una breve charla sobre nuestro experimento, la conversación se orientó hacia la creciente visibilidad que estaba cobrando el video del gorila fuera de nuestro territorio específico de la psicología cognitiva. Cada vez más personas nos decían que allí no sólo quedaba de manifiesto una particularidad de la visión, sino que también les aportaba una perspectiva novedosa y más amplia acerca de cómo funciona la mente. Antes de ese momento, nos habíamos limitado a pensar en las implicancias que tenía el video del gorila para la percepción visual y la atención, pero comenzamos a comprobar que, metafóricamente, podría ayudar a la gente a pensar en las limitaciones cognitivas de manera más general. A lo largo de esa conversación, sentamos las bases de este libro: una exploración del significado de las limitaciones cognitivas y de nuestra (in)conciencia respecto de ellas. De manera que nuestro primer agradecimiento es para Marc Abrahams, creador y patrocinador del Premio Nobel Ig, por hacernos el "honor" de otorgárnoslo y por aportar la chispa que condujo a este proyecto.

Debemos un agradecimiento aún mayor a Ulric Neisser, cuyo revolucionario trabajo sobre la visión selectiva inspiró nuestro experimento del gorila y la pelota de básquetbol. Durante el último año de los estudios de posgrado de Dan, Neisser se reincorporó al cuerpo docente, lo que le brindó a Dan la invalorable oportunidad de hablar y discutir con su ídolo intelectual y de aprender de él. Esas conversaciones le sirvieron de

---

1 Se entrega a "aquellos logros que primero hacen reír y luego, pensar".

motivación para reproducir los estudios de Neisser en Harvard. Sin su inspiración, el experimento del gorila nunca se habría realizado.

Varias personas nos dieron consejos cuando nuestras ideas para este libro recién estaban en germen. Entre ellas podemos mencionar a Michael Boylan, Bill Brewer, Neal Cohen, Marc Hauser, Stephen Kosslyn y Susan Rabiner. Mientras lo escribíamos, recibimos información muy valiosa sobre temas específicos de Adrian Bangerter, George Bizer, David Baker, Walter Boot, David Dunning, Larry Fenson, Kathleen Galotti, Art Kramer, Justin Kruger, Dick Lehr, Jose Mestre, Steven Mitroff, Jay Pratt, Fred Rothenberg, Alan Schwartz, John Settlage, Kenneth Steele, Richard Thaler y Frederick Zimmerman.

Fueron varias las personas que se sometieron a extensas entrevistas como parte de nuestra investigación para el libro. Aunque son pocas aquellas que no figuran en la versión final, todas contribuyeron en gran medida a nuestra elaboración de las ilusiones cotidianas. Por dedicarnos su tiempo y aceptar ser entrevistados, agradecemos a Walter Boot, Bill Brewer, Daniel Chabris, Steven Franconeri, Jim Keating, Ed Kieser, Leslie Meltzer, Stephen Mitroff, Steven Most, Tyce Palmaffy, Trudy Ramirez, Leon Rozenblit, Melissa Sanchez y Micahel Silverman.

Muchas personas nos dieron su opinión sobre lo que íbamos escribiendo, en algunos casos borradores de varios capítulos y en otros todo el manuscrito, y más de una vez. En primer lugar nuestro editor de Crown, Rick Horgan, y su asistente, Nathan Roberson, nos ayudaron a organizar nuestra prosa de manera tal de lograr què el relato fluyera con agilidad de un puerto al siguiente sin dejar de mantenerse anclado en la ciencia que subyacía a él. Las siguientes personas aportaron valiosos comentarios sobre capítulos y apartados específicos, y en muchas ocasiones corrigieron nuestras ideas equivocadas: Walter Boot, Daniel Chabris, Jack Chen, Nicholas Christakis, Diana Goodman, Jamie Hamilton, Art Kramer, James Levine, Allie Litt, Steve McGaughey, Lisa McManus, Michelle Meyer, Steven Most, Kathy Richards, Leon Rozenblit, Robyn Schneiderman, Rachel Scott, Michael Silverman, David Simons, Paul Simons, Kenneth Steele, Courtnie Swearingen y Richard Thaler. Quisiéramos agradecer en especial a David Simons, Pat Simons y Steve McGaughey por darnos una apreciación sumamente detallada sobre cada uno de los capítulos.

Varias personas participaron en la elaboración de nuestra encuesta nacional de creencias acerca de cómo funciona la mente, incluyendo a Diane Beck, Aaron Benjamin, Daniel Benjamin, George Bizer, Neal Cohen, Gary Dell, Jeremy Gray, Jamie Hamilton, Daniel Levin, Alejandro

Lleras, Michelle Meyer, Neal Roese, Jennifer Shephard, Lisa Shin y Annette Taylor. Kristen Pechtol colaboró con Chris en una versión preliminar de la encuesta que fue puesta a prueba con estudiantes del Union College. Jay Leve, de SurveyUSA, hizo reflexivas observaciones sobre la redacción de nuestra encuesta y la información estadística adicional que necesitábamos para el análisis de los datos.

De fundamental importancia fue la ayuda que nos brindó nuestro agente literario, Jim Levine, en la elaboración de una propuesta que reuniera todas las ilusiones cotidianas en una narrativa coherente. También le corresponde el mérito de haber acuñado esa expresión. Queremos agradecer, asimismo, a Dan Ariely por habernos presentado a Jim. Steven Pinker y Daniel Gilbert nos asistieron amablemente con nuestra propuesta. Elizabeth Fisher, de Levine-Greenberg, nos ayudó mucho a coordinar la venta de derechos internacionales y nos orientó en el complejo proceso de negociaciones con agentes y editoriales internacionales.

No podríamos haber terminado este proyecto sin la flexibilidad y el apoyo que nos brindaron nuestras instituciones académicas, los departamentos de Psicología del Union College (Chris) y la Universidad de Illinois (Dan). Dan agradece asimismo al Center for Advanced Study de la Universidad de Illinois por la licencia que le otorgaron cuando estábamos comenzando nuestra investigación para el libro.

Puesto que hemos tratado de explicar las ilusiones cotidianas apelando a la investigación científica, nuestro éxito ha dependido del trabajo de muchos otros científicos. Aunque en este libro describimos buena parte de nuestras propias investigaciones, ellas no se llevaron a cabo en el vacío y no estábamos solos cuando las realizamos. Quisiéramos agradecer a todos nuestros colaboradores y coautores de las investigaciones, sin los cuales gran parte de esa tarea no habría podido realizarse. En términos más amplios, agradecemos a todos nuestros colegas cuyo trabajo citamos y discutimos a lo largo de este libro, en su mayoría sin su conocimiento. Aunque es posible que no siempre coincidan con nuestras interpretaciones de sus ideas y resultados, esperamos haber hecho justicia a sus importantes aportes científicos Agradecemos especialmente, Dan a su colaborador de muchos años, Daniel Levin, cuyas ideas y escritura acerca de la metacognición motivó muchos de los argumentos que planteamos aquí, y Chris la influencia de toda la vida de Stephen Kosslyn, su mentor antes, durante y después de sus estudios de posgrado, quien le enseñó mucho sobre el pensamiento científico y lo apoyó generosamente en la búsqueda de sus propias orientaciones de investigación.

Por último, agradecemos a nuestras familias: Dan a su esposa, Kathy, y a sus hijos, Jordan y Ella, por tolerar muchos largos días y fines de semana de trabajo. También a sus padres, Pat y Paul Simons, y a su hermano, David Simons, por ayudarlo a pensar claramente y por discutir con él cuando no lo hacía. Chris a su esposa, Michelle, y a su hijo, Caleb, y a sus propios padres, por todo su amor y apoyo, y por soportar la realización del proyecto.

Esperamos no habernos olvidado de nadie a quien deberíamos agradecer, pero de haber sido así les rogamos consideren atribuir nuestra omisión a la ilusión de memoria y no a un desaire intencional.

Ilusiones cotidianas
Introducción

Hay tres cosas extremadamente duras: el acero, un diamante
y conocerse a sí mismo.
Benjamin Franklin, *Poor Richard's Almanack* (1750).

Hace aproximadamente doce años, condujimos un experimento sencillo con estudiantes de la materia de psicología que dictábamos en la Universidad de Harvard. Para nuestra sorpresa, se ha convertido en uno de los experimentos más conocidos de la disciplina. Aparece en libros de texto y se lo enseña en cursos de introducción a la psicología en todo el mundo. Hay notas referidas a él en revistas como *Newsweek* y *The New Yorker* y ha sido incluido en programas de televisión como *Dateline NBC*. Incluso ha sido exhibido en el Exploratorium en San Francisco y en otros museos. Su popularidad radica en que revela, de modo humorístico, algo inesperado y profundo acerca de cómo vemos nuestro mundo, y también sobre lo que no vemos.

Lo presentaremos en detalle en el primer capítulo de este libro. Al pensar en él, al cabo de los años, comprobamos que ilustra un principio aún más profundo sobre el funcionamiento de la mente. Todos creemos que podemos ver lo que está delante de nosotros, recordar acontecimientos importantes de nuestro pasado, comprender los límites de nuestro conocimiento, determinar de forma adecuada la causa y el efecto de distintos sucesos. Pero estas creencias intuitivas a menudo son equivocadas y se basan en ilusiones que encubren las limitaciones de nuestras facultades cognitivas.

Es preciso que se nos recuerde que no todo lo que brilla es oro, porque eso implica la creencia en que las apariencias son indicadores precisos de cualidades internas, que no están a la vista. Necesitamos que nos digan que el ahorro es la base de la fortuna, porque pensamos que el dinero que obtendremos es diferente de aquel con el que ya contamos. Hay unos cuantos refranes que nos ayudan a evitar los errores a los que estas intuiciones pueden dar lugar. Del mismo modo, la frase de Benjamin Franklin en relación con lo que es extremadamente duro (o difícil) nos señala que deberíamos cuestionar la idea intuitiva de que nos conocemos perfectamente bien. A lo largo de la vida, actuamos como si supiéramos de qué modo funciona nuestra mente y por qué nos comportamos de la forma en la que lo hacemos. Es sorprendente hasta qué punto con frecuencia no tenemos la menor idea de ello.

Este trabajo aborda seis ilusiones cotidianas que influyen de manera profunda en nuestras vidas: las relacionadas con la atención, la memoria, la confianza, el conocimiento, la causa y el potencial. Se trata de creencias distorsionadas que tenemos acerca de nuestra mente, que no son simplemente erróneas, sino también peligrosas. Exploraremos cuándo y por qué nos afectan, así como las consecuencias que tienen para las vivencias humanas y de qué manera podemos superar o minimizar su impacto.

Usamos el término "ilusiones" haciendo una analogía deliberada con las ilusiones visuales, como la escalera infinita de Escher: pese a que comprobamos que hay algo en el dibujo que no encaja, no podemos evitar seguir viendo cada segmento individual como una verdadera escalera. Del mismo modo, las ilusiones cotidianas son también persistentes: aun cuando sepamos que nuestras creencias e intuiciones son defectuosas, siguen siendo obstinadamente resistentes al cambio. Decimos que son *cotidianas* porque afectan nuestro comportamiento de todos los días. Cada vez que hablamos por teléfono celular mientras manejamos, creyendo que no dejamos de prestar atención a la ruta, nos vemos afectados por una de ellas. Cada vez que suponemos que alguien que dice no recordar su pasado está mintiendo, hemos sucumbido a una ilusión. Cada vez que elegimos un líder para un equipo porque esa persona es la que transmite mayor confianza, estamos influenciados por una ilusión. Cada vez que comenzamos un nuevo proyecto convencidos de que sabemos cuánto tiempo nos llevará terminarlo, estamos bajo el influjo de una ilusión. De hecho, casi ningún ámbito del comportamiento humano es ajeno a ellas.

En tanto profesores que diseñamos y realizamos experimentos como medio de vida, hemos descubierto que, cuanto más estudiamos la naturaleza de la mente, más advertimos el impacto que estas ilusiones tienen en nuestras propias vidas. Todos pueden desarrollar el mismo tipo de "visión de rayos x" en el funcionamiento de su mente. Cuando el lector haya terminado este libro podrá vislumbrar al hombre detrás de la cortina, y los diminutos engranajes y poleas que gobiernan nuestros pensamientos y creencias. Una vez que conozca las ilusiones cotidianas, verá el mundo de otra manera. Notará cómo estas afectan sus propios pensamientos y acciones, así como el comportamiento de todos los que lo rodean. Y reconocerá cuándo los periodistas, gerentes, publicistas y políticos –de forma intencional o accidental– se están valiendo de ilusiones en un intento por confundir o persuadir. Comprenderlas lo llevará a recalibrar el modo en el que aborda su vida para dar cuenta de las limitaciones –y de las verdaderas fortalezas– de su mente. Incluso podrá descubrir maneras de explotar esa comprensión para diversión y provecho. En última instancia, ver a través del velo que distorsiona la percepción que tenemos de nosotros mismos y de nuestro mundo lo conectará –quizá por primera vez– con la realidad.

1. "Creo que lo habría visto"

Cerca de las dos en punto, en la mañana fría y nublada del 25 de enero de 1995, un grupo de cuatro hombres negros dejaba el escenario de un tiroteo en una hamburguesería de la zona de Grove Hall, en Boston.[2] Cuando se alejaban en un Lexus dorado, la radio policial anunció por error que la víctima era un policía, lo que hizo que oficiales de varios distritos se unieran en una persecución a toda velocidad durante dieciséis kilómetros. En los quince o veinte minutos de caos que siguieron, un patrullero se desvió de la ruta y se estrelló contra una furgoneta estacionada. Finalmente, el Lexus derrapó hasta detenerse en un callejón sin salida en Woodruff Way, en el barrio de Mattapan. Los sospechosos se bajaron y corrieron en diferentes direcciones. Uno de ellos, Robert "Hollín" Brown III, de 24 años, que vestía una campera de cuero oscura, salió de la parte trasera del auto y saltó hacia un alambrado que estaba al costado del callejón. El primer automóvil que participaba en la persecución, un vehículo policial sin identificación, se detuvo a la izquierda del Lexus. Michael Cox, un oficial condecorado de la unidad antibandas que se había criado en el área cercana de Roxbury, salió del asiento trasero y se lanzó detrás de Brown. Cox, que también era negro, estaba de civil esa noche: vestía jeans, un gorro negro y una chaqueta.[3]

---

2 Los detalles de este caso fueron extraídos de diversas fuentes, entre ellas varios artículos de investigación excelentes y profundos, escritos por el premiado periodista Dick Lehr para *The Boston Globe* (véanse Lehr, 1997: A1; 2001; 2006a, y 2006b). Lehr también escribió un libro, *The Fence* (2009), en el que lo aborda y presenta las particularidades más amplias que lo rodearon. Otros datos surgen de las opiniones de los circuitos judiciales y tribunales de distrito, en especial: Estados Unidos *versus* Kenneth M. Conley, 1999, y Kenneth M. Conley *versus* Estados Unidos, 2005, así como del resumen presentado por Conley en el Tribunal de Distrito de Massachusetts (Kenneth M. Conley *versus* Estados Unidos, 2003). Cuando las fuentes aportaban detalles discrepantes, tomamos *The Fence* como la definitiva, porque fue escrito recientemente y es el que incluye la mayor cantidad de investigaciones.

3 La información biográfica sobre Michael Cox ha sido extraída de Cox (2000).

Cox llegó al alambrado unos instantes después que "Hollín" Brown. Cuando este intentaba trepar a lo alto del alambrado, su campera se enganchó; Cox lo alcanzó y trató de bajarlo, pero Brown logró pasar al otro lado. Cox se preparó para escalar el alambrado, pero cuando estaba comenzando a trepar, un objeto contundente, tal vez un bastón o una linterna, lo golpeó en la cabeza y cayó al suelo. Otro policía lo había confundido con el sospechoso, y entonces varios oficiales comenzaron a darle patadas en la cabeza, la espalda, el rostro y la boca. Luego de unos momentos, alguien gritó "deténganse, deténganse, es policía, es policía". En ese punto, los oficiales huyeron dejando a Cox tirado en el suelo, inconsciente, con heridas en la cara, una conmoción cerebral y una lesión en el riñón (véase Murphy, 2006: B3).

Entretanto, la persecución de los sospechosos continuaba, ya que se habían acercado más policías. Uno de los primeros en llegar a la escena fue Kenny Conley, un hombre grande y atlético del sur de Boston que se había unido a la fuerza policial cuatro años antes, no mucho después de terminar el colegio secundario. Su patrullero se detuvo a aproximadamente doce metros del Lexus dorado. Conley vio a "Hollín" Brown trepar el alambrado, pasar al otro lado y correr. Lo persiguió alrededor de un kilómetro y medio y, finalmente, lo capturó a punta de pistola y lo esposó en un estacionamiento en River Street. Conley no estuvo involucrado en el ataque al oficial Cox, pero comenzó a perseguir a Brown justo cuando los otros oficiales bajaban a Cox del alambrado, y trepó el alambrado al lado de donde estaba teniendo lugar la golpiza.

Aunque los otros sospechosos del asesinato fueron atrapados y el caso se consideró resuelto, el ataque a Cox permaneció abierto. Durante los dos años siguientes, los investigadores internos de la policía y un gran jurado buscaron respuestas sobre lo que había sucedido en el callejón. ¿Qué policías habían golpeado a Cox? ¿Por qué lo hicieron? ¿Simplemente confundieron a su colega negro con uno de los sospechosos negros? De ser así, ¿por qué huyeron en lugar de buscar ayuda médica? Fue poco lo que se avanzó, y en 1997, los fiscales locales sometieron el caso a las autoridades federales para que investigasen posibles violaciones a los derechos civiles.

Cox nombró a tres oficiales que lo habían golpeado esa noche, pero todos ellos negaron saber algo acerca del ataque. Los informes iniciales de la policía dijeron que Cox se había lastimado al resbalarse sobre un trozo de hielo y caer sobre la parte posterior de uno de los patrulleros. Aunque es evidente que muchos de los casi sesenta policías que estaban en la escena debían estar al tanto de lo que le había sucedido a Cox, ninguno admitió saber algo sobre la golpiza. Por ejemplo, esto es lo que Kenny Conley dijo bajo juramento: .

> Pregunta: Entonces su testimonio es que usted pasó del otro lado del alambrado unos segundos después de haberlo visto saltar.
> Respuesta: Sí.
> P: Y en ese tiempo, ¿no vio a ningún oficial de civil persiguiéndolo?
> R: No.
> P: De hecho, ningún oficial de civil lo estaba persiguiendo, según su testimonio.
> R: No vi a ningún oficial de civil persiguiéndolo.
> P: Y si lo hubiera estado persiguiendo, ¿lo habría visto?
> R: Debería haberlo visto.
> P: Y si hubiera estado reteniendo al sospechoso cuando este estaba en lo alto del alambrado, si hubiera estado arremetiendo contra él, ¿también lo habría visto?
> R: Debería haberlo visto.

Cuando se le preguntó en forma directa si habría visto a Cox tratando de bajar a "Hollín" Brown del alambrado, respondió: "Creo que lo habría visto". La respuesta lacónica de Conley parece la de un testigo renuente a quien los abogados le han aconsejado que responda por sí o por no a las preguntas que se le formulen y que no aporte información de manera voluntaria. Puesto que era el policía que había asumido la persecución, estaba en posición ideal para saber qué había ocurrido. Su negativa persistente a admitir haber visto a Cox en efecto bloqueó el intento de los fiscales federales de incriminar a los oficiales involucrados en el ataque y nunca se culpó a nadie.

La única persona que recibió una acusación por delito fue el propio Kenny Conley. En 1997 se lo acusó de perjurio y obstrucción de la justicia. Los fiscales estaban convencidos de que estaba "testimintiendo" –afirmando descabelladamente, bajo juramento, no haber visto lo que estaba sucediendo ante sus ojos–. Al igual que los oficiales que elevaron informes en los que negaban cualquier conocimiento de la golpiza, Conley no traicionaría a sus compañeros. De hecho, poco después del procesamiento de Conley, el prominente periodista de investigación Dick Lehr (1997) escribió que "el escándalo Cox muestra un código de silencio en la policía de Boston […], un estrecho círculo interno de oficiales que se protegen entre sí con historias falsas".

Kenny Conley se mantuvo firme en su versión y su caso fue a juicio. "Hollín" Brown testificó que Conley fue el oficial que lo arrestó. También dijo que, luego de caer del alambrado, miró hacia atrás y vio a un policía alto y blanco parado cerca de donde estaba teniendo lugar la golpiza. Otro oficial también testificó que Conley estaba allí. Los miembros del jurado se mostraban incrédulos ante la idea de que Conley pudiera haber corrido hacia el alambrado en busca de Brown sin advertir lo que estaba sucediendo, o sin siquiera ver a Cox. Luego del juicio, un miembro del jurado, Burgess Nichols, explicó: "Me fue difícil creer que, aun en medio de todo ese caos, no viera nada". Nichols dijo que otro miembro del jurado le había dicho que su padre y su sobrino habían sido oficiales de policía, y que a los oficiales se les enseña "a observar todo" porque son "profesionales entrenados".[4]

Ante su incapacidad de reconciliar sus propias expectativas de que debería haber visto a Cox con el testimonio de Conley de que no lo había hecho, el jurado lo condenó. Conley fue declarado culpable de uno de los cargos de los que se lo acusaba, perjurio y obstrucción de la justicia, y fue sentenciado a treinta y cuatro meses de cárcel.[5] En 2000, luego de que la Corte Suprema declinara entender en su causa, fue exonerado de la fuerza policial de Boston. Mientras sus abogados lo mantenían fuera de la cárcel con nuevas apelaciones, comenzó a dedicarse a la carpintería.[6]

4 Las citas del miembro del jurado han sido extraídas de Lehr (2001). La creencia generalizada de que los oficiales de policía son superiores a los civiles en lo que se refiere a observar y recordar información relevante parece incompatible con la evidencia científica disponible. Véase, por ejemplo, Ainsworth (1981: 231-236).

5 El delito de perjurio consiste en prestar falso testimonio bajo juramento durante un proceso judicial. Cada testimonio falso puede dar lugar al cargo de perjurio. Conley fue acusado de cometer perjurio al afirmar (1) que no vio a Cox (ni a ningún otro oficial de policía) perseguir a Brown hasta el alambrado, y (2) que no vio el ataque perpetrado contra Cox. Se lo absolvió del segundo cargo, pero se lo condenó por el primero. Su condena por obstrucción de la justicia, que es la forma más común de interferir con la aplicación de la ley, en esencia derivó automáticamente del hallazgo del jurado de que había cometido perjurio y no reflejó ninguna mala conducta adicional.

6 Los cuatro sospechosos del Lexus dorado fueron arrestados esa noche. La víctima de la hamburguesería había recibido múltiples disparos en el pecho supuestamente porque un poco antes, esa misma noche, había sido testigo de otro tiroteo en un bar cercano. Murió varios días después. Al año siguiente, dos de los sospechosos fueron condenados por asesinato en primer grado; "Hollín" Brown, que no fue acusado de apretar el gatillo, fue absuelto. Michael Cox se recuperó de sus lesiones físicas y volvió a trabajar seis meses

Dick Lehr, el periodista que informó sobre el caso Cox y el "muro azul de silencio", recién conoció a Kenny Conley en el verano de 2001. Luego de ese encuentro, comenzó a preguntarse si en realidad Conley no estaría diciendo la verdad sobre lo que había visto y vivido mientras perseguía a "Hollín" Brown. Fue entonces cuando se le ocurrió llevar al ex policía a visitar el laboratorio de Dan en Harvard.

Gorilas entre nosotros

Nos conocimos hace más de una década, cuando uno de nosotros (Chris) era estudiante de posgrado en el departamento de Psicología de la Universidad de Harvard y el otro (Dan) recién se había incorporado como profesor adjunto. Nuestras oficinas estaban una al lado de la otra y pronto descubrimos que a ambos nos interesaba cómo las personas percibimos, recordamos y pensamos nuestro mundo visual. El caso Kenny Conley estaba en pleno auge cuando Dan dictó un curso de grado sobre métodos de investigación en el que Chris era su asistente. Como parte de su tarea, los estudiantes nos asistieron en la realización de algunos experimentos, uno de los cuales se ha vuelto famoso.

Con ellos haciendo de actores y un piso del edificio de Psicología temporalmente vacío como escenario, hicimos una breve filmación de dos equipos de personas moviéndose y pasándose pelotas de básquetbol. Un equipo usaba remera blanca y el otro, negra. Uno de nosotros (Dan) manejaba la cámara y dirigía, mientras que el otro (Chris) coordinaba la acción y llevaba un registro de las escenas que necesitábamos filmar. Luego hicimos una edición digital de la filmación, la copiamos a cintas de video y nuestros estudiantes se esparcieron por todo el campus de Harvard para llevar a cabo el experimento.[7]

---

después. Se convirtió en subjefe de la policía de Boston. Dos de los policías a quienes Cox acusó de participar en la golpiza fueron declarados civilmente responsables y perdieron sus puestos cuando Cox demandó al departamento de policía de Boston.

7 Nuestro estudio fue comentado en Simons y Chabris (1999: 1059-1074). En su época de estudiante universitario, hace muchos años, Dan había leído sobre una serie de experimentos clásicos conducidos por Ulric Neisser en la década de 1970. Neisser, uno de los fundadores del área de la psicología cognitiva, armó algunos estudios ingeniosos de conciencia visual usando un complicado aparato de espejos para crear imágenes fantasmales de personas que parecían atravesarse entre sí. Diseñó esos

Consiguieron voluntarios, a los que les pidieron que contaran la cantidad de pases que hacían los jugadores de blanco, pero que ignorasen los de los de negro. El video duraba menos de un minuto, e inmediatamente después de finalizado les preguntábamos cuántos habían contado. (Si el lector deseara hacer la prueba por sí mismo, puede detener la lectura ahora mismo e ingresar en <www.theinvisiblegorilla.com>. Deberá observar el video atentamente, y asegurarse de incluir en su cuenta tanto los pases aéreos como los de rebote.)

La respuesta correcta, creemos, era 34 –o tal vez 35–. Para ser honestos, no importa. La tarea de contar los pases tenía como objetivo mantener al observador ocupado en algo que requería atención a la acción que se desarrollaba en la pantalla, pero en realidad la habilidad para contar pases no nos interesaba. Lo que estábamos testeando era otra cosa: promediando el video, una estudiante disfrazada de gorila entraba en la escena, se detenía entre los jugadores, miraba a cámara, levantaba el pulgar y se retiraba, luego de haber permanecido alrededor de nueve segundos en pantalla. Después de preguntarles a los sujetos acerca de los pases, les hicimos las preguntas más importantes:

Pregunta: ¿Notó algo inusual mientras contaba los pases?
Respuesta: No.
P: ¿Notó alguna otra cosa, además de los jugadores?
R: Bueno, había algunos ascensores y unas letras "s" escritas sobre la pared. No sé para qué estaban esas letras "s".
P: ¿Notó a *alguien* además de los jugadores?
R: No.
P: ¿Notó un gorila?
R: ¡¿Un qué?!

---

videos para testear si los sujetos podían prestar atención a un conjunto de personas e ignorar a otras que ocupaban exactamente las mismas áreas. Es decir, se preguntó si las personas concentran su atención visual en objetos individuales más que en regiones individuales del espacio, y cuando se concentran en objetos, qué tan selectivos son. Neisser se trasladó a Cornell mientras Dan cursaba el último año en la escuela de posgrado, lo que le dio a Dan muchas oportunidades de conversar con él acerca de su trabajo. Estas interacciones lo inspiraron para tratar de reproducir los estudios de Neisser, pero de forma más vívida. Una descripción más detallada de los estudios de Neisser que nos sirvieron de inspiración se encuentra en Neisser (1979: 201-219).

Para nuestra sorpresa, ¡alrededor de la mitad de los sujetos de nuestro estudio no habían notado el gorila! Cuando volvieron a mirar el video, esta vez sin contar los pases, lo detectaron fácilmente y quedaron atónitos. Algunos, de manera espontánea, dijeron: "¿No vi eso?" o "¡No puede ser!". Un hombre a quien los productores de *Dateline NBC* sometieron a la prueba para su informe sobre esta investigación afirmó: "Sé que el gorila no apareció la primera vez". Nuestros sujetos nos acusaron de cambiar la cinta cuando no estaban mirando. Desde entonces, el experimento se ha repetido en muchas ocasiones, bajo diferentes condiciones, con diversas audiencias y en múltiples países, pero los resultados son siempre los mismos: cerca de la mitad de las personas no ven el gorila.

¿Cómo puede la gente no ver un gorila que camina delante de ellos, gira para mirarlos, se golpea el pecho y se va? ¿Qué vuelve invisible al gorila? Este error de percepción proviene de una falta de atención hacia el objeto no esperado, por lo que en términos científicos se lo denomina "ceguera por falta de atención". Este nombre lo distingue de otras formas de ceguera que derivan de un daño en el sistema de la visión; aquí, las personas no ven el gorila, pero no debido a un problema en sus ojos. Cuando dedican su atención a un área o aspecto particular de su mundo visual, tienden a no advertir objetos no esperados, aun cuando estos sean prominentes, potencialmente importantes y aparezcan justo allí donde ellos están mirando.[8]

8 La expresión "ceguera por falta de atención" proviene del título del libro publicado en 1998 por Arien Mack, de la New School for Social Research de Nueva York, y el fallecido Irvin Rock, de la Universidad de California, Berkeley, dos psicólogos que realizaron un trabajo pionero en esta área. En sus primeros experimentos, los sujetos tenían que mirar fijamente un punto en un monitor de computadora hasta que aparecía una gran cruz. Un brazo de la cruz –ya sea el horizontal o el vertical– siempre era más largo que el otro, y tenían que indicar cuál era. La cruz se veía sólo durante una fracción de segundo y luego desaparecía, de manera que no era fácil determinarlo con precisión. Luego de algunos intentos, junto con la cruz aparecía un objeto adicional, inesperado, que podía ser una figura geométrica, como un pequeño rectángulo, o un dibujo simple, o incluso una palabra. En la mayoría de los casos, cerca de un cuarto de los sujetos afirmaba no haber visto el objeto inesperado. Los estudios originales de visión selectiva de Neisser y nuestro experimento con el gorila ofrecen una demostración algo más impresionante de la ceguera por falta de atención, porque presentan un objeto grande, central, en movimiento, durante varios segundos, y no una imagen estática que aparece poco tiempo, pero la conclusión es similar: es en extremo fácil no notar aquello que se encuentra delante de nuestros ojos.

Lo que nos impulsó a escribir este libro, sin embargo, no fue la ceguera por falta de atención en general, o el experimento del gorila en particular. El hecho de que las personas pasen cosas por alto es importante, pero lo que nos impresionó aún más fue la *sorpresa* que manifestaron cuando comprobaron lo que no habían visto. El estudio del gorila ilustra, quizá de manera más radical que cualquier otro, la influencia poderosa y generalizada de la *ilusión de atención*: experimentamos mucho menos de nuestro mundo visual de lo que creemos. Si fuéramos del todo conscientes de los límites de la atención, la ilusión se desvanecería. Mientras escribíamos este libro, contratamos a la firma SurveyUSA para que hiciese una encuesta a una muestra representativa de adultos estadounidenses referida a sus creencias acerca de cómo funciona la mente. Encontramos que más del 75% coinciden en que notarían esos acontecimientos inesperados aun cuando estuviesen concentrados en otra cosa.[9]

Es verdad que experimentamos de manera positiva algunos elementos de nuestro entorno, en particular aquellos que constituyen el centro de

[9] La muestra era de mil quinientos adultos a los que se les formulaba una serie de preguntas destinadas a determinar qué piensan sobre el funcionamiento de su propia mente. Los encuestados reflejaban toda la población de los Estados Unidos en cuanto a género, edad y distribución por regiones. SurveyUSA utilizó una voz pregrabada para leer un conjunto de dieciséis afirmaciones; y luego de cada una, los encuestados usaron su teclado telefónico para indicar si coincidían totalmente, mayormente, si estaban en desacuerdo mayormente, si estaban en total desacuerdo o si no estaban seguros. También recogimos información demográfica sobre la edad, el sexo, el nivel de ingresos y la raza de cada persona. Por último, les preguntamos cuántas clases de Psicología habían tenido y cuántos libros de psicología habían leído en los últimos tres años. El nivel de control que proporciona este tipo de encuesta pregrabada es ideal para la investigación científica, porque cada persona escucha exactamente las mismas preguntas, en el mismo orden y con la misma voz. SurveyUSA ha sido una de las encuestadoras políticas más certeras en los últimos periodos eleccionarios. La totalidad de la encuesta se llevó a cabo a lo largo de una semana a principios de junio de 2009. Más adelante abordaremos otros de los resultados que se obtuvieron. Los porcentajes de acuerdo que damos representan la suma de encuestados que respondieron "coincido totalmente" o "coincido mayormente". Si el 75% coincide totalmente o mayormente con una afirmación, significa que el otro 25% está en desacuerdo total o mayormente, o no está seguro. Sin embargo, es importante tener presente que todas las afirmaciones que presentamos son casi inequívocamente falsas, de manera que la tasa de acuerdo en un mundo sin ilusiones cotidianas debería ser cercana al ¡0%!

nuestra atención. Pero esta rica experiencia inevitablemente conduce a la creencia errónea de que procesamos *la totalidad* de la información detallada que nos rodea. En esencia, sabemos cuán vívidamente vemos algunos de los aspectos de nuestro mundo, pero desconocemos por completo aquellos que caen por fuera de ese foco de atención habitual. Nuestra experiencia vívida encubre una notable ceguera mental: suponemos que los objetos especiales o inusuales llaman nuestra atención cuando, en realidad, a menudo nos pasan inadvertidos por completo.[10]

Desde que nuestro experimento fue publicado en la revista *Perception* en 1999 (Simons y Chabris, 1999: 1059-1074), se ha convertido en uno de los estudios más mostrados y debatidos dentro de la psicología. Ganó el Premio Nobel Ig en 2004 e incluso fue discutido por los personajes de un episodio de *CSI* (2001). Hemos perdido la cuenta de la cantidad de veces que la gente nos ha preguntado si hemos visto el video con los jugadores de básquet y el gorila.

El gorila invisible de Kenny Conley

Dick Lehr llevó a Kenny Conley al laboratorio de Dan porque había escuchado hablar de nuestro experimento del gorila, y quería ver cómo reaccionaría Conley frente a él. El ex policía era físicamente imponente, pero impasible y taciturno. Lehr fue quien más habló ese día. Dan lo condujo a una sala pequeña y sin ventanas de su laboratorio, le mostró a Conley el video y le pidió que contase la cantidad de pases que hacían los jugadores de blanco. De antemano, no había manera de saber si Conley notaría o no al gorila inesperado –cerca de la mitad de los que veían el video lo advertía, y que él lo hiciera o no nada probaba respecto de si había visto o no cómo golpeaban a Michael Cox en Woodruff Way seis años antes–. La pregunta interesante era cómo reaccionaría Conley cuando escuchara sobre la ciencia.

10 Nuestro colega Daniel Levin, profesor de psicología en la Universidad de Vanderbilt, junto con Bonnie Angelone, de la Universidad de Rowan, describió el experimento del gorila a más de cien estudiantes de grado, pero no les mostró el video ni les solicitó que realizasen la tarea. Luego de escuchar acerca del experimento, incluyendo el aspecto del gorila –pero sin saber los resultados–, se les preguntó si habrían notado al gorila de haber participado en el experimento. El 90% aseveró que sí. Sin embargo, cuando hicimos el estudio originalmente sólo el 50% en efecto lo vio. (Véase Levin y Angelone, 2008: 451-472.)

Conley contó los pases con precisión y vio al gorila. Como es habitual en las personas que logran verlo, parecía sinceramente sorprendido de que alguien pudiera no hacerlo. Incluso cuando Dan explicó que las personas suelen pasar por alto acontecimientos inesperados cuando su atención está centrada en otra cosa, a Conley seguía costándole aceptar que alguien pudiera no advertir lo que a él le parecía tan evidente.

La ilusión de atención está tan arraigada y es tan generalizada, que todos los que estuvieron involucrados en el caso de Kenny Conley tenían una noción falsa acerca de cómo funciona la mente: la creencia equivocada de que le prestamos mucha más atención al mundo que nos rodea –y por lo tanto deberíamos advertirlo y recordarlo– de la que en realidad le prestamos. El propio Conley testificó que debería haber visto la brutal golpiza a Michael Cox si en efecto hubiera pasado corriendo al lado de él. Al apelar su condena, los abogados de Conley trataron de mostrar que no había pasado al lado de la golpiza, que el testimonio sobre su presencia cerca de la golpiza era erróneo y que las descripciones que habían dado del incidente otros oficiales no eran correctas. Todos estos argumentos se fundaron en la suposición de que Conley sólo podía estar diciendo la verdad si no había tenido la oportunidad de haber visto la golpiza. Pero ¿y si, en cambio, en el callejón sin salida en Woodruff Way, Conley se hubiera encontrado a sí mismo en una versión, en la vida real, de nuestro experimento del gorila? Pudo haber estado justo al lado de la golpiza, e incluso haber focalizado sus ojos en la situación, sin verla ni recordarla realmente.

A Conley le preocupaba que "Hollín" Brown trepase el alambrado y escapase, y persiguió a su sospechoso concentrado en una sola cosa, que él describió como una "visión de túnel". El fiscal de Conley ridiculizó esta idea diciendo que lo que le había impedido ver la golpiza no había sido la visión de túnel, sino la edición de video –"una verdadera elisión de Cox de la imagen" (Lehr, 2009: 270)–. Pero si Conley estaba suficientemente concentrado en Brown, así como nuestros sujetos lo estaban en contar los pases de la pelota de básquetbol, es muy posible que pasara corriendo al lado del ataque y no lo viera. De haber sido así, la única parte imprecisa del testimonio de Conley habría sido que manifestara creer que *debería* haber visto a Cox. Lo más sorprendente de este caso es que el propio testimonio de Conley fuera la evidencia primaria que lo ubicó cerca de la golpiza. Y esa evidencia, junto con una concepción errónea acerca de cómo funciona la mente, sumada al muro azul erigido por los otros policías, llevó a los fiscales a acusarlo de perjurio y obstrucción de la justicia. Ellos, y el jurado que lo condenó, supusieron que él también estaba protegiendo a sus compañeros.

La condena de Kenny Conley al final fue revocada en la apelación, y desestimada en julio de 2005. En septiembre de ese año Conley quedó libre de culpa y cargo cuando el gobierno decidió no volver a juzgarlo. Pero si salió favorecido no fue porque los fiscales o un juez hubiesen estado convencidos de que decía la verdad. Lo que sucedió fue que el tribunal de apelaciones de Boston dictaminó que Conley no había tenido un juicio justo porque la fiscalía no les comunicó a sus abogados defensores la existencia de un memo del FBI que ponía en duda la credibilidad de uno de los testigos del gobierno (Johnson, 2005: 28).[11] El 19 de mayo de 2006, más

---

11 Irónicamente, el testigo en cuestión, el oficial Robert Walker, en un principio había afirmado haber visto a Conley en el alambrado. Luego se retractó y dijo que en realidad no lo había visto, pero que había afirmado haberlo hecho porque estaba en la escena y *debería* haberlo visto. ¡Otra víctima de la ilusión de atención! El tribunal de apelaciones determinó que el problema no era la intuición imperfecta de Walker acerca de cómo funciona la mente, sino el hecho de que a la defensa nunca se le comunicó la existencia de un memo del FBI que documentaba los últimos pedidos de hipnosis y el examen poligráfico (detector de mentiras) que se le habían practicado, información que arrojaba más dudas sobre la credibilidad de sus recuerdos.

Hay otro giro interesante en este caso que merece ser mencionado. En 2006, unos meses después de que se reincorporara a la fuerza policial, Dick Lehr entrevistó a "Hollín" Brown, quien estaba en la cárcel de Maine por una causa de drogas (Lehr, 2006b). Brown le mencionó que se había producido una distorsión crucial en su declaración en el juicio, ocho años antes. Él había declarado haber visto a un policía blanco del otro lado del alambrado y había identificado a Conley como el policía blanco que lo había atrapado. Por la forma en que se presentó esta información ante el tribunal, daba la impresión de que Conley era el policía que Brown había visto parado al lado de la golpiza. Pero Brown no lo había identificado específicamente. La fiscalía nunca le preguntó y la defensa nunca lo interrogó sobre este punto en particular. Más tarde, dijo que había visto en detalle al oficial que estaba del otro lado del alambrado, pero no al que lo había atrapado, y que había supuesto que se trataba de la misma persona. Refiriéndose a Conley, le dijo a Lehr: "Cuando lo vi sentado en el escritorio de la defensa, no tenía ninguna pista del tipo, *¿por qué me estaban usando para eso?*, porque no lo reconocí". De hecho, Brown afirmó que, justo antes de testificar, divisó parado en el vestíbulo del tribunal al policía que había visto en el lugar de la golpiza y le dijo esto al agente del FBI que estaba a cargo del caso. De ser verdad, la afirmación de Brown desde la cárcel debilitaría aún más la acusación contra Conley, por sustraer a un testigo que lo había colocado en la escena del ataque a Cox. Pero, como señalaremos en el capítulo 2 de este libro, este tipo de recuerdo repentino se distorsiona con facilidad y confiar en una memoria como esta puede ser peligroso, incluso aunque la persona que recuerda no tenga motivos personales para cambiar su versión anterior.

de once años después del incidente original en Woodruff Way que cambió su vida, Conley fue reincorporado como oficial de policía de Boston, pero sólo luego de ser obligado a volver a realizar, a los 37 años, el mismo entrenamiento en la academia de policía al que debía someterse un recluta nuevo (Ross, 2006: 6; Lehr, 2006a). Recibió la suma de 647 000 dólares como remuneración retroactiva por los años que había estado alejado de la fuerza (Wedge, 2007: 4) y en 2007 fue ascendido a detective (Lehr, 2009: 328).

Como escribe Robert Pirsig en *Zen y el arte del mantenimiento de la motocicleta* (1974: 100): "El verdadero objetivo del método científico es asegurarnos de que la Naturaleza no nos conduzca erróneamente a pensar que sabemos algo que en realidad no sabemos". Pero la ciencia sólo puede llegar hasta allí, y si bien es capaz de decirnos *en general* cómo se forman las galaxias, cómo el ADN se transcribe en proteínas y cómo nuestra mente percibe y recuerda nuestro mundo, es casi impotente para explicar un acontecimiento único o un caso individual. La naturaleza de las ilusiones cotidianas casi nunca tiene en cuenta la *prueba* de que algún incidente particular fue causado enteramente por un error mental específico. No hay certeza de que Conley no viera la golpiza debido a una ceguera por falta de atención; ni siquiera de que no la viera en absoluto (podría haberla visto y luego mentir de manera sistemática). Sin realizar un estudio de atención bajo las mismas condiciones que él enfrentó (de noche, corriendo tras alguien que trepa un alambrado, con el peligro de perseguir a un sospechoso de homicidio, en inmediaciones desconocidas y ante una banda de hombres que ataca a alguien), es imposible estimar la probabilidad de que Conley no viera lo que afirmó no haber visto.

Sin embargo, podemos afirmar que las intuiciones de las personas que lo declararon culpable y lo condenaron no fueron precisas. Lo que *sí* es cierto es que los investigadores de la policía, los fiscales y los miembros del jurado, y en cierta medida el propio Kenny Conley, estuvieron influenciados por la ilusión de atención y no llegaron a considerar la posibilidad –que, afirmamos, es una posibilidad fuerte– de que Conley estuviese diciendo la verdad tanto acerca de dónde estaba como acerca de lo que no vio esa noche de enero en Boston.

A lo largo de este libro, presentaremos muchos ejemplos y anécdotas como esta que muestran de qué modo las ilusiones cotidianas *pueden* tener una influencia enorme en nuestras vidas. No obstante, cabe hacer una advertencia: aunque hemos escrito un libro sobre las ilusiones cotidianas que las personas tienen acerca de cómo funciona su mente, nosotros mismos no somos del todo inmunes a ellas. Un error de pensamiento común es la "falacia narrativa", o la tendencia a creer una historia retrospectiva convincente acerca de por qué sucedió algo, aun cuando no haya pruebas concluyentes de las causas verdaderas del acontecimiento. Aunque usamos esas historias para ilustrar las ilusiones cotidianas que nos asedian, también las vinculamos a la investigación científica de la más alta calidad y documentamos nuestras fuentes a cada paso. Trataremos de mostrarle al lector la forma en la que las ilusiones cotidianas dominan nuestros pensamientos, decisiones y acciones, y de convencerlo de que ellas ejercen una gran influencia en nuestras vidas. Creemos que una vez que haya considerado nuestros argumentos y nuestras pruebas estará de acuerdo y pensará de otro modo acerca de su propia mente y de su propio comportamiento. Esperamos que, entonces, actúe en consecuencia. Entretanto, a medida que avance en la lectura, lo invitamos a que lo haga de manera crítica, manteniendo su mente abierta a la posibilidad de que esta no funcione como usted cree que lo hace.

El submarino nuclear y el buque pesquero

¿Recuerda el primer gran incidente internacional durante la presidencia de George W. Bush? Ocurrió menos de un mes después de su asunción, el 9 de febrero de 2001.[12] Cerca de las 13:40, el comandante Scott Waddle, que capitaneaba el submarino nuclear USS *Greeneville* cerca de Hawái, ordenó una maniobra sorpresa conocida como "inmersión de emergencia", en la que el submarino se sumerge de repente. Luego de esta maniobra, mandó hacer un "soplado de emergencia de los tanques principales de lastre", en el que la alta presión del aire expulsa el agua de los tanques principales, lo que provoca que el submarino salga a la superficie a toda velocidad. En este tipo de maniobras, que se muestra en filmes como *La caza del Octubre Rojo*, la proa del buque literalmente sale del agua. Cuando el Greeneville emergió a la superficie de manera vertiginosa, la tripulación y los pasajeros escucharon un ruido muy fuerte, y todo el barco se sacudió. "¡Jesús!", dijo Waddle, "¿Qué fue eso?"

Su nave había salido a la superficie, a una velocidad muy alta, directamente debajo de un buque pesquero japonés, el *Ehime Maru*. El timón

12 Excepto indicación en contrario, todas las citas y hechos han sido extraídos del maravillosamente ilustrado y detallado Informe sobre Accidentes Marinos del National Transportation Safety Board (NTSB) [Consejo Nacional de Seguridad del Transporte] (2005). Otras fuentes son McCarthy y McCabe (2001), Thompson (2001) y Waddle (2003).

del *Greeneville*, que había sido especialmente reforzado para romper gruesas capas de hielo en el Ártico, partió el casco del pesquero de lado a lado. Así, comenzó a producirse un derrame de gasoil y el *Ehime Maru* empezó a llenarse de agua. En minutos, se dio vuelta y se hundió por la popa mientras las personas que estaban a bordo luchaban por llegar a la proa. Muchos de ellos lograron subir a tres botes salvavidas y fueron rescatados, pero tres miembros de la tripulación y seis pasajeros murieron. El *Greeneville* apenas se dañó, y ninguno de los que se encontraban en él resultó herido.

¿Qué falló? ¿Cómo pudo un submarino moderno, tecnológicamente avanzado, equipado con sónar de última generación y manejado por una tripulación experimentada, no detectar un buque pesquero de aproximadamente sesenta metros de longitud que estaba tan cerca? Al intentar explicar este accidente, el informe de cincuenta y nueve páginas del Consejo Nacional de Seguridad del Transporte documenta de manera exhaustiva todas las formas en que los oficiales no siguieron el procedimiento, todas las distracciones que enfrentaron al acomodar a una delegación de visitantes civiles, todos los errores que cometieron durante el viaje y toda la falta de comunicación que contribuyó a que no pudieran detectar la posición real del *Ehime Maru*. No hay evidencias de que en las acciones de la tripulación hayan influido factores como alcohol, drogas, enfermedad mental, fatiga o conflictos de personalidad. El informe es muy interesante, sin embargo, en relación con la cuestión fundamental, que ni siquiera intenta resolver: por qué el comandante Waddle y el oficial de cubierta no vieron al *Ehime Maru* cuando miraron por el periscopio.

Antes de que un submarino realice una maniobra de inmersión de emergencia, vuelve a la profundidad de periscopio para que el comandante pueda asegurarse de que no hay barcos en los alrededores, cosa que el comandante Waddle en efecto hizo. El *Ehime Maru* debería haber podido divisarse, pero aun así no lo vieron. ¿Por qué? El informe del NTSB enfatiza la brevedad del escaneo del periscopio, al igual que el corresponsal de *Dateline NBC*, Stone Phillips: "si Waddle hubiera estado en el periscopio más tiempo, o lo hubiera elevado más, podría haber visto el *Ehime Maru*. Él afirma que sin duda estaba mirando en la dirección correcta". Ninguno de estos informes considera que pueda haber existido alguna otra razón por la que Waddle no haya podido ver la embarcación cercana –una omisión que sorprendió al propio Waddle–. Pero los resultados de nuestro experimento del gorila nos indican que el oficial comandante del USS *Greeneville*, con toda su experiencia e idoneidad, pudo de veras haber mirado otro barco y simplemente no haberlo visto.

La clave está en lo que *pensó* que vería cuando miró: como señaló más tarde, "No lo estaba buscando, ni lo esperaba".[13]

Si bien no es habitual que los submarinos embistan a otras embarcaciones al salir a la superficie, por lo que no debemos perder el sueño ante la perspectiva de nuestro próximo viaje en barco, este tipo de accidentes en los que "se mira pero no se ve" es bastante común en tierra. Quizás el lector haya tenido la experiencia de comenzar a salir de un estacionamiento o una calle lateral y luego verse obligado a detenerse de repente para evitar chocar con un auto que no había visto hasta ese momento. Después de los accidentes, los conductores suelen decir: "Estaba mirando hacia allí, y salió de la nada [...]. Nunca los vi".[14] Estas situaciones son especialmente perturbadoras porque van en contra de nuestras intuiciones acerca de los procesos mentales que participan en la atención y la percepción. Pensamos que deberíamos ver cualquier cosa que esté delante de nosotros, pero de hecho apenas advertimos una pequeña porción de nuestro mundo visual en cada momento. La idea de que podemos mirar pero no ver es del todo incompatible con cómo concebimos nuestra propia mente, y esta concepción equivocada puede llevar a decisiones incautas, guiadas por una confianza excesiva.

En este capítulo, cuando hablamos de mirar, como en "mirar sin ver", no nos referimos a nada abstracto, impreciso o metafórico. Nos referimos literalmente a mirar algo de frente. Lo que estamos afirmando es que dirigir nuestros ojos hacia algo no garantiza que lo veamos en forma consciente. Un escéptico podría preguntar si un sujeto en el experimento del gorila o un oficial que persigue a un sospechoso o el comandante de un submarino que lleva su embarcación hacia la superficie de verdad miraron directo hacia el objeto o acontecimiento inesperado. Para poder realizar esas tareas (contar los pases, perseguir a un sospechoso o rastrear si hay barcos en el área), sin embargo, tuvieron que hacerlo. Pues bien, hay una manera, en una situación de laboratorio al menos, de medir con exactitud en qué lugar de una pantalla fija los ojos una persona en cualquier momento dado (una forma técnica de decir "dónde mira"): mediante un dispositivo, llamado rastreador de ojos, se obtiene un trazo continuo que muestra dónde y por cuánto tiempo se mira durante cualquier periodo de tiempo –como el tiempo que lleva mirar el video del gorila–. El científico

---

13 Hemos extraído esta cita, con autorización, de la transcripción de una parte de una entrevista a Scott Waddle realizada por Stone Phillips para *Dateline NBC*.

14 Para un análisis reciente de los accidentes en los que "se mira pero no se ve", véase Koustanaï, Boloix, Van Elslande y Bastien (2008: 461-469).

del deporte Daniel Memmert, de la Universidad de Heidelberg, mostró nuestro experimento usando su rastreador de ojos y halló que los sujetos que no vieron al gorila habían pasado, en promedio, un segundo completo mirándolo directamente –¡la misma cantidad de tiempo que aquellos que sí lo vieron!–(Memmert, 2006: 620-627).[15]

La peor atajada de Ben Roethlisberger

En febrero de 2006, a los 23 años de edad y en su segunda temporada como jugador profesional de fútbol americano, Ben Roethlisberger se convirtió en el mariscal de campo más joven de la historia de la Liga Nacional en ganar un Superbowl. Fuera de temporada, el 12 de junio del mismo año, estaba saliendo del centro de Pittsburg por la Second Avenue en su motocicleta Suzuki 2005 negra.[16] Cuando se acercaba a la intersección de Tenth Street, un Chrysler New Yorker conducido por Martha Fleishman apareció en la dirección opuesta. Ambos vehículos tenían luces verdes cuando Fleishman giró a la izquierda hacia Tenth Street y destrozó la motocicleta de Roethlisberger. Según los testigos, el mariscal de campo salió expulsado de su motocicleta, chocó contra el parabrisas del Chrysler, cayó sobre el techo, rebotó en el baúl y por último aterrizó en la calle. La

15 Si bien en el experimento de Memmert participaron niños de una edad promedio de ocho años, el porcentaje de aquellos que vieron al gorila fue casi el mismo que el que obtuvimos nosotros con los estudiantes universitarios: 8 de 20, o el 40%. Los psicólogos usan muchos dispositivos diferentes para rastrear los movimientos oculares. Un diseño típico incluye un casco pequeño y liviano con dos o tres cámaras que apuntan a los ojos del que está mirando. Una luz infrarroja rebota en ellos y es detectada por las cámaras. Puesto que estas están en una posición fija con respecto a la cabeza del sujeto (firmemente sujetadas al casco, que a su vez se encuentra firmemente sujetado a su cabeza), los experimentadores pueden usar estos reflejos para establecer en qué dirección está mirando. Muchos sistemas usan una segunda cámara para determinar dónde se halla ubicada la cabeza del sujeto en relación con la escena que se está visualizando, lo que aporta la información adicional necesaria para calcular con exactitud en qué lugar de una imagen fija los ojos. Los sistemas actuales de rastreo de ojos pueden medir el foco de la mirada con una precisión espacial y temporal muy alta.

16 Los detalles de este accidente y sus consecuencias fueron presentados en un artículo en ESPN.com (2006). Otros detalles y algunas citas provienen de Fuoco (2006); Hench (2006) y Silver (2006).

mandíbula y la nariz de Roethlisberger estaban rotas, muchos de sus dientes
habían desaparecido y tuvo una gran laceración en la parte posterior de la
cabeza, así como una serie de otras heridas menores. Fue sometido a una
cirugía de emergencia de siete horas y, considerando que no llevaba casco,
tuvo suerte de sobrevivir. Fleishman tenía unos antecedentes de conducción
casi perfectos –su única mancha era una multa por exceso de velocidad nueve años antes–. Roethlisberger fue citado por no usar casco y por conducir
sin la licencia apropiada; Fleishman fue citada y multada por no ceder el
paso. Roethlisberger se recuperó por completo del accidente y estuvo listo para volver a jugar el primer partido de la temporada, en septiembre.

Por desgracia, episodios como este son muy comunes. Más de la mitad
de los accidentes de motocicleta son colisiones con otro vehículo. Cerca
del 65% se parecen mucho al que acabamos de relatar: un automóvil no
respeta el derecho de paso de la motocicleta y gira a la izquierda delante
del motociclista (o gira a la derecha en países en los que los automóviles
se manejan del lado izquierdo de la calle).[17] En algunos casos, el automóvil se cruza delante del tránsito que llega desde el otro lado para alcanzar
una calle lateral. En otros, cruza un carril para llegar a la calle principal.
En el accidente típico de esta clase, el conductor de auto a menudo dice
algo como: "Hice señas de que giraba a la izquierda y arranqué cuando
el tránsito estaba despejado. Entonces algo chocó contra mi auto y luego
vi la motocicleta y al muchacho tirado en la calle. ¡No lo había visto!".
En este tipo de accidentes, el motociclista dice: "De repente, este auto
se apareció delante de mí. El conductor me estaba mirando". Esta experiencia lleva a algunos motociclistas a suponer que los conductores de
automóviles violan en forma intencional su derecho de paso, es decir,
suponen que ven al motociclista y giran de todos modos.

¿Por qué los conductores giran delante de los motociclistas? Al menos
en algunos casos, apoyamos la explicación que apela a la ilusión de atención. Las personas no ven a los motociclistas porque no están buscando
motociclistas. Si estamos tratando de hacer un giro difícil en medio del
tránsito, la mayoría de los vehículos que bloquean nuestro paso son automóviles, no motocicletas (o bicicletas, o caballos, o carritos orientales…).
En cierta medida, entonces, las motocicletas son inesperadas. Al igual
que los sujetos en nuestro experimento del gorila, los conductores a menudo no advierten los acontecimientos inesperados, ni siquiera los que

---

17 Las estadísticas y citas han sido extraídas del informe de Hurt, Ouellet y
    Thom (1981).

son importantes. Sin embargo, al analizarlo de manera crítica, suponen que los notarían; que siempre que estén mirando en la dirección correcta, los objetos y acontecimientos inesperados captarán su atención.

¿Cómo podemos remediar esta situación? Los defensores de la seguridad de los motociclistas proponen una serie de soluciones, la mayoría de las cuales, creemos, están destinadas a fracasar. Colocar carteles que imploren a la gente que "esté atento a las motocicletas" podría ayudar en los minutos posteriores a que los automovilistas vean los carteles (suponiendo, claro está, que vean los carteles). Los conductores podrían ajustar sus expectativas y estar más atentos a notar una motocicleta que aparezca poco después del cartel. Sin embargo, luego de unos minutos de no ver ninguna, sus expectativas visuales volverán a ajustarse, lo que los llevará a esperar otra vez lo que ven con más frecuencia: automóviles. Estas campañas publicitarias suponen que los mecanismos de atención son permeables, que están sujetos a la influencia de nuestras intenciones y pensamientos. No obstante, el cableado de nuestras expectativas visuales se encuentra casi por completo aislado de nuestro control consciente. Como discutiremos de modo exhaustivo en el capítulo 4, nuestro cerebro está diseñado para detectar patrones de manera automática, y el patrón que experimentamos cuando manejamos presenta una preponderancia de automóviles y apenas unas pocas motocicletas. En otras palabras, la campaña publicitaria misma queda presa de la ilusión de atención. Supongamos que una mañana nos dijeran que estemos atentos a los gorilas. Luego, en algún momento de la semana siguiente, participamos en el experimento del gorila. ¿Cree que la advertencia anterior tendría algún efecto? Es muy probable que no: en el tiempo transcurrido entre la advertencia y el experimento, nuestras expectativas volverían a ajustarse a nuestra experiencia diaria de no ver gorilas. La advertencia sólo sería útil si se la hiciese poco antes de mostrar el video. Únicamente cuando las personas buscan y esperan motocicletas de manera regular tienen más probabilidades de notarlas. De hecho, un análisis detallado de 62 informes de accidentes de automóviles y motocicletas halló que ninguno de los conductores de automóviles tenía experiencia alguna en conducir motocicletas.[18] Como es lógico, puesto que algunos conductores de automóviles *sí* tienen experiencia en conducir motocicletas, este grupo debe

---

18 Hurt y otros (1981: 46). El estudio completo realizado en este trabajo consiste en evaluaciones *in situ* de 900 accidentes en el área de Los Ángeles y 3600 informes. Los criterios usados para seleccionar estos 62 casos para el análisis adicional no son presentados por los autores.

ser menos proclive a tener accidentes con motocicletas que aquellos que no la poseen. Tal vez el hecho haber conducido una motocicleta pueda mitigar los efectos de la ceguera por falta de atención hacia estas. O, dicho de otro modo, la propia vivencia de no ser esperado puede volvernos más proclives a notar acontecimientos no esperados similares.

Otra recomendación común para mejorar la seguridad de las motocicletas es que los motociclistas usen ropa de colores brillantes y no el típico atuendo compuesto por campera de cuero, pantalones oscuros y botas. La intuición parece correcta: un overol amarillo haría que el motociclista fuese más fácil de distinguir y de notar. Pero, como hemos señalado, mirar no es lo mismo que ver. Se puede mirar directamente al gorila o a una motocicleta sin verlos. Esta es una verdad indiscutible cuando el gorila o la motocicleta son físicamente imperceptibles. Nadie se sorprendería si no viéramos un gorila que estaba camuflado en una escena. Lo que vuelve a la evidencia de ceguera por falta de atención importante y antiintuitiva es que el gorila es muy obvio una vez que sabemos que se encuentra allí. Así, mirar es necesario para ver –si no lo miramos, no hay posibilidades de que lo veamos–. Pero mirar no es suficiente para ver algo; no garantiza que lo notemos. Usar ropa llamativa y conducir una motocicleta de colores brillantes puede aumentar la visibilidad del motociclista, lo que hará que sea más fácil verlo para *las personas que lo están mirando*. Sin embargo, la ropa brillante no garantiza que advertirán su presencia.

No siempre comprobamos esto. La primera vez que diseñamos el experimento del gorila, supusimos que si el "gorila" era más distinguible, sería detectado con mayor facilidad –por supuesto, pensamos, las personas notarían un gorila de color rojo brillante–. Dada la escasez de trajes de gorila rojos, junto con nuestros colegas Steve Most (en ese entonces estudiante de posgrado en el laboratorio de Dan y en la actualidad profesor en la Universidad de Delaware) y Brian Scholl (en aquel momento becario posdoctoral en el departamento de Psicología, hoy profesor en Yale) creamos una versión computarizada del video en la que los jugadores fueron reemplazados por letras, y el gorila, por un signo más de color rojo que atravesaba la pantalla de manera inesperada (Most, Simons, Scholl, Jimenez, Clifford y Chabris, 2000: 9-17). Los sujetos debían contar cuántas veces las letras blancas tocaban los bordes de la pantalla e ignorar las negras.

Aun investigadores hastiados como nosotros nos sorprendimos del resultado: el 30% de los participantes no vio la cruz roja, aunque era la única cruz, el único objeto de color y el único objeto que se movía en forma recta a través de la pantalla. Pensamos que el gorila había pasado inadvertido, al menos en parte, porque en realidad no se destacaba: era de color oscuro, como los jugadores vestidos de negro. Nuestra creencia de que un objeto conspicuo debería "saltar a la vista" invalidó nuestro conocimiento del fenómeno de ceguera por falta de atención. Este experimento del "gorila rojo" muestra que cuando algo es inesperado, su carácter evidente no garantiza en absoluto que vayamos a notarlo.

La ropa de colores brillantes ayuda a aumentar la visibilidad de los motociclistas, pero no invalida nuestras expectativas. Los motociclistas son análogos al signo más de nuestro experimento. Las personas no los ven, no porque sean más pequeños o menos visibles que los otros vehículos que circulan en la calle sino, precisamente, *porque* sobresalen. Usar un atuendo muy visible es mejor que usar ropa invisible (y constituye un desafío tecnológico menor), pero aumentar la peculiaridad visual del motociclista podría ser de poca utilidad para ayudar a los conductores a notarlos. Irónicamente, lo que es probable que funcione para tal fin es hacer que las motocicletas se parezcan más a los automóviles. Por ejemplo, ponerles faros delanteros lo más separados posible, para que se asemejen al patrón visual de los automóviles, podría ayudar a que se las detecte de manera más fácil.

No obstante, hay una forma probada de eliminar la ceguera por falta de atención: hacer que el objeto o acontecimiento inesperado sea menos inesperado. Los accidentes con ciclistas y peatones son muy parecidos a los accidentes de motocicletas, porque los conductores de automóviles suelen embestirlos sin verlos. El consultor en salud pública de California Peter Jacobsen (2003: 205-209) examinó las tasas de accidentes que involucraban automóviles y peatones o ciclistas a lo largo de un conjunto de ciudades en California y en una serie de países europeos.[19] Recogió datos para cada ciudad sobre el número de heridas o fatalidades por millón de kilómetros recorridos en bicicleta y caminando en el año 2000. El patrón era claro y sorprendente: caminar y andar en bicicleta eran las acciones *menos* peligrosas en las ciudades en las que ambas actividades se practicaban en forma *mayoritaria*, y las más peligrosas allí donde menos se las ejecutaba.

Pensémoslo de la siguiente manera: ¿estaríamos más seguros cruzando las calles londinenses, atestadas de peatones, donde los conductores están

---

19 Estos resultados han sido corroborados en otros países y en otros periodos. Un análisis similar en Australia es el de Robinson (2005: 47-51). Véase también el excelente libro de Tom Vanderbilt (2008), que aborda este tema y una serie de cuestiones relacionadas que involucran expectativas y accidentes. Su libro fue una fuente informativa para el material sobre manejo incluido en este capítulo.

habituados a ver a las personas pulular alrededor de los automóviles, o en los bulevares amplios, casi suburbanos, de Los Ángeles, donde aquellos que manejan están menos acostumbrados a que la gente se les aparezca justo delante de sus automóviles sin previo aviso? La información de Jacobsen muestra que, si una persona se mudase a una ciudad con el doble de peatones, reduciría en un tercio sus probabilidades de ser atropellada por un automóvil mientras camina. Los motociclistas son menos proclives a atropellar a peatones y ciclistas en los lugares en los que hay más personas que andan en bicicleta o caminan. Están habituados a ver peatones.

En una de las demostraciones más impactantes del poder de las expectativas, Steve Most, quien realizó el estudio del "gorila rojo", y su colega Robert Astur del Olin Neuropsychiatry Research Center en Hartford (2007: 125-132) condujeron un experimento usando un simulador de manejo. Justo antes de llegar a cada intersección, los sujetos buscaban una flecha azul que indicara en qué dirección debían girar, e ignoraban las flechas amarillas. En el momento en el que ingresaban en una de las intersecciones, una motocicleta inesperadamente se ponía delante de ellos y se detenía. Cuando era azul, el mismo color que las flechas esperadas, casi todos los conductores la notaban. Cuando era amarilla, el 36% de ellos la atropellaba, ¡y dos de ellos ni siquiera atinaron a pisar el freno! Nuestras expectativas de cada momento, más que el carácter llamativo del objeto, determinan lo que vemos y lo que pasamos por alto.

Desde luego, no toda colisión entre un automóvil y una motocicleta es enteramente culpa de quien conduce el automóvil. En el accidente de Ben Roethlisberger, la conductora y el motociclista tenían ambos luz verde, pero Roethlisberger iba en línea recta y tenía derecho de paso. Según un testigo de la escena, Martha Fleishman dijo: "Lo veía aproximarse pero él no me miraba" (Fuoco, 2006). Roethlisberger podría no haber visto nunca el auto de Fleishman, aunque se encontraba justo delante de él. Si lo hubiese visto, podría haber evitado el accidente.

Un duro aterrizaje

El científico investigador de la NASA Richard Haines pasó mucho tiempo de su carrera en el Ames Research Center, un comité asesor especializado en el espacio y la aeronáutica al norte de California. Es públicamente conocido por sus intentos de documentar experiencias con OVNIS. Pero a fines de los años setenta y principios de los ochenta, él y sus colegas Edith Fischer y Toni Price llevaron adelante un estudio pionero sobre pilotos y tecnologías de exhibición de información usando un simulador de vuelo (Fischer, Haines y Price, 1980. Véase también Haines, 1991). Su experimento fue importante porque representó una de las primeras y más impresionantes demostraciones de lo que significa mirar sin ver. Probaron pilotos de aviones comerciales capacitados para volar el Boeing 727, uno de los aviones más comunes de aquel momento. Estos pilotos suelen ser los más experimentados y hábiles –muchos volaron en las fuerzas armadas durante años y sólo los mejores llegan a volar los aviones comerciales más grandes, donde son responsables por la vida de cientos de pasajeros en cada vuelo–. Los sujetos de este estudio eran o bien oficiales o bien capitanes que habían volado el 727 por más de cien horas.

Durante el experimento, recibieron un entrenamiento intensivo para el uso de una "pantalla de visualización frontal" (comúnmente conocida como HUD, *head-up display* en inglés). Esta tecnología relativamente nueva mostraba gran parte de los instrumentos más importantes que necesitarían para volar y aterrizar el 727 simulado –altitud, coordenadas, velocidad, nivel de combustible y demás– en forma de video directamente sobre el parabrisas, delante de los pilotos, y no abajo o alrededor del parabrisas, como es habitual en una cabina normal. A lo largo de múltiples sesiones, los pilotos efectuaron una serie de aterrizajes simulados bajo un amplio espectro de condiciones climáticas, con y sin la pantalla de visualización frontal. Una vez que practicaron bastante, Haines introdujo una sorpresa en una de las pruebas de aterrizaje: un enorme jet que giraba a la derecha, en la pista, justo delante de ellos. Cuando atravesaron el techo de nubes y la pista comenzaba a divisarse, se prepararon para el aterrizaje tal como lo habían hecho en todas las pruebas anteriores, monitoreando sus instrumentos y las condiciones del clima para decidir si abortarlo o no. Sin embargo, nunca vieron el jet.

Tales "incursiones en pista" se encuentran entre las causas más comunes de los accidentes aeronáuticos. Más de la mitad de estas son el resultado de un error del piloto que carretea por la pista e interfiere con otra aeronave. Así como era muy improbable que el USS *Greeneville* se incrustara en otro barco, la mayoría de las incursiones en pista presentan poco o ningún riesgo de colisión. En el año fiscal 2007, la Federal Aviation Administration registró un total de 370 en los aeropuertos de los Estados Unidos. Únicamente en 24 de ellos había un potencial significativo de colisión, y sólo ocho involucraron aviones comerciales. A lo largo de los cuatro años que transcurrieron entre 2004 y 2007, hubo un total de 1353 incursiones en pista en los Estados Unidos, 112 de las cuales fueron clasificadas como graves y sólo una derivó en una colisión. Dicho esto, el peor accidente en la historia de la aviación involucró una incursión en pista. En 1977 en las Islas Canarias, cuando despegaba, el vuelo 4805 de KLM chocó a toda velocidad con el vuelo 1736 de Pan Am que estaba carreteando en la otra dirección en la misma pista. El accidente tuvo como resultado 583 muertes. Aunque las incursiones en pista son relativamente comunes comparadas con otros accidentes de aviación, las colisiones de todo tipo entre aviones son excepcionalmente raras. Con sólo ocho incursiones en pista de más de 25 millones de vuelos el año pasado, se necesitaría tomar un promedio de un vuelo comercial de ida y vuelta todos los días durante cerca de 3000 años para tener más de una posibilidad de encontrar una incursión en pista grave. Estos incidentes son bastante comunes, y aquí la palabra clave es "bastante". De todos modos, son poco infrecuentes, y en consecuencia, son inesperados.[20]

En el estudio con el simulador de vuelo de Haines, dos de los pilotos que usaron la pantalla de visualización frontal habrían guillotinado el avión que estaba en la pista si el experimentador no hubiese detenido la prueba. El avión era muy visible unos segundos después de que los pilotos salieron de las nubes, y tuvieron casi siete segundos más para abortar el aterrizaje en forma segura. Los pilotos que usaron la pantalla de visualización frontal en general también respondieron de manera más lenta, y cuando trataron de ejecutar una aproximación fallida, lo hicieron tarde. Los dos que no pudieron abortar sus aterrizajes a tiempo habían sido calificados como buenos o excelentes en su rendimiento con el simulador de vuelo. Cuando la prueba hubo terminado, Haines les preguntó si habían visto algo, y ambos respondieron que no. Luego del experimento, les mostró un video del aterrizaje con el avión estacionado en su camino, y ambos expresaron sorpresa y preocupación por no haber visto algo tan evidente. Uno dijo: "Si no hubiera visto [la grabación], no lo creería. Honestamente, no vi nada en la pista" (Fischer, Haines y Price, 1980: 15). El avión en la pista era su *Ehime Maru*: no esperaban verlo allí, y por lo tanto nunca lo vieron.

Lo sorprendente respecto de este experimento es que la pantalla de visualización frontal debería haber dirigido la atención de los pilotos hacia

---

20 Las estadísticas y algunos de los análisis de este apartado han sido extraídos de Federal Aviation Administration (2008). Es posible encontrar una incursión en pista mucho más pronto o mucho más tarde que nuestra estimación de 3000 años de vuelos diarios de ida y vuelta, pero en cualquier caso es muy poco probable que suceda durante nuestra vida. Los detalles de la tragedia de Tenerife han sido extraídos de "What's he doing? He's going to kill us all!", *Time*, 11 de abril de 1977.

el lugar en el que iba a aparecer el avión detenido –o al menos nuestra intuición sugiere que así debería haber sido–. Nunca tuvieron que apartar su mirada de la pista para ver sus instrumentos. Pero ahora que comprendemos que mirar no es ver, podemos entender que la intuición de que una pantalla de visualización frontal aumentará nuestra capacidad para detectar acontecimientos inesperados es equivocada. Esta puede ayudar en ciertos puntos: los pilotos tienen un acceso más rápido a información relevante de sus instrumentos y deben dedicar menos tiempo a buscarla. De hecho, el rendimiento de vuelo puede ser un poco mejor con una pantalla de visualización frontal bien diseñada que sin ella. Usando una así llamada pantalla "conformacional", que sobreimpone una indicación gráfica de la pista en la parte superior de la pista física visible a través del parabrisas, los pilotos pueden volar con mayor precisión (Larish y Wickens, 1991). Aunque la pantalla de visualización frontal les facilita la tarea que están tratando de llevar a cabo (aterrizar un avión, por ejemplo), no los ayuda a ver lo que no esperan ver, e incluso podría afectar su capacidad de notar acontecimientos importantes en el mundo que los rodea.

¿Cómo es posible que pasar más tiempo con el mundo que tenemos a la vista en realidad reduzca nuestra capacidad de ver lo que está justo delante de nosotros? La respuesta, al parecer, proviene de nuestra creencia errónea de que comprendemos cómo funciona la atención. Aunque el avión en la pista estaba justo delante de sus ojos, plenamente visible, los pilotos estaban centrando su *atención* en la tarea de aterrizar el avión y no en la posibilidad de que hubiera objetos en la pista. A menos que hubieran inspeccionado la pista para ver si había alguna obstrucción, es improbable que hubieran visto algo inesperado, como un avión carreteando hacia su franja de aterrizaje. Después de todo, se supone que los controladores de tráfico se ocupan de que esto no ocurra. Sin embargo, si ese fuera el único factor en juego, una pantalla de visualización frontal no sería peor que mirar los instrumentos y luego volver a mirar por el parabrisas. Al fin y al cabo, en ambos casos podría pasarse la misma cantidad de tiempo sin mirar la pista. Se centra la atención, o bien en los lectores que se encuentran en el parabrisas, o bien en los instrumentos que rodean el parabrisas. Pero como muestra el estudio de Haines, los pilotos tardan más en notar acontecimientos inesperados cuando se encuentran usando la pantalla de visualización frontal. El problema corresponde menos a los límites de la atención –que en efecto son independientes de si los lectores están en el parabrisas o alrededor de él– que a nuestras creencias equivocadas acerca de esta.

Retenga todas las llamadas, por favor

Imaginemos que estamos conduciendo a casa de regreso del trabajo, pensando en qué haremos cuando lleguemos y en todo lo que dejamos sin terminar en la oficina. Justo cuando empezamos a girar a la izquierda por un carril de tránsito que avanza en la dirección contraria, un muchacho sale corriendo a la calle tras una pelota, delante de nosotros. ¿Lo veríamos? Tal vez no, podríamos pensar a estar altura. ¿Y si, en lugar de perdernos en el pensamiento mientras manejábamos, estábamos hablando por celular? ¿Lo veríamos en ese caso? La mayoría de la gente cree que mientras sus ojos estén en la calle y sus manos en el volante verán y reaccionarán de forma apropiada a cualquier contingencia. Sin embargo, muchas investigaciones han documentado los peligros de hablar por teléfono mientras se maneja. Estudios experimentales y epidemiológicos muestran que los impedimentos ocasionados por el uso del teléfono celular son comparables a los de hacerlo bajo los efectos de algún tóxico legal.[21]

Cuando hablan por teléfono celular, los conductores reaccionan en forma más lenta a los semáforos, tardan más en iniciar maniobras evasivas y en general tienen menos conciencia de su entorno. En la mayoría de los casos, al igual que lo que sucede cuando se conduce bajo la influencia del alcohol, estos impedimentos no llevan a que se produzcan accidentes. En alguna medida, porque la mayor parte de lo que ocurre cuando se maneja es predecible y legal, e incluso, si no conducimos perfectamente, los otros conductores están tratando de no chocar con nosotros. Sin embargo, las situaciones en las que tales impedimentos resultan catastróficos son aquellas que requieren una reacción de emergencia frente a un acontecimiento inesperado. Una leve demora al frenar puede marcar la diferencia entre detenerse a una pequeña distancia del muchacho y atropellarlo.

En general, las personas están por lo menos familiarizadas con los peligros de hablar por celular mientras manejan. Todos hemos visto

---

21 Las evidencias de los impedimentos que provoca hablar por teléfono celular provienen de Redelmeier y Tibshirani (1997: 453-458) y Strayer, Drews y Crouch (2006: 381-391). Las que vinculan el consumo de alcohol con el aumento de la ceguera por falta de atención provienen de Clifasefi, Takarangi y Bergman (2005: 697-704). En este estudio, los sujetos son menos proclives a notar al gorila inesperado luego de haber consumido una bebida alcohólica. Los efectos del alcohol podrían alterar directamente la capacidad de detectar objetos inesperados o volver más difícil la tarea de conteo primario.

conductores distraídos embestir un cartel con la indicación de detenerse, girar inconscientemente hacia otro carril o manejar a 50 kilómetros por hora en una zona en la que la velocidad mínima es de 70 kilómetros por hora. Como escribió la columnista Ellen Goodman (2001), "las mismas personas que usan teléfonos celulares [...] están convencidas de que habría que sacárselos de las manos a (otros) idiotas que los usan".[22] Comprobar que (otras) personas no pueden manejar en forma segura cuando hablan por celular dio lugar a un movimiento para regular su uso. Nueva York fue uno de los primeros estados en sancionar una legislación que prohíbe el uso de celulares comunes mientras se conduce, sobre la base de la intuición de que, en tanto mantengamos los ojos en la ruta y las manos en el volante, no nos distraeremos. De hecho, esa regulación disponía dejar sin efecto las multas si los conductores podían demostrar que luego habían comprado un celular que tuviera la función manos libres. No es sorprendente que la industria de las telecomunicaciones haya apoyado el proyecto y publicitado la seguridad y las ventajas

22 En concordancia con esta afirmación, una encuesta realizada por los psicólogos Michael Wogalter y Christopher Mayhorn (2005: 455-467) halló que los usuarios de teléfonos celulares estaban más de acuerdo con la afirmación "Puedo usar un teléfono celular sin riesgo cuando manejo" que "En general, las personas pueden usar un teléfono celular sin riesgo cuando manejan". La legislación de Nueva York que se puso en vigencia el 1° de diciembre de 2001 agregó el artículo 1225-c al Código de Vehículos y Tráfico de esa ciudad. Parte del Código establecía: "El tribunal dejará sin efecto toda multa en la que una persona que haya violado las disposiciones del artículo 1225-c del Código de Vehículos y Tráfico [...] presente pruebas ante la corte de que, entre la fecha en la que se le imputa haber violado ese artículo y la de la aparición de la violación, poseía un teléfono celular con la función manos libres". Esta disposición de "liberación de cárcel" estuvo en vigencia hasta marzo de 2002. En esencia, el efecto de esta ley significó que, en lugar de pagar una multa, los imputados por usar un teléfono celular común podían pagarles a las compañías de telefonía celular un equipo auricular de manos libres. En consecuencia, no es sorprendente que las principales empresas de telecomunicaciones apoyasen la legislación. La recomendación de Nokia de usar teléfonos de manos libres llevaba por título: "La seguridad es la llamada más importante que haga: guía para un uso seguro y responsable del teléfono celular", y su principal consejo de seguridad era "Conozca su teléfono celular y sus funciones, como el discado rápido y el rediscado". La publicidad de AT&T decía: "Una oferta especial para usted" y ofrecía un cupón para obtener en forma gratuita un auricular para manos libres. La estadística que muestra que el 77% cree que hablar con manos libres es más seguro proviene de la encuesta nacional de SurveyUSA encomendada por nosotros, realizada entre el 1° y 8 de junio de 2009.

de esos equipos. Un anuncio de AT&T Wireless afirma que "Si usa su teléfono celular mientras maneja, puede tener ambas manos en el volante", y un folleto similar de Nokia, en su lista de diez recomendaciones de seguridad, ubica el uso de un equipo de manos libres en segundo lugar. Esta creencia es extendida, ya que el 77% de los estadounidenses encuestados coincide en que "mientras se maneja, es más seguro hablar con manos libres que con un celular común". El supuesto subyacente de estas creencias y afirmaciones, así como de la mayoría de las leyes sobre las distracciones al conducir –que si se mira la ruta, se verán acontecimientos inesperados–, es precisamente la ilusión de atención. Teniendo en cuenta que el lector ya conoce el experimento del gorila, probablemente adivine lo que diremos a continuación.

El problema no está en nuestros ojos o en nuestras manos. Podemos manejar muy bien con una sola mano al volante, y podemos mirar la ruta mientras sostenemos un teléfono. De hecho, los actos de control motor –cómo nuestro cerebro envía mensajes que hacen que nuestros brazos, manos y dedos hagan lo que deben hacer– que intervienen cuando sostenemos un teléfono celular o giramos un volante implican muy pocas exigencias para nuestras capacidades cognitivas. Estos procesos son casi automáticos e inconscientes; como conductores experimentados, no tenemos que pensar cómo mover los brazos para hacer que el automóvil gire a la izquierda o para sostener el celular cerca de nuestro oído. El problema no reside en las limitaciones del control motor, sino en las de los recursos de atención y de la conciencia. De hecho, hay muy pocas diferencias –si es que las hay– entre los efectos de distracción que produce el uso manual del celular y los que provoca el manos libres. Ambos distraen de la misma manera y en el mismo grado (Horrey y Wickens, 2006: 196-205). Manejar un auto y hablar por celular, pese a que son acciones muy practicadas y que en apariencia no implican ningún esfuerzo, se basan en una cantidad limitada de recursos de atención de la mente. Requieren que se realicen muchas cosas, y a pesar de lo que hayamos escuchado o de lo que podamos pensar, cuantas más tareas que requieran atención realice nuestro cerebro, peor realizará cada una de ellas.

En una segunda parte de nuestro experimento del gorila original, testeamos los límites de atención al aumentar la dificultad de las indicaciones a los sujetos (contar los pases de la pelota de básquetbol): en lugar del conteo simple del número total de pases realizados por el equipo de blanco, les pedimos que llevaran dos conteos mentales separados, uno de los pases aéreos y otro de los pases con rebote (pero siempre centrándose en el equipo de blanco). Tal como lo predijimos, esto aumentó el 20% la cantidad de personas que no percibieron un acontecimiento inesperado.[23] Hacer más compleja la tarea de contar requiere que se le dedique mayor atención, y que quienes lo hacen dispongan de menores recursos mentales para ver al gorila. Cuando usamos un mayor porcentaje de nuestra limitada atención, tenemos ese mismo porcentaje menos de posibilidades de advertir lo inesperado. El problema reside en consumir un recurso cognitivo limitado, no en sostener el teléfono. Y lo más importante es que, tal como lo demuestran las reacciones incrédulas de los que participaron en nuestro estudio, la mayoría de nosotros desconoce por completo este límite de nuestra conciencia. Experimento tras experimento se ha demostrado que el manos libres no supone absolutamente ningún beneficio respecto del uso manual. De hecho, la legislación que prohíbe este uso podría incluso tener el efecto irónico de hacer que las personas confíen más en que usar un celular con manos libres mientras manejan no supone ningún riesgo.

Podría argumentarse que nuestro experimento del gorila en realidad no era comparable con el escenario de manejar mientras se habla por teléfono. Es decir, aumentar la dificultad de la tarea de contar tal como lo hicimos podría incrementar la carga que se le impone a la atención más de lo que lo haría una conversación por celular. Sin embargo, es fácil ver qué ocurre con esta posibilidad: ¡hagan el experimento! Para explorar los efectos de las conversaciones por celular sobre la falta de atención directa, Brian Scholl y sus estudiantes de Yale usaron una variante del experimento computarizado del "gorila rojo" descrito anteriormente y compararon un grupo que realizó la tarea de la manera habitual con uno que lo hizo mientras hablaba por celular (Scholl, Noles, Pasheva y Sussman, 2003:156). En su variante particular del experimento, cerca del 30% de los participantes había pasado por alto el objeto inesperado cuando contaban, en tanto que los que lo hicieron mientras hablaban por celular no lo notaron ¡el 90% de las veces! Este hallazgo aleccionador muestra que las conversaciones por celular perjudican en forma notable la percepción visual y la conciencia. Aunque ambas tareas parecen no demandar esfuerzo, las dos requieren nuestra atención: estos

---

23 En la mayoría de las variantes del experimento, el gorila no se detenía a golpearse el pecho, sino que simplemente caminaba a través de la escena y permanecía visible durante cinco segundos. Creamos la versión con "golpe en el pecho" que describimos antes para una prueba separada, con el fin de explorar qué tan espectacular podíamos hacer que fuera el acontecimiento y aun así provocar ceguera por falta de atención.

impedimentos se deben a los límites de atención y no al tipo de teléfono. Curiosamente, la conversación por celular no redujo la capacidad de contar de los sujetos; sólo disminuyó sus chances de notar algo inesperado. Este resultado permite entender por qué las personas piensan, de manera errónea, que los celulares no tienen efectos sobre el manejo: se les hace creer que manejan bien porque siguen pudiendo realizar la tarea primaria (permanecer en la ruta) sin inconvenientes. El problema es que es mucho menos probable que noten acontecimientos extraños, inesperados, potencialmente catastróficos, y nuestra experiencia cotidiana nos ofrece poca información sobre tales sucesos.

Si, como muchas personas, el lector nos ha escuchado hablar acerca de la falta de atención, los teléfonos celulares y el manejo, puede preguntarse por qué hablar con alguien por teléfono es más peligroso que hacerlo con un acompañante, cosa que no parece objetable. (O, si ha respondido con entusiasmo a nuestros argumentos –por lo que le agradecemos–, quizá se esté preparando para una campaña para que "el uso del celular mientras se maneja" sea declarado ilegal, no importa con quién se esté hablando.) Puede resultarle sorprendente, entonces, enterarse de que hablar con un acompañante no es ni con mucho tan perjudicial como hacerlo por celular. De hecho, la mayoría de la evidencia sugiere que tiene muy poca o ninguna influencia sobre la capacidad de manejar.[24]

Hablar con un acompañante puede ser mucho menos problemático por varias razones. En primer lugar, es más fácil escuchar y entender lo que dice quien está al lado que lo que dice alguien que se encuentra en el teléfono, de manera que no es necesario esforzarse tanto para mantener una conversación. En segundo lugar, esa persona aporta otro par de ojos –un acompañante podría notar algo inesperado en la ruta y alertarnos, un servicio que quien está del otro lado de la línea no puede ofrecer–. Por último, la razón más interesante para esta diferencia tiene que ver con las exigencias sociales de las conversaciones. Cuando charlamos en el auto, aquellos que nos acompañan son conscientes del entorno en el que estamos. En consecuencia, si de repente nos encontramos en una situación de manejo complicada y dejamos de hablar, rápidamente deducirán la razón de nuestro silencio. No hay una exigencia social de que continuemos hablando porque el contexto de manejo ajusta las expectativas de todos los que viajan en el auto respecto de la interacción social. Sin embargo,

---

24 Este hallazgo y las explicaciones incluidas en el próximo párrafo se basan en Drews, Pasupathi y Strayer (2008: 392-400).

cuando hablamos por celular, sentimos una fuerte presión de continuar la conversación a pesar de las condiciones de manejo difíciles porque la persona con la que estamos hablando no tiene por qué esperar que por momentos nos callemos y por momentos hablemos. Estos tres factores, en combinación, ayudan a explicar por qué hablar por celular es especialmente peligroso cuando se maneja, más que muchas otras formas de distracción.

¿Para quién trabaja Bell?

Todos los ejemplos que hemos presentado hasta ahora muestran cómo podemos dejar de ver lo que está justo delante de nosotros: un capitán de submarino no ve un buque pesquero, un conductor no ve la presencia de un motociclista, un piloto no ve una obstrucción en la pista de aterrizaje y un policía de Boston no ve una golpiza. Sin embargo, tales fallas de la conciencia y la ilusión de atención no se limitan al sentido de la visión. Las personas pueden experimentar también una *sordera* por falta de atención.[25]

En 2008, el ganador del premio Pulitzer en la categoría de periodismo narrativo fue Gene Weingarten, por su artículo sobre un "experimento" social que realizó con ayuda del virtuoso violinista Joshua Bell.[26] A los cuatro años de edad, en Indiana, Bell impresionó a sus padres, ambos psicólogos, al usar bandas elásticas para reproducir sonidos que había escuchado. Estos contrataron a una serie de profesores de música, y a los 17 años Bell ya había tocado en el Carnegie Hall. Fue varias veces número uno en las listas de éxitos de música clásica, recibió numerosos premios por sus actuaciones y apareció en Sesame Street [Plaza Sésamo]. La biografía oficial que figura en su sitio web comienza con estas palabras: "Joshua Bell ha captado la atención del público como ningún otro violinista clásico de su época".

25 Este fenómeno se remonta a los estudios de las décadas de 1950 y 1960 sobre la capacidad de atender selectivamente a la información presentada a un oído mientras se ignoran los sonidos que recibe el otro. Bajo estas condiciones, las personas suelen no notar mensajes inesperados en el oído que están ignorando. El término "sordera por falta de atención" fue usado por primera vez por Mack y Rock (1998). Para un ejemplo de un trabajo pionero sobre escucha selectiva, véanse Cherry (1953) y Treisman (1964: 449-459).

26 Weingarten (2007: W10). La información biográfica sobre Bell ha sido extraída de ese artículo y de la entrada de Wikipedia sobre Joshua Bell. La cita textual pertenece a la biografía oficial que aparece en su sitio web, consultada el 16/1/2009.

Un viernes por la mañana, a la hora pico, Bell llevó su violín Stradivarius, por el que había pagado más de tres millones de dólares, a la parada de subterráneo L'Enfant Plaza, en Washington DC. Se instaló entre una entrada y una escalera mecánica, abrió el estuche de su violín, donde había puesto un poco de su propio dinero para que la gente depositara allí sus donaciones, y comenzó a tocar varias piezas clásicas complejas. Durante su ejecución de 43 minutos, más de mil personas pasaron a unos pocos metros de él, pero sólo siete se detuvieron a escuchar. Y sin contar la donación de 20 dólares de un transeúnte que lo reconoció, Bell sólo recaudó 32,17 dólares por su trabajo.

En su artículo, Weingarten se lamentaba de la falta de apreciación de la belleza y el arte en la sociedad moderna. Al leerlo, se puede percibir la congoja y la desilusión que debe de haber sentido cuando observaba a la gente pasar delante de Bell:

> Una cámara oculta registró todo. Se puede ver el video una o quince veces, y nunca se vuelve más fácil de mirar. Si se lo pasa más rápido, se convierte en uno de esos noticieros cinematográficos mudos de la Primera Guerra Mundial, con movimientos entrecortados e irregulares. La gente marcha a toda prisa en pequeños saltos y arranques cómicos, con tazas de café en sus manos, teléfonos celulares en sus oídos, tarjetas de identificación colgando de su vientre, una sombría *danse macabre* a la indiferencia, la inercia y la sórdida y gris prisa de la modernidad.

Los colegas de Weingarten en la revista del *Washington Post* aparentemente esperaban un resultado diferente. Según el relato de Weingarten, les preocupaba que la ejecución pudiera ocasionar un tumulto:

> En una Washington tan demográfica como sofisticada, se suponía que varias personas reconocerían a Bell. Los posibles escenarios del estilo "¿qué pasaría si...?" abundaban. Cuando la gente se aglomerara, ¿qué pasaría si otros se detuvieran para ver cuál es la atracción? La noticia se difundiría entre la multitud. Las cámaras no dejarían de disparar sus flashes. Más gente se reuniría en torno a la escena; el tránsito de peatones en la hora pico se entorpecería; los ánimos se caldearían; habría que llamar a la Guardia Nacional; gases lacrimógenos, balas de goma, etc.

Una vez finalizada la puesta en escena, Weingarten le pidió al famoso director de orquesta Leonard Slatkin, que dirigía la Orquesta Sinfónica Nacional, que predijese cómo se desempeñaría un músico profesional como artista callejero. Slatkin estaba convencido de que se reuniría una multitud: "Quizá 75 ó 100 personas se detendrían y se quedarían un tiempo escuchando". En realidad, se detuvo menos de un décimo de ese número, y no hizo falta que la Guardia Nacional se movilizase.

Weingarten, sus editores, Slatkin y tal vez los miembros del comité Pulitzer cayeron presa de la ilusión de atención. El propio Bell, cuando vio el video de su actuación, se sorprendió por "el número de personas que no prestan absolutamente ninguna atención, como si yo fuera invisible. Porque, ¿sabes qué?, ¡estaba haciendo un montón de ruido!".[27] Todos sobrestimaron el grado en el cual las personas lo reconocerían. Ahora que el lector se ha enterado de los gorilas invisibles, los buques pesqueros que nadie ve y los motociclistas que pasan inadvertidos, puede adivinar por qué Bell no fue reconocido como el gran músico que es. La gente no estaba buscando (o escuchando) un violinista virtuoso: estaba tratando de llegar al trabajo. La única persona entrevistada para la historia que tuvo una comprensión correcta del contexto que rodeaba el "experimento" fue Edna Souza, que trabajaba como lustrabotas en la zona y se distraía con los artistas callejeros. No le sorprendía que la gente caminara a toda velocidad sin escuchar: "La gente sube por la escalera mecánica, mira hacia adelante. Cada uno se ocupa de lo suyo, sin desviar la vista".

Bajo las condiciones que estableció Weingarten, los pasajeros ya estaban ocupados en la tarea –que de por sí los distraía– de correr hacia el trabajo, por lo que era improbable que notaran a Bell, y menos aún que prestaran la suficiente atención a su ejecución como para distinguirlo de un músico callejero del montón. Y esa es la clave. El tiempo y el lugar que escogió Weingarten para su puesta en escena garantizaban que nadie fuera a dedicar demasiada atención a la calidad de la música. A Weingarten le preocupaba que "si no podemos tomarnos un momento de nuestra vida para detenernos y escuchar a uno de los mejores músicos de la Tierra

---

27 Más tarde, Joshua Bell tuvo un recuerdo diferente de sus sentimientos. En la edición revisada de *Predictably Irrational* (2009: 272), Dan Ariely escribe acerca del momento en que conoció a Bell y le preguntó sobre su experiencia como músico callejero: "Quería saber cómo se había sentido ante el hecho de que tanta gente no le prestara atención y lo ignorara. Respondió que en realidad no estaba tan sorprendido, y admitió que la expectativa es una parte importante de la forma en que experimentamos la música".

tocar algunas de las mejores piezas jamás escritas, si la tensión excesiva de la vida moderna nos avasalla de tal manera que nos volvemos sordos y ciegos a algo como eso, entonces, ¿qué más nos estamos perdiendo?". Probablemente mucho, pero esta puesta en escena no proporciona ninguna evidencia de una falta de apreciación de la belleza. Más bien, pone de manifiesto que la gente no escucha música cuando está apurada. Muestra que si presta atención (visual y auditiva) a una tarea –llegar al trabajo– es difícil que note algo inesperado –un violinista brillante– en su camino.

Si estuviéramos diseñando un experimento para determinar si los habitantes de Washington están dispuestos a detenerse y apreciar la belleza, primero elegiríamos un momento y un lugar en los que el ejecutante callejero promedio atrayera un número promedio de oyentes, y un día lo reemplazaríamos por Joshua Bell y compararíamos su recaudación habitual con la de Bell. En otras palabras, para mostrar que la gente no aprecia la música bella, primero es necesario mostrar que al menos algunas personas la están escuchando. Weingarten no habría ganado un premio Pulitzer si hubiera ubicado a Bell al lado de un martillo neumático. En esas condiciones, nadie se sorprendería de que no se le prestase atención al músico –el sonido ensordecedor habría ahogado el del violín–. Ubicarlo al lado de la escalera mecánica de una estación de subte durante una hora pico tuvo el mismo efecto, pero por una razón diferente. En términos físicos, las personas podrían haberlo escuchado tocar, pero debido a que su atención estaba enfocada en su traslado matinal, se vieron afectadas de sordera por falta de atención.

También hubo otros factores que atentaron contra Bell: no ejecutó piezas clásicas muy familiares para la mayoría de los transeúntes. Si hubiese tocado *Las cuatro estaciones*, por ejemplo, tal vez le habría ido mejor. De hacerlo, un músico mucho menos talentoso podría haber recaudado más dinero que el que obtuvo Bell. Cuando Dan vivía en Boston, a veces caminaba desde el centro hasta el North End para comer comida italiana. Por lo menos media docena de veces, pasaba delante de un acordeonista que se acomodaba en un extremo de una calle cerrada ubicada al lado de una autopista –un lugar perfecto para atraer oyentes con tiempo, que caminaban hacia los restaurantes a los que, para entrar, de todos modos tendrían que esperar–. Para los artistas callejeros, como para los inmuebles, la ubicación lo es todo. El acordeonista tocaba con deleite y mostraba un apego emocional por su instrumento y su arte. Sin embargo, Dan lo escuchaba interpretar siempre la misma canción: el tema de la película *El padrino*. Lo tocaba cuando Dan pasaba caminando para ir a cenar y cuando volvía de cenar, cada vez que hacía ese camino. O bien divisaba a Dan antes de que estuviese lo bastante cerca como para oírlo y al instante comenzaba a tocarlo para hacerle algún tipo de chiste o advertencia (Dan debería haber despertado con una cabeza de caballo sangrienta en sus pies), o bien simplemente porque reconocía el gusto de su audiencia por la obra para acordeón más conocida. En nuestra opinión, le iba muy bien. Es probable que si Bell hubiese tocado un domingo por la tarde, habría atraído a más oyentes. Si hubiese tocado piezas más cortas en una plataforma de subte en lugar de piezas largas cerca de la escalera mecánica de salida, podría haber atraído a más oyentes que estuvieran esperando el tren. Y si hubiese tocado el tema de *El padrino* en su violín de trescientos años, quién sabe.

¿Quién nota lo inesperado?

En cierta ocasión, Chris hizo el experimento del gorila con los estudiantes de un seminario que estaba dictando. A la semana siguiente, una de ellos le dijo que le había mostrado el video a su familia y que ninguno de sus padres había visto al gorila, pero que su hermana mayor sí lo había visto. La hermana entonces comenzó a jactarse de su triunfo en esta competencia en la que se trataba de ver al gorila afirmando que eso demostraba lo inteligente que era. Dan suele recibir correos electrónicos de personas que no conoce que le preguntan por qué ellos no vieron el gorila pero sus hijos sí, o si las muchachas siempre ven el gorila y los muchachos no. La gerente de un fondo de inversión se enteró de nuestro estudio e invitó a la gente de su oficina a hacerlo. Ubicó a Chris mediante una cadena de conocidos y lo interrogó sobre las diferencias entre quienes notaban al gorila y quienes no lo hacían. Muchas personas que han realizado el experimento lo ven como una especie de test de inteligencia o de personalidad. El efecto es tan llamativo –y el número de los que ven al gorila y los que no, tan parejo– que la gente suele creer que algún aspecto importante de su personalidad determina que lo vean o no. Cuando Dan estaba trabajando con *Dateline NBC* para crear demostraciones, los productores del show especulaban con que quienes desarrollaban ocupaciones que requerían atención a los detalles probablemente notarían al gorila, y le preguntaron a la mayoría de sus "sujetos" en qué trabajaban. Suponían que el desempeño en la tarea determinaba qué tipo de persona se es: alguien que ve las cosas o alguien que las pasa por alto. Esta es la cuestión de las *diferencias individuales*. Si pudiéramos determinar si algunas personas notan el gorila y otros acontecimientos inesperados de manera regular en tareas de laboratorio, entonces podríamos determinar si son inmunes a la ceguera por falta de atención de manera más general y, en consecuencia, entrenar a los que pasan las cosas por alto para que comiencen a verlas.

Pese a que la idea de que el video del gorila es una suerte de piedra Rosetta para los tipos de personalidad resulta intuitivamente atractiva, casi no hay evidencia de que existan diferencias individuales en la ceguera por falta de atención. En teoría, la gente podría presentar divergencias en el total de recursos de atención de que dispone, y quienes tienen más herramientas (quizá los que poseen coeficientes de inteligencia más elevados) podrían tener suficiente "resto", luego de asignar parte a la tarea primaria, como para detectar objetos inesperados con mayor eficacia. Un argumento contra esta posibilidad, sin embargo, es la regularidad que se observa en el patrón de resultados que obtenemos con la demostración del gorila. Realizamos el experimento original con estudiantes de grado de Harvard –un grupo de elite–, pero el experimento funciona exactamente igual en instituciones menos prestigiosas y con participantes que no son estudiantes. En todos los casos, alrededor de la mitad lo ve. Según una encuesta *online* realizada por Nokia Corporation (2007), el 60% de las mujeres y de los hombres piensan que las mujeres son mejores para hacer varias tareas al mismo tiempo. Si el lector está de acuerdo, también podría pensar que ellas tendrían mayores probabilidades de notar al gorila. Por desgracia, hay poca evidencia experimental que apoye esta creencia popular. De hecho, la principal conclusión que se ha extraído de estudios que implicaban la realización de varias tareas es que casi nadie las hace bien: como regla general, es más eficiente hacer una tarea por vez que varias en forma simultánea.[28]

Aun cuando es posible –e incluso razonable– sospechar que las personas divergen en cuanto a su habilidad para centrar su atención en una tarea primaria, esta disposición no se relaciona con la inteligencia general o el nivel

---

28 A pesar del título ("Encuesta lo confirma: las mujeres son mejores que los hombres para realizar varias tareas a la vez"), este comunicado de prensa no informa acerca de un test de capacidades para realizar varias tareas, sino que se trata solamente de una encuesta no representativa de creencias populares sobre la realización de varias tareas simultáneas. Un estudio típico de la ineficacia para realizar varias tareas es Rubinstein, Meyer y Evans (2001: 763-797). Hay debates frecuentes acerca de las diferencias en la anatomía cerebral de los distintos géneros que podrían explicar una distinta capacidad para realizar varias tareas a la vez, pero no hemos podido encontrar experimentos que ofrezcan evidencias inequívocas de la superioridad general de las mujeres para dividir su atención entre múltiples tareas u objetivos.

de educación. Si las diferencias individuales en la capacidad para centrar la atención llevaran a diferencias en la facultad de notar objetos inesperados, las personas para quienes la tarea de contar es más fácil deberían tener mayores probabilidades de notar al gorila porque, como ya dijimos, están dedicando menos recursos a la tarea de contar y tienen más "resto".

Dan y su estudiante de posgrado Melinda Jensen condujeron hace poco un experimento para testear esta hipótesis. Primero, midieron qué tan bien los sujetos podían realizar una tarea de seguimiento en la computadora, como la que usamos en el experimento del "gorila rojo", y luego averiguaron si a quienes la tarea les había parecido fácil tenían mayores probabilidades de notar un objeto inesperado. No fue así. Al parecer, la detección de objetos y acontecimientos inesperados no depende de la capacidad de atención. En coincidencia con esta conclusión, Dan y el científico del deporte Daniel Memmert, el investigador que registró los movimientos oculares de los niños mientras miraban el video del gorila, hallaron que no había relación entre ver o no un objeto inesperado y varias medidas básicas de capacidad de atención. Estos hallazgos tienen una implicación práctica importante: entrenar a las personas para que mejoren su capacidad de atención puede no hacer nada para ayudarlas a detectar objetos inesperados. Si un objeto es verdaderamente inesperado, es probable que las personas no lo noten, sin importar qué tan buenas (o malas) sean para enfocar su atención.

Hasta donde sabemos, no existen "personas que ven las cosas" y "personas que las pasan por alto", al menos no en forma regular en una variedad de contextos y situaciones. Sin embargo, hay una manera de predecir qué probabilidades tiene alguien de ver lo inesperado. Pero no se trata de un rasgo simple del individuo ni de una cualidad del acontecimiento; es la combinación de un hecho relacionado con el individuo y con la situación en la que ocurre el acontecimiento inesperado. Únicamente siete personas, de más de mil, se detuvieron a escuchar a Joshua Bell tocar en la estación de subte L'Enfant Plaza. Una había asistido a su concierto apenas tres semanas antes. Dos de las seis restantes eran músicos. Sus conocimientos los ayudaron a reconocer la habilidad de Bell –y las piezas que estaba tocando– en medio de la batahola. Uno de ellos, George Tindley, trabajaba en un restaurante cercano, Au Bon Pain. "Enseguida se podía advertir que este muchacho era bueno, que claramente era un profesional", le dijo a Weingarten. El otro, John Picarello, dijo: "Era un violinista soberbio. Nunca escuché a nadie de ese calibre. Era técnicamente avezado, con buen fraseo. Tocaba muy bien, con un sonido exuberante".

Los experimentos apoyan esta observación. Los basquetbolistas experimentados suelen notar con una frecuencia mayor al gorila que aparece en el video original de pase de la pelota de básquetbol que los novatos. En contraste, los jugadores de hándbol no advierten con mayor frecuencia objetos inesperados, aunque sean expertos en un deporte de equipo que requiere una atención comparable a la de los basquetbolistas.[29] La experiencia y los conocimientos ayudan a percibir acontecimientos inesperados, pero sólo cuando ocurren en el contexto de aquello en lo que alguien tiene experiencia y conocimientos. Si se coloca a expertos en una situación en la que no tienen una habilidad especial, se convierten en novatos comunes, y su atención apenas les alcanza para estar a la altura de la tarea primaria. Y, al margen de cuál sea la situación, los expertos no son inmunes a la ilusión de atención. Gene Weingarten describió la conducta de John Picarello cuando observaba la ejecución de Bell: "En el video, se puede ver a Picarello mirar a su alrededor a cada rato, casi desconcertado. 'Sí, la gente simplemente no lo escuchaba. No estaba registrando. No entendía cómo podía ser'".

¿Cuántos médicos hacen falta para...?

Si la experiencia y los conocimientos en un área aumentan la posibilidad de notar objetos inesperados, ¿podrían constituir un remedio para los límites de la atención? ¿Los expertos son inmunes a los efectos de la falta de atención, al menos dentro de su propia área de experiencia y conocimientos? Los radiólogos son médicos especialistas que se ocupan de leer rayos X, tomografías computadas, resonancias magnéticas y otras imágenes con el fin de detectar y diagnosticar tumores y otras anormalidades. Realizan esta tarea bajo condiciones controladas todos los días de su vida profesional. En los Estados Unidos, su carrera tiene una duración de cuatro años en la Facultad de Medicina, seguidos por cinco años de residencia en un hospital universitario. Quienes se especializan en sistemas corporales específicos extienden su formación uno o dos años más. En total, a menudo tienen más de diez años de formación de posgrado, seguida de una experiencia laboral en la que estudian docenas de imágenes todos los días. Pero pese a su amplia

---

29 Estos hallazgos aparecen en Memmert (2006: 620-627) y Memmert, Simons y Grimme (2009: 146-151).

formación, a menudo pasan por alto problemas sutiles cuando "leen" imágenes médicas.

Considérese un caso reciente descrito por Lum y sus colegas en la Facultad de Medicina de la Universidad de Rochester (Lum, Fairbanks, Pennington y Zwemer, 2005: 658-662). Una ambulancia llevó a la guardia a una mujer de unos cuarenta años con un severo sangrado vaginal. Los médicos intentaron colocar una vía intravenosa en una vena periférica, pero no pudieron, y por lo tanto insertaron una vía central mediante un catéter en la vena femoral, la mayor de la ingle. Para colocarla en forma correcta también es necesario insertar una cuerda guía, que se quita una vez que la vía está en su lugar.

La vía fue introducida con éxito, pero debido a un descuido, el médico omitió quitar la cuerda guía.[30] A fin de compensar la pérdida de sangre, se le hicieron transfusiones, pero comenzó a tener dificultades para respirar debido a un edema pulmonar (una hinchazón o una acumulación de fluidos en los pulmones). Se la entubó para proporcionarle un apoyo respiratorio, y se le tomó una imagen del tórax con rayos X para confirmar el diagnóstico y asegurarse de que el tubo respiratorio estuviera bien colocado. El médico de guardia y el radiólogo que atendía el caso coincidieron en el diagnóstico, pero ninguno de ellos advirtió la presencia de la cuerda guía. La paciente fue enviada a la unidad de terapia intensiva durante varios días y, una vez que hubo mejorado, pasó a una sala común. Allí comenzó a tener dificultades para respirar, a causa de una embolia pulmonar –coágulos de sangre en el pulmón–. Durante este tiempo se le hicieron más imágenes con rayos X, así como un ecocardiograma y una tomografía computada. Recién al quinto día de su estadía en el hospital, un médico detectó y quitó la cuerda guía mientras realizaba un procedimiento para corregir la embolia pulmonar. La paciente entonces se recuperó totalmente. (Más tarde se determinó que era poco probable que la cuerda hubiera sido lo que causó la embolia, puesto que estaba construida con un material llamado "no trombogénico", diseñado específicamente para no promover coágulos sanguíneos.)

30 Omitir un paso final en un proceso (por ejemplo, colocar la vía central correctamente) es un tipo de error común conocido como *error posfinalización*. Este es el tipo de descuido que cometemos cuando nos vamos con nuestra pila de copias y nos olvidamos el documento original en la fotocopiadora; o cuando escribimos en un correo electrónico "como se muestra en el documento adjunto", pero presionamos "enviar" antes de adjuntarlo.

Luego, cuando se examinaron varias imágenes médicas, la cuerda guía se veía con claridad en las tres radiografías y en la tomografía computada, aunque ninguno de los médicos que intervinieron en el caso –que fueron varios– la había notado. El hecho de que nadie la viera ilustra, una vez más, los peligros de la ceguera por falta de atención. Si bien los radiólogos y los otros médicos que revisaron las imágenes del tórax las observaron de manera atenta, no la vieron porque no esperaban verla.

Los radiólogos tienen una tarea muy compleja. A menudo revisan una gran cantidad de imágenes a la vez, por lo general buscando un problema específico –un hueso roto, un tumor, etc.–. No pueden captar todo lo que está en la imagen, por lo que centran su atención en los aspectos fundamentales, así como los sujetos del estudio del gorila se concentraron en contar los pases de uno de los equipos. Debido a los límites de atención, es poco frecuente que adviertan cosas inesperadas. Por lo tanto, era improbable que vieran la cuerda guía precisamente porque, por empezar, no debería haber estado allí. No obstante, las personas suponen que los radiólogos deberían notar cualquier problema que se presente en una imagen médica, más allá de si se lo espera o no. Es habitual que los demanden por no detectar pequeños tumores u otros problemas (Spring y Tennenhouse, 1986: 811-814). Estos juicios se basan en la ilusión de atención –la gente cree que estos profesionales verán cualquier cosa anómala en una imagen, cuando en realidad tienden a ver mejor lo que estaban buscando–. Si se les pide que encuentren una cuerda guía en una radiografía de tórax esperarán ver una y la detectarán, pero si se les dice que encuentren una embolia pulmonar, pueden no advertirla. (También es posible que cuando busquen la cuerda guía no vean embolias pulmonares.) Un tumor inesperado que se pasó por alto durante la lectura original podría parecer obvio en forma retrospectiva. Así como todos ven al gorila cuando lo buscan, los radiólogos pueden detectar la anomalía si saben que deben buscarla.

Por desgracia, suele confundirse lo que se nota fácilmente cuando se lo espera con lo que debería advertirse cuando no se lo espera. Más aún, los procedimientos de rutina utilizados en los hospitales al revisar radiografías caen en la ilusión de atención. Los propios médicos también suponen que notarán problemas inesperados en una imagen, pese a que estén buscando otra cosa. Para reducir estos efectos, se pueden reexaminar las mismas imágenes a conciencia, con un ojo puesto en lo inesperado. Cuando los participantes en nuestros estudios saben que algo extraño podría ocurrir, siempre ven el gorila –lo inesperado se ha convertido en el blanco de la atención–. Sin embargo, prestarle atención no es la solución para todo. Dado que nuestros recursos atencionales son limitados, dedicar parte de ellos a acontecimientos inesperados limita la atención disponible para nuestra tarea primaria. Sería imprudente pedirles a los radiólogos que desvíen tiempo y recursos normalmente dedicados a detectar el problema esperado en una radiografía ("Doctor, ¿puede confirmar que este paciente tiene una embolia pulmonar, para que podamos comenzar el tratamiento?") para centrarse en cosas que es improbable que estén allí ("Doctor, ¿puede decirnos si dejamos algo olvidado dentro del cuerpo de este paciente?"). Una estrategia más efectiva sería que un segundo profesional, que no esté familiarizado con el caso y el diagnóstico tentativo, examinara las imágenes y buscara problemas secundarios que podrían no haber sido advertidos la primera vez.

Así pues, sucede que incluso los expertos con diez años de experiencia en su especialidad médica pueden no ver objetos inesperados en su área de conocimiento. Aunque puedan detectar aspectos inusuales en las radiografías con más facilidad que la gente no entrenada para hacerlo, padecen los mismos límites de atención que cualquier otra persona. Su experiencia y sus conocimientos no implican que dispongan de mayor atención, sino que tienen expectativas más precisas para percibir aspectos importantes en las imágenes. La experiencia los guía para buscar problemas comunes más que anomalías infrecuentes, y en la mayoría de los casos esa estrategia es acertada.

¿Qué podemos hacer con la ilusión de atención?

Si esta ilusión de atención es tan dominante, ¿cómo es que nuestra especie ha sobrevivido para escribir acerca de ella? ¿Por qué nuestros supuestos ancestros no fueron comidos por predadores inadvertidos? En parte, la ceguera por falta de atención y la ilusión de atención que la acompaña son consecuencia de una sociedad moderna. Aunque nuestros antepasados deben haber tenido limitaciones similares en su estado de conciencia, en un mundo menos complejo había menos cosas a las cuales estar atentos. Y pocos objetos o acontecimientos necesitaban una atención inmediata. En contraste, los adelantos de la tecnología nos han proporcionado aparatos que requieren mayor atención, de manera cada vez más frecuente, con tiempos de espera cada vez más cortos. Nuestros circuitos neurológicos para la visión y la atención están construidos para las velocidades propias de los peatones, no para las del manejo. Cuando caminamos, es probable que tardar unos pocos segundos en notar un acontecimiento inesperado no tenga consecuencias. Cuando manejamos, en cambio, puede significar la muerte. Los efectos de la falta de atención se amplifican cuando conducimos a velocidades elevadas, ya que cualquier retraso sucede a la mayor velocidad.

Los efectos de la falta de atención se amplifican aún más con cualquier dispositivo o actividad que distraiga la atención de lo que estamos tratando de hacer. Cosas que no eran habituales en un pasado sin BlackBerry, libre de iPhone y previo al GPS hoy son comunes. Por fortuna, los accidentes siguen siendo excepcionales, porque la mayor parte del tiempo no ocurre nada inesperado. Pero lo que importa son esos acontecimientos inesperados. Las personas confían en que pueden manejar y hablar por teléfono a la vez precisamente porque casi nunca se enfrentan con la evidencia de que no pueden. Y con "evidencias" no nos referimos a una noticia sobre tasas de accidentes o al último informe de un instituto de seguridad vial, ni siquiera a una historia de un amigo que se quedó dormido mientras manejaba y casi choca, sino a una experiencia personal, como una colisión o una situación en la que faltó poco para que se produjera, ocasionada sin lugar a dudas por una disminución en la atención que no podemos justificar echándole la culpa a la otra persona (una racionalización en la que somos expertos, como somos buenos para sobrestimar nuestros propios niveles de atención). Casi nunca somos conscientes de los indicios más sutiles de nuestra distracción. Los conductores que cometen errores en general no los advierten (después de todo, están distraídos). El problema es que carecemos de pruebas positivas que demuestren nuestra falta de atención. Esa es la base de la ilusión de atención. Sólo somos conscientes de los objetos inesperados que sí notamos, no de los que no vemos. En consecuencia, toda la evidencia que tenemos se refiere a la buena percepción de nuestro mundo. Hace falta una experiencia como la de no ver al gorila que se golpea el pecho, que es difícil de explicar (y que pocos incentivos sirven para justificar), para convencernos de cuánto del mundo que nos rodea nos estamos perdiendo.

Si los mecanismos de atención nos resultan opacos, ¿cómo podemos eliminar la ceguera por falta de atención a fin de estar seguros de detectar al gorila? La respuesta no es sencilla. Para eliminarla, de hecho deberíamos eliminar la atención que centramos en algo. Tendríamos que mirar el video del gorila sin molestarnos por concentrarnos en contar los pases o incluso en centrarnos en lo que nos resulta interesante de lo que aparece en la pantalla. Tendríamos que mirar lo que aparece en la pantalla sin expectativas y sin objetivos. Pero para la mente humana, ambos son inescindibles de los procesos más básicos de la percepción, y no se extinguen en forma sencilla. Las expectativas se basan en nuestras experiencias previas del mundo, y la percepción se construye sobre ellas. Nuestra experiencia y nuestras expectativas nos ayudan a dar sentido a lo que vemos, y sin ellas, el mundo visual no sería más que una secuencia no estructurada de luz, una "floreciente confusión de zumbidos", según la clásica expresión de William James (1890: 439-440).

Para el cerebro humano, la atención es sobre todo un juego de suma cero: si prestamos más atención a un lugar, objeto o acontecimiento, necesariamente prestamos menos a otros. Esta clase de ceguera es, así, un subproducto necesario, desafortunado, del funcionamiento normal de la atención y la percepción. Si estamos en lo cierto cuando afirmamos que es el resultado de los límites intrínsecos de la capacidad de atención visual, podría ser imposible reducirla o eliminarla en general. En esencia, tratar de eliminar la ceguera por falta de atención sería equivalente a pedirles a las personas que traten de volar moviendo sus brazos a toda velocidad. La estructura del cuerpo humano no nos permite volar, así como la estructura de la mente no nos permite percibir en forma consciente todo lo que nos rodea.

La cuestión de cómo asignar de la mejor manera nuestros recursos limitados se relaciona con un principio más amplio sobre la atención. En su mayor parte, la ceguera por falta de atención no es un problema. De hecho, es una consecuencia de la forma en la que trabaja la atención; es el costo de nuestra capacidad excepcional –y excepcionalmente útil– de enfocar nuestra mente. Enfocarnos en algo nos permite evitar distraernos y usar nuestros medios limitados de manera más efectiva; no queremos que todo lo demás que nos rodea nos distraiga. La mayoría de los conductores sigue las reglas de tránsito, la mayoría de los médicos no les deja cuerdas guía a los pacientes, la mayoría de los buques pesqueros no permanece justo sobre los submarinos, la mayoría de los aviones no aterriza encima de otros aviones, la mayoría de los policías no golpea de manera brutal a los sospechosos y la mayoría de los violinistas de nivel internacional no toca en el sube. Y los gorilas raras veces pasan caminando en medio de partidos de básquetbol. Los acontecimientos inesperados lo son por una buena razón: son infrecuentes. Lo más importante, en la mayoría de los casos, es que no detectar lo inesperado tiene pocas consecuencias. No obstante, es en esos casos infrecuentes en los que representa un peligro inmediato, cuando los límites de atención y la dominancia de la ilusión de atención pueden ser catastróficos.

La ilusión de atención tiene consecuencias que van mucho más allá de la detección de gorilas inesperados. Nos afecta a todos, tanto en formas mundanas como potencialmente peligrosas para nuestra vida; y es de verdad una ilusión cotidiana. Influye en todo, desde los accidentes de tránsito y los visores de las cabinas de los aviones hasta los teléfonos celulares, la medicina e incluso la ejecución de instrumentos en el subterráneo. A medida que el experimento del gorila fue haciéndose más conocido, se lo ha usado para explicar incontables fallas de atención, desde lo concreto hasta lo abstracto, en diversos ámbitos. No se restringe simplemente a la atención visual, sino que se aplica también a todos nuestros sentidos, e incluso a los patrones más amplios del mundo que nos rodea. El poder de este experimento reside en que obliga a las personas a confrontarse con la ilusión de atención. Constituye una metáfora efectiva, precisamente porque esta tiene un alcance muy extendido. He aquí algunos ejemplos:[31]

- Un instructor la usa para mostrarles a los aspirantes cómo pueden pasar por alto infracciones que están delante de sus narices.
- Un profesor de Harvard la usó para explicar cómo las prácticas discriminatorias en los lugares de trabajo pueden pasar inadvertidas aun para individuos inteligentes y con una mente abierta.
- Expertos en antiterrorismo la citaron para explicar cómo los oficiales de inteligencia australianos pudieron no advertir la presencia en su propio país del grupo Jemaah Islamiyah, responsable de los bombardeos que en 2002 mataron a 202 personas.
- Un sitio web dedicado a la pérdida de peso comparó al gorila invisible con un bocadillo no planificado que puede arruinar la dieta.

---

31 Los ejemplos de los usos del video del gorila han sido extraídos de varias fuentes. La primera es un correo electrónico enviado a la empresa de Dan, Viscog Productions Inc., el 5 de agosto de 2004, referido a la utilidad de su DVD, que incluye el video del gorila. Mahzarin Banaji (2005), un profesor de Psicología de Harvard, usó la ceguera por falta de atención en un análisis de la discriminación. Los paralelismos entre la ceguera por falta de atención y la no detección de terroristas fueron abordados en *Background Briefing*, 8/12/2002. Los vínculos con la dieta fueron discutidos en "Awareness, fat loss & moonwalking bears", 31/12/2008, consultado el 9/6/1990. Las consideraciones de Dean Radin se encuentran en Radin (2006). (Más adelante abordaremos una de las principales razones por las que las personas llegan a creer en los fenómenos psíquicos a pesar de la falta de evidencia científica.) La discusión sobre la intimidación en los colegios corresponde a un correo electrónico recibido por Viscog Productions el 1° de septiembre de 2008. El vínculo con la religión corresponde a un sermón del reverendo Daniel Conklin de la Epiphany Parish en Seattle (2009).

- El promotor de los fenómenos paranormales Dean Radin compara la ceguera por falta de atención de nuestros sujetos con el fracaso de los científicos para ver la "realidad" de la realidad extrasensorial y otros fenómenos paranormales.
- El director de un colegio secundario usa la ceguera por falta de atención para explicar por qué los profesores y el personal no docente suelen no advertir las intimidaciones de algunos alumnos hacia sus compañeros.
- Un sacerdote episcopal la usa en su sermón para explicar la facilidad con la que las personas pueden pasar por alto las evidencias de Dios a su alrededor.
- En 2008, una campaña publicitaria británica alentaba a los conductores a prestar atención a los ciclistas mediante un aviso televisivo y por internet basado en nuestro video, pero reemplazando el gorila que se golpeaba el pecho por un oso que hacía la "caminata lunar".

Podría ser imposible eliminar la ceguera por falta de atención sin volver a instalar los circuitos de nuestro cerebro, pero lo más peligroso son nuestras creencias erróneas acerca de la atención. El hecho de que no lo veamos todo sería mucho menos problemático si no pensáramos que lo vemos todo. Esta ilusión hace que tengamos una falsa sensación de seguridad cuando es poca la que en realidad tenemos. Esperamos que los escáneres de los aeropuertos detecten armas en los equipajes, pero por lo general no logran detectar artículos de contrabando plantados por las autoridades durante los testeos de los procedimientos de seguridad. La tarea de los escáneres de seguridad se parece mucho a la de los radiólogos (aunque el entrenamiento es, diremos, mucho menos intensivo), y es difícil, si no imposible, verlo todo en una imagen que se muestra durante unos pocos segundos. Eso es especialmente cierto si se tiene en cuenta que las cosas que se buscan son infrecuentes (Wolfe, Horowitz y Kenner, 2005: 439-440).

De manera similar, esperamos que los guardavidas de las piletas de natación adviertan cuando alguien corre peligro de ahogarse, pero la ilusión de atención nos lleva a que tengamos una falsa sensación de seguridad. Ellos tienen la tarea casi imposible de vigilar una gran masa de agua y detectar el extraño caso de alguien ahogándose.[32] La dificultad de su trabajo se intensifica porque los nadadores suelen hacer cosas que llevan

---

32 Para una breve discusión al respecto, véase Griffiths y Moore (2004).

a pensar que se están ahogando cuando no lo están, como nadar bajo el agua, recostarse en el fondo de la pileta, zambullirse de manera desaforada, etc. Aunque se toman descansos regulares, cambian los ángulos desde los que vigilan varias veces y adoptan varias otras medidas para mantenerse alerta. La vigilancia, además de estar sujeta a sus propias limitaciones, no puede superar los límites de la atención que conducen a la ceguera por falta de atención. Simplemente no pueden verlo todo, pero la ilusión de atención nos hace creer que sí.

El simple hecho de ser conscientes de esta clase de ilusión puede ayudarnos a llevar a cabo medidas para evitar pasar por alto lo que necesitamos ver. En algunos casos, como en el de los guardavidas, las innovaciones tecnológicas, por ejemplo los escaneos automáticos, pueden ser de ayuda. Sin embargo, si no tenemos conciencia de nuestras limitaciones, la intervención de la tecnología puede ser perjudicial. Las pantallas de visualización frontal podrían mejorar nuestra capacidad de navegar y mantener nuestros ojos en la ruta, pero perjudicar nuestra habilidad para detectar acontecimientos inesperados. De manera similar, los sistemas de navegación GPS de los automóviles pueden ayudarnos a encontrar nuestro camino, pero cuando se confía en ellos ciegamente pueden llevarnos a manejar sin notar adónde estamos yendo.[33] Un conductor en Alemania siguió sus instrucciones de navegación a pesar de que había varios carteles que decían "Cerrado por obras" y barricadas, y finalmente incrustó su Mercedes en una pila de arena. En dos ocasiones, en 2008, un par de conductores en el estado de Nueva York siguieron al pie de la letra las instrucciones de su GPS y giraron sobre las vías del ferrocarril, delante de un tren que se aproximaba (por fortuna, ninguno resultó herido). Un conductor en Gran Bretaña ocasionó un choque de trenes cuando, sin darse cuenta, introdujo su automóvil en las vías de la línea de ferrocarril Newcastle-Carlisle. Un problema habitual en Gran Bretaña ocurre cuando los choferes de camiones, siguiendo las indicaciones, manejan por calles que son demasiado pequeñas para esos vehículos. En un caso, un camión se incrustó en forma tan firme en un sendero rural, que no podía ni retroceder, ni avanzar, ni abrir la puerta. Tuvo que dormir en la cabina durante tres días hasta que un tractor lo remolcó. El problema, desde luego, es que el sistema de navegación del dispositivo no sabe ni tiene en cuenta el tamaño del vehículo.

---

33 Los ejemplos de accidentes inducidos por los GPS provienen de las siguientes fuentes: Associated Press (2008), Carey (2008), *Daily Mail* (2007), Reuters (2006), *The Times* (2006). El vado de este último ejemplo tiene habitualmente 60 centímetros de profundidad.

Nuestro ejemplo favorito de las cegueras inducidas por el GPS proviene de la ciudad británica de Luckington. En abril de 2006, las inundaciones crearon un vado a través del río Avon. Por estar temporalmente intransitable, se lo cerró y se colocaron carteles en ambas márgenes. Durante las dos semanas que siguieron al cierre, todos los días uno o dos automóviles pasaban delante de los carteles y se metían en el río. Al parecer, estos conductores estaban tan pendientes de su GPS que no vieron lo que se hallaba delante de sus narices. Los dispositivos tecnológicos pueden hacer que la gente note menos lo que la rodea, en particular si supone que esos artefactos son más capaces que ellas.

La tecnología puede ayudarnos a superar los límites de nuestras capacidades sólo si reconocemos que cualquier dispositivo tecnológico también es limitado. En un sentido, tendemos a generalizar nuestra ilusión de atención hasta incluir los instrumentos que usamos para ampliar los límites de nuestra atención. Únicamente si reconocemos que tenemos limitaciones podemos adoptar dispositivos que nos ayuden a superarlas. En el próximo capítulo, consideraremos esta pregunta: una vez que prestamos atención a algo y lo notamos, ¿lo recordamos luego? La mayoría de la gente piensa que sí, pero nosotros afirmamos que esto también es una ilusión: la ilusión de memoria.

2. El entrenador que asfixiaba

Antes de jubilarse como entrenador de básquetbol universitario en 2008, Bobby Knight llevó a sus equipos a la victoria en más de novecientos partidos, lo máximo que haya logrado jamás un entrenador de la División 1. En cuatro oportunidades fue elegido como mejor entrenador nacional del año, condujo el equipo ganador de la medalla de oro de 1984, que contaba con futuras estrellas de la NBA como Michael Jordan y Patrick Ewing, y ganó tres títulos universitarios nacionales como entrenador de los Indiana University Hoosiers. Fue famoso por su juego "limpio": nunca se acusó a sus organizaciones de las infracciones a las reglas para reclutar jugadores que abundan en los programas de básquetbol de primer nivel, y la mayoría de estos terminaron sus estudios universitarios. Fue un innovador del entrenamiento, a quien muchos de sus ex jugadores le atribuyen el mérito de su propio éxito personal y profesional. A pesar de su carrera sin precedentes, fue despedido de la Universidad de Indiana en septiembre de 2000, luego de que un estudiante universitario le gritara "Hey, Knight, ¿qué hay de nuevo?" y Knight le respondiera tomándolo del brazo y dándole un sermón sobre el respeto.

Que lo echaran por dar un sermón sobre el respeto es irónico. A lo largo de una carrera como entrenador que no tuvo parangón, se ganó una reputación nacional por su temperamento cambiante, su comportamiento rudo y su actitud displicente hacia la prensa y otras personas. Era común que regañara a los árbitros y periodistas y, en una ocasión, incluso arrojó sillas a la cancha. Fue el blanco de una parodia en *Saturday Night Live*[*] en la que Jim Belushi representaba a un entrenador de ajedrez de un colegio secundario que derribaba las piezas del adversario y le gritaba a su propio jugador: "¡Muévelo, muévelo! ¡Mueve el alfil!". Comparado

---

[*] Clásico programa televisivo de los Estados Unidos en el que se presentan situaciones humorísticas, parodias a políticos y celebridades del mundo del espectáculo y shows musicales en vivo. [N. de la T.]

con otros acontecimientos de su carrera, el incidente de "¿Qué hay de nuevo?" fue en realidad algo insignificante. Se lo consideró una ofensa detonante sólo debido a un episodio que había ocurrido un año antes, que había llevado a la universidad a adoptar una política de tolerancia cero hacia sus exabruptos futuros.

En marzo de 2000, la CNN y *Sports Illustrated* contaron por qué varios jugadores de primer nivel habían dejado el programa de Indiana. Se trataba de un incidente relatado por Neil Reed, uno de los ex jugadores de Knight. Reed era un jugador estrella, típicamente estadounidense, que durante sus tres años en Indiana solía marcar alrededor de diez tantos por partido. Durante un entrenamiento en 1997, Knight lo reprendió por no decir el nombre de un compañero al hacer un pase; Reed se paró frente a él y le respondió que sí lo había hecho. Según Reed, a continuación Knight lo atacó físicamente:

> En ese punto el entrenador se me abalanzó, vino directo hacia mí. No estaba lo suficientemente lejos como para que yo no pudiera verlo venir, y sí lo bastante cerca como para dirigirse hacia mí y poner su mano alrededor de mi garganta. Se me acercó con las dos manos pero me tomó con una. Los que se encontraban alrededor vinieron y nos separaron, como si hubiésemos estado peleando en el patio de la escuela [...]. Me agarró la garganta; diría que probablemente en una situación que duró alrededor de cinco segundos. Le tomé la muñeca y comencé a retroceder, y para ese entonces, los demás, los entrenadores Dan Dakich y Feeling, lo agarraron y lo empujaron hacia atrás.

La difusión nacional de este incidente causó sensación y llevó a los directivos de Indiana a cortarle la cuerda al entrenador. La descripción de Reed confirmó de manera vivaz la reputación tormentosa de Knight y la puso bajo una luz aún más oscura. Pero poco después del informe de *Sports Illustrated*, otras personas que habían estado presentes en aquel momento contaron una historia diferente. El ex asistente de Knight, Dan Dakich, dijo que "su argumento de que yo había tenido que separarlo del entrenador es totalmente falso". Otro jugador que había estado en el equipo en ese momento dijo: "La declaración de que Knight lo asfixió es totalmente ridícula". Se citó lo que había manifestado Christopher Simpson, uno de los vicepresidentes de la universidad que asistía a muchos entrenamientos, sobre las afirmaciones de Reed: "Cuestiono cualquier cosa que diga Neil Reed". El preparador físico del equipo de aquel momento,

Tim Garl, declaró sin rodeos: "Lo de la asfixia nunca ocurrió. […] denme un detector de mentiras". El propio Bobby Knight dijo: "Tal vez lo haya agarrado por la parte de atrás del cuello. Tal vez haya agarrado y sacudido al muchacho. Quiero decir, si uno asfixia a alguien, supongo que sería necesario internarlo". Todos los que tuvieron alguna relación con el episodio creían que habían registrado con precisión lo que había ocurrido, aunque sus recuerdos eran contradictorios.[34]

Cómo concebimos la memoria

Este capítulo trata sobre esta *ilusión de memoria*: la desconexión entre cómo pensamos que funciona la memoria y cómo de hecho lo hace. Pero ¿cómo pensamos que funciona exactamente? Antes de responder esta pregunta, nos gustaría que el lector hiciese un breve test. Lea la siguiente lista de palabras: *cama, descanso, despierto, cansado, sueño, despertar, sueño ligero, sábana, adormilarse, sueño profundo, roncar, siesta, paz, bostezo, somnolencia*. Volveremos a ellas en unos párrafos.

La mayoría de nosotros no puede recordar un número de quince dígitos, y sabemos que no podemos, por lo que ni siquiera lo intentamos. Todos a veces olvidamos dónde dejamos las llaves del auto (o el auto mismo), no recordamos el nombre de un amigo o nos olvidamos de retirar la ropa de la tintorería de regreso a casa. Y sabemos que muchas veces

---

34 Muchos de los detalles y las citas relacionadas con esta historia han sido tomados de un artículo titulado "A Dark Side of Knight", publicado por primera vez en el sitio web de CNN/Sports Illustrated (2000a). El artículo se proponía exponer algunas de las bromas vulgares y abusivas que Knight hacía durante los entrenamientos, con lo que insinuaba que su conducta había hecho que los jugadores se fueran. Sin embargo, la historia reconoció que el programa de Knight no tenía más deserciones que los otros. Algunos estudiantes que lo abandonaron, como Richard Mandeville, se lamentaron de no haberlo hecho antes. Otros, como Alan Henderson, quien permaneció en el programa, se graduó y se convirtió en base de la NBA, habló en términos más afectuosos de las técnicas motivacionales de Knight. Si bien admitió que había sido un entrenador duro, que "a veces se la agarraba conmigo como se la agarraba con todos", lo elogió por su deseo de mejorar a sus jugadores y por su generosidad y disposición a ayudar. Otras citas han sido tomadas de los artículos de CNN/Sports Illustrated 2000b y 2000c. Los detalles biográficos sobre Bobby Knight han sido extraídos de National Basketball Association Hoopedia blog (2009) y de Wikipedia. Muchos de los incidentes de su carrera se encuentran documentados en *USA Today* (2006:14).

cometemos estos errores –nuestras creencias intuitivas acerca de las fallas cotidianas de la memoria son razonablemente buenas–. Nuestras intuiciones sobre la persistencia y el detalle de la memoria son una historia diferente.

En la encuesta nacional de 1500 personas encomendada en 2009, incluimos varias preguntas diseñadas para determinar cómo piensa la gente que funciona la memoria. Casi la mitad (el 47%) de los encuestados creía que "una vez que se ha vivido un acontecimiento y se ha formado un recuerdo de él, ese recuerdo no cambia". Un porcentaje aún mayor (el 63%), que "la memoria humana funciona como una cámara de video que registra con precisión los acontecimientos que vemos y oímos, de manera que podemos revisarlos e inspeccionarlos más tarde". La gente que acuerda con ambas afirmaciones al parecer piensa que los recuerdos de todas nuestras experiencias están almacenados de manera permanente e inmutable en nuestro cerebro, aun cuando a veces no podamos acceder a ellos. Si bien es imposible refutar esta creencia –los recuerdos *podrían* en principio almacenarse en alguna parte–, la mayoría de los expertos en memoria humana considera que es improbable que el cerebro dedique energía y espacio a guardar cada detalle de nuestras vidas (en especial si nunca se pudiera acceder a esa información).[35]

Así como la ilusión de atención lleva a pensar que los acontecimientos importantes y distintivos capturan nuestra atención cuando no lo hacen, la ilusión de memoria refleja un contraste básico entre lo que creemos que recordamos y lo que en efecto retuvimos. ¿Por qué las personas cap-

---

35 Como mencionamos en una nota del capítulo 1, los ítems de nuestras encuestas han sido diseñados para presentar creencias que la comunidad científica considera falsas, de manera que un porcentaje ideal de acuerdo tendría que ser 0%. También descubrimos que el 83% de las personas cree que la amnesia, o la pérdida repentina de memoria, consiste en la incapacidad para recordar el propio nombre y la identidad. Esa idea puede reflejar la forma en la que esta suele ser presentada en las películas, la televisión y la literatura. Por ejemplo, cuando conocimos el personaje de Matt Damon en el filme *Identidad desconocida*, aprendimos que no recuerda quién es, por qué tiene las habilidades que tiene ni de dónde es. Pasa gran parte de la película tratando de responder estas preguntas. Pero la incapacidad de recordar el nombre y la identidad es extremadamente infrecuente en la realidad. Muy a menudo, la amnesia es el resultado de una lesión cerebral que implica la incapacidad de formar *nuevos* recuerdos, pero con la mayoría de los recuerdos del pasado intactos. (Algunas películas presentan correctamente este síndrome, más habitual, conocido como "amnesia anterógrada", y nuestra preferida es *Memento*.)

tan fácilmente las limitaciones de la memoria a corto plazo, aunque no comprenden la naturaleza de la a largo plazo? Este capítulo examina cómo nuestros recuerdos pueden confundirnos y cuán erróneas son nuestras creencias acerca del funcionamiento de la memoria. La ilusión de atención ocurre cuando lo que vemos es diferente de lo que pensamos que vemos. La ilusión de memoria se da cuando lo que recordamos difiere de lo que pensamos que recordamos.

Ahora nos gustaría que el lector tratase de recordar todas las palabras de la lista que leyó anteriormente. Procure recordar tantas como pueda. Escríbalas en un papel antes de continuar leyendo.

¿Qué podría ser más simple que recordar una lista de palabras que leímos hace un momento? No muchas cosas, pero incluso una tarea tan simple como esta revela distorsiones sistemáticas en la memoria. Mire la lista que escribió. ¿Cómo cree que le fue? Es muy probable que no haya recordado los quince conceptos. Cuando usamos esta tarea como una demostración en el aula, la mayoría de los estudiantes recuerda unas pocas palabras del comienzo de la lista y unas pocas del final.[36] A menudo retienen menos de la mitad de las ubicadas en el medio; sin embargo, y en promedio, tienden a recordar correctamente sólo alrededor de siete u ocho de las doce palabras. Detengámonos a pensar esto por un momento. Esas palabras eran todas completamente comunes y familiares, el lector no estaba bajo una presión especial (así lo esperamos) cuando las leyó, y no había una presión temporal cuando debió recordarlas. Las computadoras construidas en la década de 1950 podían almacenar perfectamente doce palabras en su memoria, pero a pesar de nuestras magníficas capacidades cognitivas, no podemos recordar con precisión lo que leímos hace unos minutos.

Si le pedimos a un niño pequeño que recuerde una breve lista de términos durante unos minutos, notaremos que los de cuatro años no parecen advertir que necesitan hacer un esfuerzo especial para mantenerlas en su memoria. Sin embargo, como adultos, hemos aprendido que hay límites a cuánto podemos almacenar durante un tiempo breve. Cuando

---

36 Este patrón de recuerdo se conoce como *curva de posición serial*. Esta curva con forma de "u" (se recuerdan más los ítems del comienzo y del final de una lista que los del medio, de allí la función con forma de "u") es uno de los hallazgos más establecidos en la bibliografía dedicada a la función de la memoria; véase Ebbinghaus (1913). Para evidencias de una curva de posición serial con este tipo y esta longitud particular de lista, véase Roediger y McDermott (1995: 803-814).

tenemos que recordar un número de teléfono el tiempo suficiente para discarlo, nos lo repetimos, ya sea en silencio o en voz alta, las veces que sean necesarias. Cuando una lista arbitraria es más larga que el "número mágico" de alrededor de siete dígitos, la mayoría de la gente tiene problemas para conservarla en su memoria a corto plazo.[37] Por eso las patentes tienen sólo cerca de siete letras y números y por eso los números telefónicos históricamente sólo requerían siete guarismos (y por eso el prefijo de tres dígitos a menudo comenzaba con las dos primeras letras del nombre de la ciudad o el barrio; en Armonk, Nueva York, de donde Chris es oriundo, en algunos carteles y publicidades antiguos, los números telefónicos de los comercios y las empresas locales todavía figuraban con el prefijo AR-3 en lugar de con 273). Cuando tenemos que recordar algo más extenso, usamos apoyos para la memoria (anotadores, grabadores, etc.) como ayuda.

La dificultad para recordar las quince palabras de nuestra lista ilustra que la ilusión de memoria no se debe a los límites de cuánto podemos recordar (cosa que las personas suelen comprender), sino a que pone de relieve *cómo* recordamos. Le solicitamos al lector que vuelva a mirar las palabras que memorizó. ¿Contiene la palabra "dormir"? Alrededor del 40% de las personas que lean este libro recordarán haber visto la palabra "dormir". Si el lector es una de esas personas, es probable que esté tan seguro de que aparece como de haber visto el resto de las palabras que memorizó. Incluso puede tener un recuerdo definido de haberla leído en la lista. Sin embargo, no estaba allí. El lector la fabricó.

Así como lo que percibimos depende de lo que esperamos ver, aquello que recordamos se basa en parte en lo que pensamos que sucedió. Es decir que la memoria depende tanto de lo que de hecho pasó como de la manera en que lo interpretamos. La lista que le presentamos estuvo diseñada para producir precisamente este tipo de falsa memoria. Todos los términos están estrechamente asociados a la palabra faltante: "dormir". Cuando el lector las lee, su mente las interpreta y procesa en forma automática las conexiones entre ellas. En cierto nivel, sabe que todas tenían

---

37 Las evidencias de los límites de siete ítems a la memoria de corto plazo provienen de Miller (1956: 81-97). Las pruebas de que los niños carecen de las habilidades de memorización de los adultos provienen de Flavell, Friedrichs y Hoyt (1970: 324-340). Este último estudio muestra, asimismo, que los niños en edad preescolar piensan que recordarán más de lo que en realidad recuerdan. Los alumnos de escuela primaria también sobrestiman la capacidad de su memoria, pero no tanto como los más pequeños.

relación con el dormir, pero no reparó especialmente en que esa palabra puntual no estaba. Entonces, cuando recordó, su mente *reconstruyó* la lista lo mejor que pudo, basándose en su memoria específica para los términos que vio y en su conocimiento de cuál era la relación que estas tenían en general.

La percepción extrae el significado de lo que vemos (o escuchamos, u olemos...) en lugar de codificar todo con perfecto detalle. Sería una poco habitual pérdida de energía y de otros recursos para la evolución haber diseñado un cerebro que captara todos los estímulos posibles con igual fidelidad cuando es poco lo que el organismo podría ganar con una estrategia así. Del mismo modo, la memoria no almacena todo lo que percibimos, sino que toma lo que hemos visto u oído y lo asocia con lo que ya sabemos. Estas asociaciones nos ayudan a discernir lo que es importante y a recordar detalles de lo que hemos visto. Proporcionan "pistas de recuperación" que hacen que nuestra memoria sea más fluida. En la mayoría de los casos, son pistas útiles. Pero estas asociaciones también pueden llevarnos por el mal camino, precisamente porque dan lugar a un sentido exagerado de la precisión de la memoria. No podemos distinguir con facilidad entre lo que recordamos al pie de la letra y lo que reconstruimos a partir de asociaciones y conocimientos. El test de la lista de palabras, diseñado en la década de 1950 por el psicólogo James Deese (1959: 17-22) y luego profundizado por Henry Roediger y Kathleen McDermott en la de 1990 (1995), es una forma simple de demostrar este principio, pero las distorsiones de la memoria y la ilusión de memoria se extienden mucho más allá de estas pruebas.

Así como el experimento del gorila mostró que las personas ven lo que esperan ver, las personas a menudo recuerdan lo que esperan recordar. Interpretan una escena y esa interpretación colorea –o incluso determina– lo que recuerdan de ella. Nuestras evocaciones pueden distorsionarse para ajustarse a nuestras expectativas y creencias aun cuando recordemos su fuente y experimentemos nosotros mismos los acontecimientos. En una demostración palmaria de este principio, los psicólogos William Brewer y James Treyens condujeron un ingenioso experimento en el que usaron una artimaña simple.[38] Los sujetos de su estudio fueron conducidos a una oficina de estudiantes de posgrado y se les pidió

38 El estudio fue descrito en Brewer y Treyens (1981: 207-230). Algunas de las primeras demostraciones de que la memoria codifica el significado en forma de asociaciones con lo que ya sabemos provienen del clásico libro de Bartlett (1932).

que esperasen allí durante unos minutos mientras el experimentador se aseguraba de que el sujeto anterior había terminado. Cerca de treinta minutos más tarde, regresó y los condujo a otra sala, donde inesperadamente les pidió que escribieran una lista de todo lo que habían visto en la anterior. En muchos sentidos, era una típica oficina de posgrado, con un escritorio, sillas, estantes, etc. Casi todos recordaban esos objetos comunes. El 30% también recordaba haber visto libros y el 10% un armario. Pero esta oficina era inusual, pues no tenía ni libros ni armarios. Así como las personas tienden a recordar haber visto el término "dormir" en una lista de palabras asociadas con el dormir, su memoria reconstruye el contenido de la sala en función de lo que en efecto había y de lo que *debería haber* habido allí. (Si miran una foto de la oficina, puede parecer perfectamente normal hasta que alguien señale lo que falta, y entonces de repente comienza a parecer extraña.) Las huellas de la memoria no son una réplica exacta de la realidad, sino una recreación de ella. No podemos reproducir nuestros recuerdos como una cámara de video; cada vez que evocamos uno, integramos los detalles que recordamos a nuestras expectativas de lo que deberíamos recordar.

Recuerdos en conflicto

Neil Reed recordó que Knight lo había asfixiado durante un entrenamiento. Recordó que el asistente Dan Dakich había tenido que separarlo, pero Dakich afirmó que eso nunca había ocurrido. Uno de ellos tenía un recuerdo distorsionado de lo acontecido, pero ¿quién? En la mayoría de los casos de versiones contradictorias como este, no hay una manera definitiva de determinar quién tenía razón y quién no. Lo que vuelve a este ejemplo especialmente interesante es que mucho después de que Reed, Dakich y otros hicieran públicas sus acusaciones y recuerdos, apareció una cinta de video del entrenamiento en la que se veía a Knight acercarse a Reed, tomarlo por la parte anterior del cuello con una mano durante varios segundos y empujarlo un metro hacia atrás. Otros entrenadores y jugadores dejaron de hacer lo que estaban haciendo para observar. Nadie fue a rescatar a Reed. Ningún asistente los separó. Reed recordaba correctamente que Knight lo había tomado por el cuello, al menos un momento, pero con el tiempo, en su mente, la memoria había experimentado una elaboración y una distorsión. Se ajustó a lo que era plausible que hubiera ocurrido más que a lo que en efecto había pasado. Y, para Reed, su recuerdo de que separasen a la fuerza a Knight era tan real como el de haber sido asfixiado. *Luego* de ver el video durante un siguiente informe de CNN/Sports Illustrated (2000c), Reed dijo:

> Sé lo que ocurrió y eso [la cinta de video] lo prueba. Creo que después de algo como eso, especialmente cuando quien se encuentra en esa situación es un muchacho de 20 años, no creo que se pueda criticar algo tan pequeño como… quiero decir… no estoy mintiendo. Así es como recuerdo lo que pasó y [el ex asistente Ron] Felling estaba a un metro y medio. En cuanto a la gente que se interpuso, recuerdo que hubo gente que se interpuso entre nosotros.

¿Por qué Reed recordaba un acontecimiento con agregados mientras que Knight no recordaba absolutamente nada? Antes de que apareciera el video, Knight dijo a Frank Deford, de HBO, que no recordaba haber asfixiado a Reed, y agregó: "No hice nada con un muchacho que no haya hecho con muchos otros" (CNN/Sports Illustrated, 2000c). Para Knight, este fue un hecho intrascendente, fue algo habitual. Su recuerdo del acontecimiento se distorsionó hasta volverse coherente con sus creencias y expectativas más amplias de lo que ocurre en los entrenamientos: los entrenadores toman a los muchachos y los hacen moverse, les muestran dónde pararse y qué hacer. El contacto físico, para Knight, es una parte común de esta actividad. Tenía un recuerdo distorsionado del acontecimiento que lo hacía aparecer como menos trascendente de lo que era, más coherente con sus propias creencias acerca de lo que son situaciones típicas del entrenamiento. Para Reed, este hecho fue mucho más relevante. Como señaló, era un "muchacho de 20 años" en aquel momento y es probable que el entrenador no lo agarrara del cuello a menudo durante los entrenamientos. Para él, se trataba de un suceso irritante e inusual, que había guardado en su memoria como "el entrenador me asfixió". Recordaba el hecho basado en los modos que se destacaban para él, y como resultado, quedaba distorsionado en la dirección opuesta con respecto a la versión de Knight y pasaba a ser traumático más que trivial. Para Knight, el incidente era igual que otra palabra arbitraria en una lista. Para Reed, tenía un significado poderoso, y los detalles se versionaban en función de ese significado.

Las personas involucradas en el caso tenían recuerdos de lo ocurrido por completo diferentes, pero cuando relataron sus historias a los medios en el año 2000, ya habían transcurrido varios años desde el incidente. No es irrazonable pensar que los recuerdos pueden desvanecerse y transformarse con los años, y que pueden estar influenciados por las motivaciones y los objetivos de quien recuerda. Pero ¿y si dos personas son testigos del mismo incidente, y el tiempo que transcurre hasta que deben describirlo no es mayor que el que lleva esperar que un operador del 911 atienda?[39]

En 2002, en Washington, DC, Leslie Meltzer y Tyce Palmaffy, una pareja de jóvenes que se habían conocido cuando estudiaban en la Universidad de Virginia, se dirigían a su casa después de cenar una noche de verano. Manejaban su Camry hacia el norte por la 14th Street y se detuvieron en un semáforo en la intersección con la Rhode Island Avenue.[40] Hoy, adquirir un departamento cerca del supermercado Whole Foods en esta área cuesta más de 300 000 dólares, pero en ese entonces el barrio aún se estaba recuperando de los efectos de las revueltas raciales y de los incendios premeditados que habían tenido lugar en la década de 1960. El que manejaba era Tyce, especialista en políticas de educación. Su esposa, que recientemente se había recibido de abogada en Yale, iba en el asiento del acompañante. A su derecha, Leslie vio a un hombre en bicicleta que iba por la vereda en dirección a ellos. De repente, aparentemente de la nada, otro hombre se acercó al ciclista, lo empujó y comenzó a acuchillarlo en forma repetida. Leslie escuchó a la víctima gritar. Tomó su celular y marcó 911, y por toda respuesta oyó una voz que le decía "Este es el servicio de emergencias 911. Todas las líneas están ocupadas, por favor, espere".

Cuando el operador la atendió, había transcurrido menos de un minuto, pero el ataque ya había terminado y el semáforo se había puesto en verde. Leslie describió lo que había visto mientras continuaban avanzando por la 14th Street. La víctima era un hombre de unos 20 a 30 años. ¿Y el atacante? Tenía jeans, dijo ella. Al escucharla, Tyce la interrumpió

---

39 Los mayores tiempos de espera se han vuelto más comunes con el mayor uso de teléfonos celulares y el menor número de operadores. Por ejemplo, en Las Vegas en 2002, sólo el 65% de las llamadas se respondían dentro del parámetro nacional de diez segundos (Packer, 2004). En los dos mayores centros de llamadas en Los Ángeles y San Francisco, el promedio de espera es más de cincuenta segundos, y en algunos casos extremos, los que llamaban debían esperar más de diez *minutos* a que un operador los atendiera (López y Connell, 2007: A1).

40 Chris se enteró del incidente en una conversación con los testigos el 30 de mayo de 2008. Les pidió que no volvieran a hablar de él antes de que los entrevistara a cada uno por separado. La entrevista con Leslie Meltzer tuvo lugar por teléfono el 5 de agosto de 2008 y la de Tyce Palmaffy, también telefónica, fue el 30 de diciembre del mismo año.

para decir que llevaba pantalones de gimnasia. También discreparon en cuanto al tipo de camisa que tenía puesta, a su altura e incluso a si era negro o hispano. Pronto se dieron cuenta de que sólo coincidían en cuanto a la edad del atacante (unos 20 años), el arma que había usado (un cuchillo) y en que no estaban ofreciéndole al operador una descripción para nada clara.

Es extraño presenciar un hecho desde el mismo punto de vista que otra persona y luego tratar de recordarlo en presencia del otro testigo tan poco tiempo después. Por lo general, cuando observamos un suceso guardamos algún recuerdo de él que nos parece vívido y, en general, carecemos de cualquier razón específica para dudar de su precisión. Si Tyce no hubiera estado allí para escuchar y corregir –o al menos para contradecir– el informe de Leslie, ninguno de los dos habría descubierto las marcadas discrepancias entre sus recuerdos. Ambos estaban sorprendidos por la magnitud de sus diferencias. Más tarde, Tyce recordó que, un momento después de la experiencia inquietante, comprobó "cuán increíblemente poco confiables pueden ser los testigos", algo a lo que volveremos más adelante en este libro.

¿No acaban de dispararle al parabrisas?

En una escena famosa del filme *Mujer bonita* Julia Roberts está en la habitación de Richard Gere, desayunando con él. Ella come una medialuna, pero luego le da un mordisco a un panqueque. En *Al filo de la sospecha*, Glenn Close aparece con tres atuendos diferentes durante una misma escena en el tribunal. En *El padrino*, el automóvil de Sonny es acribillado a balazos desde una cabina telefónica, pero unos segundos después su parabrisas aparece milagrosamente reparado. ¿Sabía el lector de estos errores o de otros similares? Estos cambios inadvertidos, conocidos como errores de continuidad, son comunes en las películas, en parte debido a cómo se hacen. Pocas veces se ruedan en secuencia o en tiempo real de principio a fin. Se realizan por partes, con escenas que se filman en un orden determinado según las agendas de los actores, la disponibilidad de las locaciones, el costo del alquiler de los equipos en diferentes momentos, las condiciones climáticas y muchos otros factores. Cada escena está hecha desde diferentes ángulos, y la versión final se monta y ordena en la sala de edición.

Sólo una persona en el set, el supervisor de guión, es responsable de asegurarse de que en cada escena todo coincida de una toma a la siguiente,[41] es decir, tiene la tarea de recordar todos los detalles: la ropa que los actores tenían puesta, dónde se encontraban ubicados, qué pie estaba adelantado, si tenían la mano en la cintura o en el bolsillo, si una actriz comía una medialuna o un panqueque y si el parabrisas debería estar intacto o hecho trizas. Si el continuista se equivoca durante la filmación, por lo general es imposible volver atrás y filmar la escena de nuevo. Y el editor puede decidir ignorar el error porque otros aspectos de la toma son más importantes. Como resultado, algunos inevitablemente quedan en el producto terminado.

Hay docenas de libros y sitios web dedicados a registrar esos errores para los curiosos y obsesionados.[42] En parte, el éxito de esas listas se debe a su ironía: Hollywood, a pesar de gastar decenas de millones en una película, comete claros errores que cualquiera puede ver. Encontrarlos le confiere al detective de la continuidad aficionado un sentimiento de superioridad –"los realizadores de películas deben de haber sido muy descuidados al no ver lo que yo pude ver con claridad"–. Y, de hecho, cuando vemos un error en una película, de repente parece obvio.

Hace varios años, *Dateline NBC* presentó un especial sobre errores en películas tales como *Shakespeare enamorado* y *Rescatando al soldado Ryan*, ganadoras ambas de premios de la Academia y aclamadas por su trabajo de edición. El periodista Josh Mankiewicz (1999) reveló un error en *Rescatando al soldado Ryan* en el que ocho soldados caminaban por un campo, aunque uno de ellos había muerto unos pocos minutos antes en el filme; por lo que en ese momento sólo debería haber habido siete soldados. Con tono incrédulo, dijo: "Este es Steven Spielberg, uno de los directores más talentosos y meticulosos que hay. Tenemos que pensar que miró la película varias veces antes de su lanzamiento en los cines. ¿Y no vio esto?". Más adelante, preguntó: "¿Qué pasa con los directores que pueden filmar de manera tan minuciosa muchas tomas y aun así no advertir algo tan obvio, algo que el público puede ver con claridad?".

41 Diferentes personas tienen diferentes roles en un set de filmación, y cada uno puede notar elementos relacionados con su área de responsabilidad. Los vestuaristas podrían notar cambios en la vestimenta, los directores de fotografía se concentran en los cambios de luz, etc. El supervisor de guión es la única persona responsable de tratar de asegurarse de que todos los detalles importantes coincidan a lo largo de las tomas. Véanse Miller (1999) y Rowlands (2000).

42 En el momento de escritura del presente libro, una búsqueda en Google de "errores de películas" arrojaba más de 3500 resultados.

Estas preguntas son ilustraciones casi perfectas de cómo opera la ilusión de memoria. Mankiewicz (y sus productores) suponen que las personas tienen una memoria precisa de todo lo que ha ocurrido y que notarán automáticamente cualquier discrepancia.[43]

Cuando estudiaban en la Universidad de Cornell, Dan y su amigo Daniel Levin (ahora profesor en la Universidad de Vanderbilt) decidieron explorar de modo experimental en qué medida las personas realmente advierten estos errores en las películas (Levin y Simons, 1997: 501-506). Con este proyecto, los dos Dans comenzaron una colaboración duradera y productiva que sigue hasta la actualidad. Para su primer estudio, hicieron un corto sobre una conversación entre dos amigas, Sabina y Andrea, acerca de una fiesta sorpresa que estaban organizando para Jerome, un amigo de ambas. Sabina estaba sentada a la mesa cuando Andrea entró en escena. Mientras hablaban sobre la fiesta, la cámara las filmaba en forma alternativa, a veces mostraba un primer plano de una de ellas y otras de ambas. Luego de cerca de un minuto, la conversación terminó y la imagen fundió a negro.

Imaginemos que somos un sujeto que participa en ese experimento. Llegamos a una sala de laboratorio y nos dicen que antes de hacer otra tarea, a los investigadores les gustaría que mirásemos una breve filmación y que luego respondiésemos algunas preguntas detalladas sobre ella. Nos aconsejan prestar mucha atención y comienzan a pasarla. Apenas termina, nos entregan una hoja de papel en la que figura la siguiente pregunta: "¿Notó alguna diferencia inusual entre una toma y la siguiente, en la que los objetos, las posiciones corporales o la vestimenta cambiasen de repente?". Si somos como la gran mayoría de los

---

43 *Rescatando al soldado Ryan* ganó el premio a la edición de la Academia en 1998 y *Shakespeare enamorado* estuvo nominada ese mismo año (véase <awardsdatabase.oscars.org>). Mankiewicz también supone que los directores no notan los errores. La supervisora de guión Trudy Ramírez le dijo a Dan en una entrevista el 6/6/2009 que "La cantidad de detalles que se tienen en cuenta y que se observan y la cantidad de gente que participa en el proceso de posproducción y en la edición son tan grandes, que el hecho de que algo siga su curso sin que nadie lo note es altamente improbable. No sé cuántas veces habrá ocurrido, si es que alguna vez ocurrió. Varias personas habrían discutido los méritos de utilizar la toma con un error antes de que esta fuera incluida en el filme". En otras palabras, quizá necesitaban una toma de soldados caminando por un campo, pero no tenían una con siete soldados, y entonces decidieron usar una en la que había ocho soldados a pesar del error.

sujetos que participaron en este experimento, responderíamos "no"; ¡no habríamos notado ninguno de los nueve errores de edición que los dos Dan cometieron intencionalmente![44]

Estos "errores", que eran de la misma naturaleza de los que terminan en los libros y los sitios web sobre errores de películas, incluían platos sobre la mesa que cambiaban de color y una bufanda que desaparecía y volvía a aparecer. Eran mucho más evidentes que los que Josh Mankiewicz criticó en su informe para *Dateline*. Incluso cuando las personas observaban el filme por segunda vez, ahora prestando atención a los cambios, registraban, en promedio, sólo dos de los nueve que había. Este fenómeno, el hecho sorprendente de no notar cambios en apariencia obvios de un momento al siguiente, se conoce ahora como "ceguera a los cambios" –las personas son "ciegas" a los cambios que se producen entre lo que se veía unos momentos antes y lo que se ve ahora–.[45] Si bien se relaciona con la ceguera por falta de atención que discutimos en el capítulo anterior, no es lo mismo. Esta última suele producirse cuando no vemos la aparición de algo que no esperábamos ver. Lo que pasamos por alto, como el gorila, está completamente todo el tiempo a la vista, delante de nuestras narices. Por el contrario, en la ceguera a los cambios, a menos que recordemos que Julia Roberts estaba comiendo una medialuna, el hecho de que luego se la vea comiendo un panqueque no tiene mucha relevancia. La ceguera a los cambios se produce cuando no comparamos lo que está allí ahora con lo que estaba antes. Por supuesto, en el mundo real, los objetos no se convierten de modo abrupto en otros, de manera que verificar todos los detalles visuales en cada momento para asegurarnos de que no han cambiado sería un enorme desperdicio de trabajo intelectual.

Lo que en cierto sentido es aún más importante que no notar cambios es la creencia equivocada de que *deberíamos* notarlos. Daniel Levin la denominó, de manera impertinente, "ceguera a la ceguera a los cambios", porque las personas son ciegas al alcance de su propia ceguera a los cambios. En un experimento, les mostró a un grupo de estudiantes universitarios fotografías de la conversación entre Sabina y Andrea, les

---

44 A los sujetos que respondieron "sí" luego se les pedía que describiesen los cambios que habían notado. Únicamente uno informó haber notado algo, y la descripción que dio era tan vaga, que no resultaba claro si de verdad lo había visto o no.

45 La expresión "ceguera a los cambios" fue acuñada en Rensink, O'Regan y Clark (1997: 368-373).

describió la filmación y les señaló que los platos eran rojos en una toma y blancos en la otra. Es decir, en lugar de someterlos al experimento, se los explicó, incluyendo el "error" intencional. Luego les pidió que decidieran si habrían notado el cambio o no si simplemente hubieran mirado la filmación sin que se les advirtiera que había modificaciones. Más del 70% indicó con toda seguridad que las habría detectado, ¡aunque en el estudio original nadie los notó! En cuanto a la desaparición de la bufanda, más del 90% afirmó que la habría notado, cuando, nuevamente, en el experimento original nadie se había dado cuenta.[46] He aquí la ilusión de memoria que opera: la mayoría de las personas cree firmemente que notará los cambios inesperados, cuando de hecho casi nadie lo hace.

Ahora estamos en otro experimento conducido por los dos Dans. Llegamos al laboratorio y otra vez nos piden que miremos una breve filmación muda. Se nos advierte que es realmente breve y que deberemos prestar mucha atención. La filmación muestra a una persona sentada frente a un escritorio que se pone de pie y camina hacia la cámara. La cámara luego se dirige al pasillo y muestra a una persona saliendo por la puerta y tomando el tubo del teléfono que se encuentra pegado a la pared. La persona se queda quieta, sosteniendo el tubo cerca de su oído y mirando a cámara durante alrededor de 5 segundos antes de que la imagen funda a negro. Apenas termina, se nos pide que escribamos una descripción detallada de lo que vimos.

Luego de leer lo que sucedió con la filmación de Sabina y Andrea, es probable que el lector haya adivinado que hay algo más que la simple acción de responder el teléfono. Cuando la cámara pasa de una toma en la que el actor camina hacia el vestíbulo a la otra en la que ingresa en el pasillo y responde el teléfono, ¡el actor original es reemplazado por otro! ¿No nos daríamos cuenta de que el único actor de una escena es reemplazado por alguien distinto, que está vestido de otra manera, cuyo peinado es diferente y que usa otro tipo de anteojos?

Si la respuesta es "sí", aún estamos bajo la ilusión de memoria. He aquí lo que dos sujetos escribieron luego de ver la filmación:

Sujeto 1: un hombre joven con cabello rubio ligeramente largo y anteojos grandes gira con su silla desde su escritorio, se levanta

---

46 La expresión "ceguera a la ceguera a los cambios" y la información descrita en este párrafo proviene de Levin, Momen, Drivdahl y Simons (2000a: 397-412). El 76,3% de 300 sujetos predijo que notaría los cambios de los platos, y el 90,5% de 297 sujetos, que se percataría de las idas y vueltas de la bufanda.

y camina frente a la cámara hacia un teléfono que está en el pasillo, habla por teléfono, escucha y mira a la cámara.

Sujeto 2: hay un muchacho rubio con anteojos sentado frente a un escritorio… no demasiado recargado pero tampoco del todo prolijo. Mira a la cámara, se levanta y camina hacia el lado derecho de la pantalla; su camisa azul se abulta un poco a su derecha, sobre su remera blanca con un dibujo de colores claros… va hacia el vestíbulo, levanta el teléfono, dice algo que no parece ser "hola" y luego se queda de pie mirando como una especie de tonto durante un momento.[47]

Ninguno de los que vieron este video informó de manera espontánea haber visto algo diferente antes y después del cambio. Aun cuando se los provocaba más específicamente con la pregunta "¿Notó algo inusual en el video?", ninguno indicó el cambio de actor, ni siquiera de su ropa, de la primera toma a la segunda. En otro experimento, los sujetos observaron el mismo video, pero se les indicó el cambio de actor, y se les preguntó si lo hubieran notado sin que se lo dijeran. El 70% dijo que sí, comparado con el 0% que de hecho lo notó. En este caso, cuando las personas saben de antemano que hay una modificación, se vuelve obvia y todos la ven (véase Levin y Simons, 1997). Pero cuando no la esperan, la pasan completamente por alto.

Detectores profesionales de cambios

En la mayoría de los casos, casi no tenemos una retroalimentación de los límites de nuestra capacidad para detectar los cambios. Únicamente somos conscientes de los que sí nos percatamos y, por definición, los que no notamos no pueden modificar nuestras creencias acerca de nuestra perspicacia para detectar. Sin embargo, como ya dijimos, hay personas que tienen amplia experiencia en buscar cambios en las escenas: los su-

---

47 Las respuestas citadas han sido tomadas de una reproducción inédita de los estudios anteriores (realizados en Cornell por los dos Dans) que condujo Dan Simons mientras estaba en Harvard. Son respuestas típicas escritas por sujetos en todos estos experimentos de ceguera ante los cambios. Levin y Simons (1997) hallaron que ante cuatro pares de actores distintos que realizaron dos acciones simples diferentes, casi dos tercios de los sujetos no informaron ningún cambio.

pervisores de guión, los profesionales responsables de detectar errores de continuidad durante la filmación de películas.[48] ¿Ellos son inmunes a la ceguera a los cambios? Si no lo son, ¿tienen al menos una conciencia superior a la de la mayoría con respecto a los límites de su capacidad para retener y comparar información visual de un momento al siguiente?

Trudy Ramírez es supervisora de guión en Hollywood desde hace casi treinta años. Comenzó trabajando para publicidad, y rápidamente pasó al cine. Estuvo a cargo de supervisar docenas de las principales películas y programas de televisión, incluyendo *El vengador del futuro*, *Bajos instintos*, *Terminator 2* y *El hombre araña 3*. Dan habló con ella mientras trabajaba en el set de *Iron Man 2*.[49] "Tengo una muy buena memoria visual, pero también tomo muchas notas", manifestó. "Sé que apuntar algo que quiero recordar muchas veces lo grabará en mi memoria." La clave, según Ramírez, es que los supervisores de guión saben que no necesitan recordarlo todo. Ponen el acento en los detalles que son importantes, y se centran más en algunos aspectos de una escena que en otros.

"La mayor parte del tiempo, recuerdo lo que es clave para la escena", continuó diciendo. "Sabemos qué buscar. Sabemos cómo mirar." Todos en un set de filmación tienen su propia área de atención cuando observan una escena, pero los supervisores de guión están entrenados para buscar aquellos aspectos que son fundamentales para facilitar la edición del filme. Ramírez señala:

> Hay puntos en la acción de una escena en los que sabes que es probable que el editor corte: cuando un personaje se sienta o se pone de pie, cuando se da vuelta o cuando alguien entra o sale de una habitación [...]. Comienzas a desarrollar un sentido de cómo se montarán las cosas, y por lo tanto, de qué es fundamental tener en cuenta.

48 Los supervisores de guión tienen muchas responsabilidades en el set de filmación, incluyendo la de llevar un registro de todos los detalles de cada toma (por ejemplo, las cámaras utilizadas, lo que dijeron los actores, cómo progresó la acción, cuánto tiempo duró la toma, etc.). Sus extensas notas guían todo el proceso de posproducción.

49 Las citas de Trudy Ramírez han sido tomadas de un *e-mail* del 2 de junio de 2009 y de una entrevista telefónica con Dan del 6 de junio del mismo año. Dan también se comunicó con la segunda supervisora, Melissa Sánchez, el 14 de noviembre de 2004 y el 2 y 3 de junio de 2009, cuyos aportes fueron muy útiles en esta parte de nuestra investigación.

Los supervisores de guión también aprenden qué es lo importante con la experiencia, a menudo de forma dolorosa: "Con el tiempo, todos cometemos los trágicos errores en la continuidad que nos entrenan para saber qué buscar en la película siguiente; todo lo que no hayas notado y que más tarde desearías haber visto te entrena para prestar atención a ese objeto o esa acción la próxima vez".[50]

Por lo tanto, los supervisores de guión no son inmunes a la ceguera a los cambios. Se diferencian de los demás en que obtienen una retroalimentación directa del hecho de que pueden pasar por alto los cambios, y en efecto lo hacen. Gracias a su experiencia de buscar errores y aprender acerca de sus equivocaciones, se vuelven menos proclives a la ilusión de que pueden notar y retener todo lo que los rodea. Ramírez agrega: "Lo único que esto me ha enseñado es que mi memoria es muy falible. Sorprendentemente falible. No tienes ningún motivo para pensar cómo ha estado funcionando tu memoria, a menos que hayas estado haciendo algo como supervisar un guión, donde es una parte fundamental de la tarea". Sin embargo, de manera crítica, sabe que otras personas tienen límites similares.

Cuando estoy mirando una película, cuanto más inmersa estoy en la historia, menos noto las cosas que están fuera de continuidad. Si la historia me atrapa y me compenetro con los personajes, estoy mucho menos abierta a percatarme de algo que se encuentre fuera de la continuidad visual. Si de verdad estás en la historia, los errores groseros de continuidad se te pasarán; no estás buscando ese tipo de detalles [...]. Puedes dejar pasar muchos de ellos.

50 Dos de los manuales de entrenamiento más conocidos para los supervisores de guión, el de Pat Miller (1999) y el de Avril Rowlands (2000), aconsejan algo que coincide por completo con lo que señala Ramírez: no confiar en nuestra capacidad de recordar detalles visuales. Miller aconseja a los lectores que tomen fotografías y muchas notas, y reconoce los límites de la memoria: "Es humanamente imposible y del todo innecesario observar y al mismo tiempo notar todos los detalles de una escena. Lo que distingue a un supervisor de continuidad competente no es tanto la posesión de poderes extraordinarios de observación [...] como la confianza de que sabe lo que es importante observar" (p. 177). Rowlands coincide: "lo importante es *lo que* notas. Nunca notarás todo lo que está sucediendo dentro de una toma y no es necesario hacerlo, siempre que las cosas que *sí* notes y apuntes sean las importantes para preservar la continuidad" (p. 68).

¿Qué dice esto acerca de las personas que tienen el hábito de buscar errores de continuidad? Si las personas los detectan cuando están mirando un filme, entonces la película puede tener un problema mayor: ¡no capta lo suficiente la atención de los espectadores como para que dejen de buscar cambios menores! Desde luego, algunas personas miran una película muchas veces sólo para encontrar errores. Y si lo hacen, es muy probable que los encuentren. La imposibilidad de notarlo todo es lo que garantiza el éxito de libros y sitios web sobre errores de películas.

¿Tiene alguna idea de con quién está hablando?

El profesor Ulric Neisser, uno de los psicólogos cognitivos más importantes cuya investigación inspiró en parte el experimento del gorila descrito en el capítulo 1, se unió a la Cornell University mientras los dos Dans estaban estudiando la ceguera a los cambios. Neisser observó el experimento en el que se cambiaba el actor que se levantaba para contestar el teléfono, y señaló una posible limitación de todos estos estudios: todos empleaban videos. Comentó que mirar un video es una actividad intrínsecamente pasiva: la acción se despliega delante de nosotros, pero nos compenetramos con ella de la manera en que lo hacemos cuando interactuamos socialmente con otras personas. Neisser sostuvo que la ceguera a los cambios podría no ocurrir si la persona se cambiaba en medio de un encuentro real, y no en un corte en una filmación observada en forma pasiva. Los dos Dans pensaron que era muy posible que Neisser tuviera razón, que las personas notarían esa alteración en el mundo real, pero de todos modos decidieron hacer otro experimento para poner a prueba la predicción de Neisser.

Imaginemos que paseamos por un campus universitario y delante de nosotros vemos a un hombre con un mapa en la mano y con aspecto de estar perdido. Se nos acerca y nos pregunta cómo llegar a la biblioteca. Comenzamos a indicarle el camino y, cuando estamos señalando el mapa, un par de hombres detrás de nosotros dice de manera abrupta: "Permiso, por favor" y pasa en forma rauda y veloz cargando una puerta grande de madera entre nosotros y el caminante perdido. Una vez que pasan, terminamos de darle las indicaciones a la persona. ¿Notaríamos si el caminante perdido hubiera sido reemplazado por una persona diferente cuando los trabajadores transportaban la puerta? ¿Y si además estaban vestidas de diferente manera, diferían en 7 cm de altura, tenían otra contexto y sus voces eran notablemente distintas? ¿Tendríamos que ser muy olvidadizos para pasar por alto el cambio? Después de todo, estábamos en medio de una conversación con el hombre, y teníamos mucho tiempo para mirarlo. En efecto, eso es lo que los dos Dans y Ulric Neisser pensaron.

Y es también lo que más del 95% de los estudiantes universitarios pensó cuando se les preguntó si lo notarían.[51] Y todos se equivocaron. Todos nosotros, los estudiantes universitarios así como los científicos familiarizados con la investigación que condujo a estos experimentos, fuimos presas de la ilusión de memoria. Todos estábamos convencidos de que únicamente una persona extraña, en extremo olvidadiza, pasaría por alto el cambio. No obstante, ¡cerca del 50% de los participantes del experimento no notaron que estaban hablando con alguien diferente antes y después del cambio (Simons y Levin, 1998: 644-649)!

Luego de varios años, un día, cuando nos encontrábamos de casualidad realizando un experimento de seguimiento en Harvard, un grupo de estudiantes de Psicología asistía a una conferencia en el sótano del edificio. Durante la conferencia, el profesor Stephen Kosslyn (mentor del departamento de posgrado de Chris y colaborador suyo durante muchos años) describió el estudio de la "puerta" en detalle como ejemplo de una investigación que estaba llevando a cabo el equipo en el departamento. Cuando se retiraron de la conferencia, se escuchó a un grupo de estudiantes decir "de ningún modo podría no haber advertido ese cambio". Nuestro encargado de convocar a personas para los experimentos les preguntó si querían participar en un experimento y los envió al octavo piso. Cuando se acercaron a un mostrador para completar los formularios, el experimentador se agachó detrás del mostrador –supuestamente para guardar los formularios– y apareció una persona diferente. ¡Ninguno de los estudiantes lo advirtió![52]

La ceguera a los cambios es un fenómeno en extremo generalizado, que ha comenzado a ser estudiado a fondo recién a partir de la década de 1990. Ocurre con formas simples en un monitor de computadora, con fotografías de escenas y con gente en medio de una interacción en el mundo real.[53] Y la ilusión de memoria lleva a las personas a creer

---

51 El 97,6% de los 108 estudiantes universitarios predijo que notaría el cambio de persona (Levin, Momen, Drivdahl y Simons, 2000).

52 Este experimento se describe en Levin, Simons, Angelone y Chabris (2002: 289-302). El programa de la BBC *Brain Story* emitió una demostración del experimento, y *Dateline NBC* también lo recreó en 2003.

53 Para un panorama general de la evidencia de la ceguera a los cambios véase Simons y Ambinder (2005: 44-48).

que son muy buenas para detectar los cambios aunque en realidad sean pésimas para hacerlo. Esta ilusión es tan poderosa que incluso los investigadores de la ceguera a los cambios la padecen en forma regular. Recién llegamos a reconocer los límites de nuestras intuiciones acerca de los recuerdos cuando nuestra propia información nos muestra una y otra vez cuán equivocados estamos. De manera similar, los realizadores cinematográficos se enteran de la ilusión de memoria por una vía difícil: cuando ven las evidencias de sus propios errores en la pantalla grande. Trudy Ramírez lo ha experimentado varias veces: "La manera en que recuerdas algo, cómo tu memoria le da forma a lo que piensas que viste, por más seguro que creas estar [...], a menudo es diferente si realmente puedes mirar hacia atrás. Hubo veces en que hubiera apostado mi vida por algo y más tarde comprobé que estaba equivocada".

Desde luego, la ceguera a los cambios tiene límites. Cuando hablamos públicamente acerca de los primeros estudios, muchas veces nos preguntaron si las personas notarían si un hombre pasara a ser una mujer. "Por supuesto que sí", pensamos, pero nuestra certeza era otro reflejo de la ilusión de memoria. La única forma de averiguarlo era poniéndolo a prueba. Los experimentos posteriores en el laboratorio de Dan mostraron que la gente de hecho advierte cuando se cambia a un hombre por una mujer o cuando se cambia la raza de un actor en un filme. Y es más probable que perciba un cambio en la identidad de un individuo que sea miembro de su mismo grupo social (Simons y Levin, 1998).[54] Pero no parece ir mucho más allá de esto. Aun cuando note el cambio de persona en nuestros experimentos en el mundo real, está lejos de la perfección en cuanto a detectar al sujeto original en una rueda de identificación fotográfica. Y a aquellos que no advirtieron el cambio no les fue mejor con las fotografías de lo que les hubiera ido simplemente adivinando al azar.[55] En un breve encuentro, parecemos

---

54 Los estudios en los que cambiamos la raza o el sexo del actor no se han publicado todavía. Realizamos uno en el que reemplazamos a un actor por una actriz en el experimento del mostrador que acabamos de mencionar y nadie pasó por alto el cambio. Dan y su ex estudiante de posgrado Stephen Mitroff también realizaron una serie de experimentos de detección de cambios basados en videos en los que se modificaba la raza o el sexo. Otra vez, nadie dejó de notarlo.

55 De las que advirtieron el cambio, el 81% seleccionó de manera correcta al primer actor de entre las personas incluidas en la rueda y el 73% escogió bien al segundo. Los que pasaron por alto el cambio seleccionaron correctamente al primer actor el 37% de las veces y al segundo el 32%. Véase Levin, Simons, Angelone y Chabris (2002: 289-302).

almacenar tan poca información sobre el otro que no sólo no nos damos cuenta de los cambios, sino que ni siquiera podemos identificar a la persona que acabamos de ver hace unos minutos. Cuando interactuamos algunos instantes con un extraño, hay sólo unas pocas piezas de información general que podemos estar seguros de retener: sexo, raza y grupo social. Es probable que la mayor parte del resto de lo que percibimos no quede en absoluto en nuestra memoria.

Recordemos a Leslie Meltzer y Tyce Palmaffy, quienes fueron testigos de un ataque con arma blanca desde su automóvil y que tan sólo unos momentos después del hecho sus recuerdos eran diferentes. A la luz de la evidencia de que los sujetos a veces no advierten que alguien acaba de ser reemplazado por otra persona completamente diferente, los recuerdos discrepantes de Leslie y Tyce respecto de lo que vieron no son sorprendentes. Después de todo, simplemente estaban observando a la persona a cierta distancia, no la tenían frente a ellos ni le estaban dando indicaciones de cómo llegar a algún lugar.

"Me senté junto al capitán Picard"

Hace cerca de diez años, en una fiesta que organizó Dan, un colega nuestro llamado Ken Norman nos contó una extraña historia, según la cual, en una oportunidad se había sentado junto al actor Patrick Stewart (conocido por sus papeles como el capitán Jean-Luc Picard en *Viaje a las estrellas* y Charles Xavier en la saga de *X-Men*) en un restaurante de Legal Seafood en Cambridge, Massachusetts. El relato surgió cuando Chris notó que Dan tenía una pequeña estatuilla del capitán Picard cerca de su televisor. "¿Puedo comprarte tu capitán Picard?", preguntó Chris. Dan respondió que no estaba a la venta. Chris ofreció cinco dólares y luego diez. Dan se negó. Chris subió su oferta a cincuenta dólares –por razones que él mismo desconoce ahora– pero Dan se mantuvo firme en su negativa. (Ninguno de nosotros recuerda por qué Dan se negó, pero hasta el día de hoy, Picard sigue ocupando su lugar entre los aparatos electrónicos de Dan.)

En ese momento Ken nos contó que en Legal Seafood Patrick Stewart había estado comiendo con una atractiva mujer más joven que él que, a juzgar por los fragmentos de la conversación que oyó a cierta distancia, parecía ser publicista o representante. De postre, Stewart ordenó tarta Alaska –una elección que le quedó grabada en la memoria porque no es frecuente ver ese postre en los menús de los restaurantes–. Hacia el final de la comida, sucedió otro hecho peculiar: dos miembros del personal de la cocina se acercaron a la mesa de Stewart y le pidieron un autógrafo, al que accedió de buena gana. Un momento después apareció un gerente y se disculpó, y explicó que lo que habían hecho los cocineros admiradores de *Viaje a las estrellas* iba en contra de la política del restaurante. Stewart se encogió de hombros por la supuesta ofensa y salió del lugar junto a su compañera.

El único problema con esta historia era que en realidad le había sucedido a Chris, no a Ken. Ken había oído a Chris contar la historia un tiempo antes y la había incorporado a su propia memoria. De hecho, para Ken era tan claro que el recuerdo era suyo, y había olvidado tan por completo que quien había relatado originalmente esa situación era Chris, que ni siquiera la presencia de este le hizo recordar la forma en que en realidad había "encontrado" al capitán Picard. Pero cuando Chris señaló el error, Ken se dio cuenta al instante de que el recuerdo no era suyo. Esta anécdota ilustra otro aspecto de la ilusión de memoria: puesto que tenemos la impresión de que registramos y tenemos recuerdos detallados de lo que experimentamos (al menos de lo que vivenciamos en forma consciente, no de los gorilas invisibles), cuando recordamos podemos creer por error que estamos recogiendo un registro de algo que nos sucedió a nosotros y no a otra persona.

Aunque creemos que nuestra memoria funciona como un recuento preciso de lo que vimos y oímos, en realidad estos registros pueden ser del todo insuficientes. Lo que recordamos a menudo está rellenado de ideas generales, inferencias y de otras influencias; se parece más a una ejecución improvisada basada en una melodía familiar que a un reflejo digital de la primera función de una sinfonía en el Carnegie Hall. Equivocadamente creemos que nuestros recuerdos son fieles y precisos y no podemos separar fácilmente aquellos aspectos de nuestra memoria que reflejan con precisión lo sucedido de los introducidos más tarde. Así es como Ken se apropió de la historia de Chris –tenía un recuerdo vívido del hecho, pero por error se lo atribuyó a sí mismo–. En las publicaciones científicas, este tipo de distorsión se conoce como "falla de la memoria fuente". Ken olvidó la fuente de su recuerdo, pero debido a que era muy vívido, supuso que provenía de su propia experiencia.

Las fallas de la memoria fuente contribuyen a muchos casos de plagio no intencional. El plagio es lo que en ocasiones encontramos en nuestras clases de Introducción a la Psicología cuando un estudiante copia apartados enteros de un artículo extraído de Wikipedia o de otras fuentes –eso es plagio intencional (o una grosera mala interpretación de la forma correcta de hacer una investigación)–. El plagio no intencional se refiere a aquellos casos en los que las personas están convencidas de que una idea era de ellas cuando en realidad la tomaron de otra persona. Hace poco, se descubrió que el célebre autor de libros de ayuda espiritual Neale Donald Walsch había plagiado una historia sobre espiritualidad originalmente escrita por Candy Chand que había circulado en sitios web y blogs durante más de una década.[56] La historia describe a un grupo de estudiantes que usaban pancartas que rezaban: "Amor en Navidad" [*Christmas Love*] en un ensayo de un desfile invernal. Un estudiante invirtió por accidente su letra "m", y la frase que quedó entonces fue "Cristo era amor" [*Christ Was Love*]. Walsch incluyó la historia en Beliefnet.com en diciembre de 2008 como si le hubiera sucedido a su hijo Nicholas. Pero en realidad le había pasado al hijo de Chand, que también se llama Nicholas, veinte años antes –incluso antes de que el hijo de Walsch naciera–. En este caso, es claro que Walsch se apropió de la historia de otro. La pregunta, sin embargo, es si se trató de un plagio no intencional o si se apropió del recuerdo a sabiendas de que no era suyo. Al reconocer su "grave error", Walsch manifestó:

> Estoy de verdad desconcertado y perplejo por lo sucedido […]. Alguien debe de habérmelo enviado por internet hace más o menos diez años […]. Al encontrar el hecho completamente encantador, y a su mensaje indeleble, debo de haberlo recortado y pegado en mi archivo de "historias que tienen un mensaje que quiero compartir". He contado el relato en forma oral tantas veces en estos años, que acabé por memorizarlo […] y entonces, en algún momento, lo internalicé como una experiencia propia.

Este caso tiene todos los rasgos de una falla de la memoria fuente. Walsch recordaba la historia, dado que la había leído y relatado varias veces. El hecho de que el niño de la narración tuviera el mismo nombre que su hijo facilitó que acabara por creer que el recuerdo era suyo. (Es probable que nuestro amigo Ken Norman haya recogido la historia de Chris más fácilmente porque había comido en el restaurante de Legal Seafood.) Walsch tenía un registro de la historia en su archivo, y llegó a creer que él la había escrito. En su entrevista con *The New York Times*, dijo: "Estoy

---

56 Los detalles de este caso y las citas han sido extraídos de una historia de Rich (2009).

mortificado y asombrado de que mi mente pudiera jugarme esa mala pasada". Chand, sin embargo, piensa que el robo fue intencional: "Si sabía que estaba equivocado, debió de haberlo sabido antes de que lo atraparan [...] francamente, no compro esta explicación". Tanto la indignación de Chand como la sorpresa de Walsch son del todo compatibles con la ilusión de memoria. Este último no comprende cómo pudo apropiarse por error del recuerdo de otra persona, y la primera no cree que aquel pudiera haberlo hecho sin querer. Ambos piensan que la memoria debe ser más fiel a la experiencia de lo que en realidad es.

Así como no podemos estar seguros de que Kenny Conley sufrió de ceguera por falta de atención cuando informó no haber visto que golpeaban a Michael Cox, tampoco es posible decir con certeza si el plagio de Walsch fue intencional o accidental. Lo que sí podemos afirmar, sin embargo, es que es factible que Walsch, al igual que Ken Norman con el capitán Picard, haya internalizado el recuerdo de otra persona y perdido la noción de su fuente. Esas fallas de la memoria fuente son comunes, e incluso pueden crearse en el laboratorio. En un estudio ingenioso, los psicólogos Kimberly Wade, Maryanne Garry, Don Read y Stephen Lindsay (2002: 597-603) solicitaron a los sujetos que observaran una fotografía trucada en la que una persona disfrutaba de un paseo en globo aerostático como un niño. Se entrevistó varias veces a cada uno y se le pidió que recordase el acontecimiento por medio de instrucciones de vizualización de imágenes. Aunque ninguno había paseado en globo aerostático, la fotografía y los intentos de recordarla los llevaron a incorporar información sobre la imagen a sus narrativas personales. La mitad creó un falso recuerdo acerca del paseo en globo, y algunos lo adornaron sustancialmente más allá de lo que se mostraba en la imagen.

La capacidad de cambiar recuerdos usando fotografías trucadas tiene ramificaciones orwellianas. Si podemos inducir falsos recuerdos simplemente editando imágenes, también sería posible literalmente corregir la historia, cambiar el pasado adulterándolo. Mediante un abordaje similar, Dario Sacchi, Franca Agnoli y Elizabeth Loftus mostraron a algunos sujetos una versión trucada de la famosa fotografía de una persona de pie delante de una hilera de tanques durante las protestas de 1989 en la plaza de Tian'anmen en Beijing (Sacchi, Agnoli y Loftus, 2007: 1005-1022).[57] En la versión original de la fotografía, la única persona que se veía era el protes-

---

57 La historia de esta famosa fotografía, que en realidad eran cuatro disparos de fotografía diferentes realizados por cuatro fotógrafos distintos, se aborda en el blog Lens de *The New York Times* (2009).

tante solitario en la amplia calle. La versión trucada muestra una multitud surcando una calle más angosta a ambos lados de los tanques. Quienes vieron la fotografía trucada recordaron haber visto a mucha más gente en la protesta cuando se les preguntó al respecto, unos momentos más tarde.

El olvido de una cuestión de vida o muerte

Las distorsiones de la memoria no se limitan a detalles irrelevantes tales como si había libros en la oficina o no, o si había determinadas palabras en una lista. De hecho, pueden aplicarse a decisiones de vida o muerte, aun aquellas que nosotros mismos hemos tomado. La psicóloga australiana Stefanie Sharman y sus colegas condujeron un experimento que recuerda un clásico episodio de *Seinfeld* en el que Kramer le pide a Elaine que los ayude a él y a su abogado a examinar una larga lista para decidir de qué combinaciones de órganos estaría dispuesto a prescindir. (Abogado: "De acuerdo. Un pulmón, ciego y comes a través de un tubo". Kramer: "Nooo, ese no es mi estilo". Elaine: "Qué aburrimiento".) Los investigadores entrevistaron a adultos y les pidieron que tomasen decisiones (más realistas) acerca de qué tratamientos para conservar su vida querrían hacer si estuviesen enfermos de gravedad.[58] Por ejemplo, ¿querrían resucitación cardiopulmonar únicamente, o también querrían ser alimentados a través de un tubo si fuera necesario? Doce meses más tarde volvieron a entrevistarlos usando las mismas preguntas.

En total, el 23% cambió sus decisiones, lo que significa que quienes dijeron que querían un tratamiento que prolongase su vida durante la primera entrevista, en la segunda manifestaron que no lo querían (o viceversa). Este cambio no es algo muy sorprendente. Tal vez en el ínterin habían discutido las posibilidades con amigos, familiares o médicos; tal vez tomaron conocimiento de historias acerca de episodios relacionadas con el fin de la vida. ¡Lo sorprendente es que el 75% de las personas que cambiaron de opinión no se dieron cuenta de que lo habían hecho! Pensaron que la decisión que habían informado en la segunda entrevista era la misma que en la primera. Su recuerdo de lo que habían dicho antes fue reescrito para que coincidiera con sus creencias actuales.

---

58 Sharman, Garry, Jacobson, Loftus y Ditto (2008: 291-296). La cita de *Seinfeld* corresponde al episodio 147, "La respuesta", emitido el 30 de enero de 1997. Una transcripción del diálogo puede hallarse *online*.

La ilusión de memoria nos lleva a suponer –a menos que recibamos una evidencia directa en contrario– que nuestros recuerdos, creencias y acciones son mutuamente coherentes y estables a lo largo del tiempo. En medio del duelo nacional por el asesinato del presidente Kennedy, una encuesta mostró que dos tercios de la población afirmaba haberlo votado en la reñida elección de 1960 (Frankovic, 2007). Al menos algunos de ellos deben de haber revisado su recuerdo de cómo votaron tres años antes, probablemente para que coincidiera con los sentimientos positivos que tenían por su líder caído. De manera más amplia, tendemos a suponer que todo en nuestro mundo es estable e inmutable a menos que algo nos haga notar una discrepancia. Cuando nuestras creencias cambian, sin embargo, nuestros recuerdos pueden cambiar con ellas. Un testamento en vida que hayamos hecho hace algunos años puede no reflejar nuestras preferencias actuales –pero es probable que no recordemos su contenido y supongamos que expresa lo que queremos hoy–. Si nos enfermamos gravemente y no podemos comunicarnos, los médicos se guiarán por ese documento y, sin saberlo, podrían tomar medidas que contradijeran nuestros deseos actuales.

¿Dónde estaba usted el 11 de septiembre?

Le pedimos al lector que trate de recordar exactamente dónde estaba cuando escuchó por primera vez acerca de los ataques del 11 de septiembre de 2001. Si es como nosotros, tiene un recuerdo vívido de cómo se enteró, dónde se encontraba, con quién estaba, qué había hecho inmediatamente antes y qué hizo inmediatamente después. Chris recuerda haber estado caminando a última hora de esa mañana, luego de que el primer avión embistiera el World Trade Center. Escuchó el Howard Stern Show en la radio hasta que terminó, cerca del mediodía, y luego encendió el televisor. Se puso en contacto con un colega israelí, que le dijo que ya era obvio quiénes habían sido los perpetradores, y recibió un correo electrónico de una amiga que estaba viviendo en Brooklyn y observaba los acontecimientos sana y salva desde su terraza. Recibió otro correo electrónico del gerente del edificio de su oficina en Harvard, William James Hall, recomendando una evacuación.

Dan recuerda haber estado trabajando en su oficina esa mañana cuando su estudiante de posgrado Stephen Mitroff entró para avisarle que un avión había chocado contra la primera torre. Pasó los minutos siguientes buscando información *online*, y cuando se produjo el choque del segundo avión encendió el televisor de su laboratorio y, junto a sus tres estudiantes de posgrado, observó el colapso de las torres. Luego pasó unos minutos desesperantes en el teléfono tratando de comunicarse con la novia de su hermano David, que estaba volviendo de Nueva York a Boston esa mañana (se encontraba sentado en un avión esperando despegar del aeropuerto de La Guardia cuando se produjeron los ataques). Recuerda haber temido que el edificio de quince pisos en el que estaba también fuese un blanco. Salió antes del mediodía para recoger a su esposa en el centro de Boston y juntos fueron a su casa y miraron la cobertura televisiva el resto del día.

Ninguno de nosotros tiene idea de qué hacía o con quién habló el día anterior. Sospechamos que lo mismo debe de sucederle al lector. Sus recuerdos del 11 de septiembre son más vívidos, detallados y emotivos que los de acontecimientos más comunes de ese entonces. Los hechos dramáticos, de trascendencia personal o nacional, a menudo son recordados con mayor detalle. Algunos sucesos significativos parecen estar grabados en nuestra mente, perfectamente preservados a pesar del paso del tiempo, de una manera que nos permite reproducirlos con tanto detalle como si se tratara de un video. Esta intuición es poderosa y generalizada. También es errónea.

Tales recuerdos detallados de un hecho significativo fueron estudiados por primera vez de modo sistemático en 1899 por Frederick Colgrove como parte de su investigación doctoral en la Clark University. Colgrove les preguntó a 179 adultos de edad mediana y mayor dónde estaban cuando se enteraron del asesinato de Abraham Lincoln (Colgrove, 1899: 247-248). Aunque los interrogó sobre hechos que habían ocurrido hacía más de treinta años, el 70% recordaba dónde estaba y cómo se había enterado, y algunos proporcionaron cantidades excepcionales de detalles.

Cerca de ochenta años más tarde, los psicólogos sociales Roger Brown y James Kulik acuñaron el concepto de "recuerdo de flash" [*flashbulb memory*] para caracterizar esos recuerdos vívidos y detallados de acontecimientos sorprendentes e importantes (Brown y Kulik, 1977: 73-99). El nombre, por analogía con la fotografía, refleja la idea de que los detalles que rodean los acontecimientos sorprendentes y emocionalmente significativos se preservan en el instante en que suceden: los episodios que ameritan un almacenamiento permanente se imprimen en el cerebro como una escena se imprime en una película. Según estos autores, la memoria "se parece mucho a una fotografía, que preserva indiscriminadamente la escena en la que cada uno de nosotros se encontraba cuando se disparó el flash".

En su estudio, entrevistaron a ochenta estadounidenses (cuarenta negros y cuarenta blancos). La encuesta incluía preguntas acerca de diversos hechos, la mayoría de los cuales involucraba homicidios o intentos de homicidios ocurridos en el país entre las décadas de 1960 y 1970. Al igual que Colgrove antes que ellos, documentaron que todos excepto uno de los sujetos tenían un recuerdo de flash respecto del asesinato de Kennedy. La mayoría tenía esa clase de recuerdos respecto de los asesinatos de Bobby Kennedy y de Martin Luther King y muchos, de otros hechos similares.

En sus trabajos de investigación, tanto Colgrove como Brown y Kulik proporcionaron ejemplos vívidos de sus propios recuerdos que coincidían con los recuerdos detallados, con una gran carga emotiva, que sus sujetos tenían respecto de esos asesinatos políticos. Todos tenemos esas experiencias de flash y podemos traerlas a nuestra memoria con facilidad y fluidez. Relatar o preguntar acerca de una de ellas puede dar lugar a una conversación que dure horas (el lector puede intentarlo la próxima vez que se esté aburriendo en una cena). Es la riqueza de estas experiencias particulares recordadas lo que nos lleva a creer con tanto fervor en su precisión. Irónicamente, las conclusiones extraídas de la investigación inicial sobre recuerdos de flash se basaron completamente en la ilusión de memoria. Los recuerdos de los sujetos eran tan vívidos y precisos que los investigadores supusieron que eran fieles.

Luego de apuntar sus recuerdos personales del 11 de septiembre para este libro, Dan les mandó un correo electrónico a sus ex estudiantes solicitándoles que le enviaran sus propios recuerdos para hacer una comparación. El primero en responder fue Stephen Mitroff, actual profesor en la Duke University:

> Mi novia me envió un correo electrónico diciéndome que un avión se había estrellado contra el World Trade Center. Le di una mirada rápida a CNN y luego me dirigí a su oficina, donde estaban usted y Michael Silverman conversando. Le di la noticia a usted. Regresamos a mi oficina y miramos las imágenes en la computadora de Steve Franconeri. Usted conjeturó que debió de haber sido un avión pequeño y que el piloto debió de haber perdido el control. Vimos una imagen de un enorme avión comercial justo al lado de la torre y usted pensó que era una imagen con Photoshop. Miramos varios sitios web, incluyendo algunos de compañías aéreas, para ver las actualizaciones del estado de los vuelos denunciados como secuestrados. Luego de hacer

nuevas investigaciones en la web, usted conectó el televisor en nuestra sala de pruebas y muchas personas se acercaron a mirar. *Creo* que vimos caer una de las torres, pero no estoy seguro de ello. Definitivamente estábamos mirando mientras sucedía uno de los hechos clave. Todos comenzamos a sentir una inquietud injustificada por estar en el edificio más alto de la ciudad, y nos fuimos antes del almuerzo. Michael y yo regresamos a Boston...

Los otros dos estudiantes informaron que no se encontraban en el laboratorio esa mañana, y que por eso no pudieron haber seguido las noticias junto a Dan. Mitroff recordó que Michael Silverman –hoy profesor en la Facultad de Medicina de Mount Sinai– se hallaba en la oficina de Dan, pero Dan no lo recordaba. Dan le envió a Silverman la misma pregunta que les había formulado a los tres Steves. Lo que obtuvo fue el siguiente informe:

Estaba de pie en su oficina hablando con usted. La radio que estaba en su estantería estaba encendida. Mitroff gritó desde su oficina que la CNN informaba que un avión acababa de incrustarse en el World Trade Center. Fui a su oficina para ver, pero la página tardaba mucho en cargarse. Mencioné que los aviones pequeños vuelan a diario por el corredor de Hudson, por lo que supuse que era posible. La página se cargó y mostró a un gran avión volando hacia el WTC. Dije algo así como que poner una imagen así, trucada con Photoshop, era desagradable –todavía estaba convencido de que sólo un avión pequeño podría haberse estrellado allí–. La información siguiente que recibimos provino de su radio (CNN estaba lenta y no agregaba nada nuevo). Oímos que no había sido uno sino dos los aviones estrellados. Luego fui a mi oficina y traté de llamar a mi esposa. Ella también me estaba llamando. Ninguno de los dos podía comunicarse [...]. Cuando me fui de la oficina, alguien había encendido el televisor en la sala de pruebas. La imagen era borrosa. Mostraba una torre que ya había caído y vimos caer la segunda. (No estoy seguro de si la caída de la segunda torre fue en vivo, pero creo que no.) Usted decidió que nos fuéramos a casa alrededor de las 11:00. Mitroff y yo caminamos hasta su departamento y luego yo seguí caminando a casa.

Hay similitudes y diferencias interesantes entre estos relatos. Primero las similitudes: todos coinciden en que Dan se enteró del ataque por Steve

Mitroff, estuvieron un tiempo buscando información *online* y luego Dan encendió el televisor del laboratorio, donde él y Mitroff observaron las imágenes de la torre que caía. Ahora las diferencias: Dan no recordaba que Michael Silverman estuviese presente, y en cambio creía erróneamente que sus otros estudiantes de posgrado sí lo estaban. Todos recordaban que Mitroff había entrado en la oficina de Dan pero, según Silverman, Mitroff primero gritó desde la suya. Dan no recordaba nada sobre una discusión acerca de la imagen de un avión cerca de la torre. Según Mitroff, Dan había comentado que el avión era pequeño y que esa imagen de un avión más grande había sido editada, y Silverman recordaba haber hecho él esos comentarios.

Tres psicólogos cognitivos tenían recuerdos vívidos de lo que habían vivido el 11 de septiembre, pero sus descripciones se contradecían en varios puntos. Si la memoria funcionara como una grabación de video, los tres relatos serían idénticos. De hecho, no hay modo de verificar cuál es más fiel. Lo mejor que podemos hacer es suponer que dos recuerdos independientes y mutuamente consistentes tienen mayores probabilidades de ser correctos que un recuerdo que se contradice con ambos. Muchos casos de fallas de memoria son como este, en el sentido de que no hay evidencia documental que permita determinar la verdad de lo que en efecto sucedió.

En algunos casos, como en el de la confrontación entre Neil Reed y Bobby Knight, es posible contrastar los recuerdos de las personas con evidencia documental de lo que ocurrió verdaderamente. El presidente George W. Bush experimentó una distorsión similar en su recuerdo de cómo se enteró de los ataques la mañana del 11 de septiembre. Tal vez el lector recuerde la filmación de Bush leyendo el cuento "Mi cabra preferida" a una clase de una escuela primaria en Florida, cuando el jefe de su equipo, Andrew Card, ingresó en el aula y le dijo algo al oído. Su reacción estupefacta fue pasto para cómicos y comentadores por igual. Ese momento que captó el video mostraba cómo se había enterado del choque del avión a la *segunda* torre. Fue cuando supo que los Estados Unidos estaban siendo atacados. Ya había escuchado acerca del primer avión antes de ingresar en el aula, pero, como muchos en los medios, creyó que se trataba de un pequeño avión que se había incrustado en la torre por accidente.

Al menos en tres ocasiones, recordó públicamente haber visto el primer avión chocar contra la torre en televisión *antes* de entrar en el aula. Por ejemplo, el 4 de diciembre de 2001, en respuesta a una pregunta de un muchacho, recordó: "Estaba sentado fuera del aula esperando para ingresar y vi un avión chocar contra la torre; obviamente el televisor estaba encendido, y como yo suelo volar, dije: 'Ese piloto es terrible'. Y pensé: 'Debe de haber sido un accidente horrible'". El problema es que, el día de los ataques, la única transmisión televisiva fue la del segundo avión. Recién mucho después se dispuso de una filmación del impacto del primero.[59] El recuerdo de Bush, aunque plausible, no podía ser cierto. Recordaba correctamente que Andrew Card había ingresado en el aula luego del impacto del segundo avión y le había dicho que el país estaba sufriendo un ataque, pero su recuerdo de cómo y cuándo había oído acerca de este mezclaba estos detalles en una forma plausible pero poco precisa.

No hubo nada necesariamente malicioso en el falso recuerdo de Bush –a veces, en la memoria, los detalles pasan de un tiempo a otro o de un acontecimiento a otro–. Sin embargo, los fanáticos de las teorías conspirativas, que padecen la ilusión de memoria (entre otras cosas), decidieron que esos falsos recuerdos de Bush no eran totalmente falsos, sino que eran lapsus freudianos que revelaban una verdad escondida. Él afirmó haber visto la embestida del primer avión por televisión, por lo que debió haberla visto. Y si la vio, quienquiera que haya registrado esa filmación secreta debe haber sabido adónde apuntar con la cámara de antemano, por lo que Bush, antes de que ocurriera, debía saber que el ataque iba a ocurrir. La ilusión de memoria hizo que algunas personas llegaran a la conclusión de que el gobierno en forma deliberada había permitido, o incluso planeado, los ataques, y pasaron por alto la explicación más plausible (pero menos intuitiva) de que Bush simplemente había combinado algunos aspectos de su recuerdo respecto de los impactos de los ataques del primer y el segundo avión.[60]

59 El falso recuerdo de Bush fue documentado por Greenberg (2004: 363-370). El video del primer avión chocando contra el World Trade Center provino de un equipo de filmación francés que había estado siguiendo a un bombero de la ciudad y a sus compañeros para un documental. Estaban filmándolos mientras investigaban una pérdida de gas cerca del World Trade Center cuando oyeron un ruido ensordecedor. Giraron la cámara justo a tiempo para captar el impacto del primer avión contra el primer edificio. La CBS trasmitió su documental en marzo de 2002, seis meses después del ataque. Los videos de la parte más importante pueden encontrarse en Youtube. Véase también Kiesewetter (2002).

60 En el momento de la escritura del presente libro, hay muchos sitios web que promueven la idea de que el presidente Bush sabía de los ataques antes de que ocurrieran, y como evidencia citan su afirmación de haber visto el primer avión. Una búsqueda en Google con los términos "Bush", "primero", "avión"

Los experimentos basados en el artículo de Brown y Kulik sobre los recuerdos de flash han buscado formas de verificar la precisión de los recuerdos, a menudo obteniéndolos inmediatamente después de algún acontecimiento trágico e interrogando nuevamente a las mismas personas unos meses o incluso años más tarde. Estos estudios han hallado de manera consistente que los recuerdos de flash, aunque son más ricos y vívidos, están sujetos al mismo tipo de distorsiones que los comunes. En la mañana del 28 de enero de 1986, el transbordador espacial *Challenger* explotó poco después de haber despegado. A la mañana siguiente, los psicólogos Ulric Neisser y Nicole Harsch les solicitaron a algunos estudiantes de la Emory University que escribiesen una descripción de cómo se habían enterado de la explosión, y que luego respondiesen unas preguntas detalladas sobre el accidente: a qué hora se habían enterado, qué estaban haciendo, quién les avisó, quién más estaba allí, qué sintieron al respecto, etc. (Neisser y Harsch, 1992). Informes como estos, escritos lo más cercanamente posible al acontecimiento, proporcionan la mejor documentación de lo que en realidad ocurrió, así como el video de Bobby Knight y Neil Reed registró la realidad del incidente asfixiante.

Dos años y medio más tarde, Neisser y Harsch les solicitaron a los mismos estudiantes que respondiesen un cuestionario similar sobre la explosión del *Challenger*. Los recuerdos de estos habían cambiado de manera impresionante con el tiempo: habían incorporado elementos que de modo plausible se ajustaban a cómo podían haberse enterado de los acontecimientos, pero que nunca ocurrieron. Por ejemplo, un sujeto dijo que al regresar a su dormitorio luego de clase escuchó una conmoción en el vestíbulo. Alguien llamado X le dijo lo que había ocurrido y entonces encendió el televisor para mirar las transmisiones de la explosión. Recordó que eran las 11:30, el espacio de su dormitorio, la actividad que había realizado antes de regresar y que nadie más estaba presente. Sin embargo, para la primera documentación, la mañana posterior al acontecimiento informó que un conocido de Suiza llamado Y le había

---

y "11 de septiembre" lista muchos de ellos. A propósito, si Bush fue tan diabólicamente astuto como para planear los ataques del 11 de septiembre, fingir sorpresa y arreglar todo, incluidos el Congreso, los tribunales y los medios, ¿por qué le revelaría su participación a un niño? Las teorías conspirativas tienden a errar de modo espectacular otro test de plausibilidad cognitiva al basarse en la noción de que unos pocos individuos selectos tienen habilidades sobrehumanas para controlar y coordinar acontecimientos e información.

indicado que encendiese el televisor. Informó que se había enterado a las 13:10, que se preocupó por cómo iba a hacer para arrancar su auto, y que su amigo Z estaba presente. Es decir, años después, algunos de ellos recordaban haberse enterado por diferentes personas, en un momento diferente y con compañía diferente.

A pesar de todos estos errores, los sujetos confiaban ciegamente en la fidelidad de sus recuerdos porque eran absolutamente vívidos –la ilusión de memoria otra vez–. Durante una entrevista final, conducida luego de que los sujetos completaran el cuestionario por segunda vez, les mostraron sus respuestas, escritas de su puño y letra, al cuestionario del día posterior a la explosión. Muchos estaban sorprendidos por la discrepancia. De hecho, cuando se los confrontó con sus informes originales, más que percatarse de que sus recuerdos eran erróneos, en muchos casos persistían en creer en sus recuerdos "actuales".

Los ricos detalles que recordamos a menudo son erróneos, pero *se los siente* correctos. Como dijo Neil Reed acerca de su recuerdo de haber sido asfixiado por Bobby Knight *después* de ver el video de lo que realmente había sucedido: "En cuanto a las personas que se interpusieron, recuerdo que hubo personas que se interpusieron entre nosotros" (CNN/Sports Illustrated, 2000c). Un recuerdo puede ser tan fuerte, que aun la evidencia documental de que nunca ocurrió no logra cambiarlo.

Recuerdos demasiado buenos para ser verdaderos

En una cena de Acción de Gracias durante la época en que estábamos escribiendo este libro, el padre de Chris, quien prestó servicios en el ejército de los Estados Unidos durante la Segunda Guerra Mundial, recordaba algunos acontecimientos famosos. Estos incluían cómo se había enterado de la invasión de Alemania a Polonia en 1939 (estaba en un campamento de verano) y del ataque japonés a Pearl Harbor en 1941 (él y un amigo se encontraban escuchando un partido de fútbol americano por radio cuando un boletín informativo interrumpió la transmisión). Chris le preguntó qué recordaba del 11 de septiembre. Respondió que estaba tratando de viajar desde Connecticut a la ciudad de Nueva York esa mañana y que se había ido de su casa antes de escuchar la noticia. Tenía que cambiar de tren en New Haven, pero debió regresar cuando se enteró de los choques de los aviones porque no se permitía el ingreso de trenes a la ciudad. Decidió tomar un taxi hacia su casa, para lo cual negoció un monto fijo en lugar de la tarifa medida. El conductor estaba escuchando un programa radial al que llamaban oyentes, pero ninguno hacía mención del tema. Además, tenía puesto una especie de turbante y parecía árabe o musulmán.[61]

Este detalle, el hecho de que el taxista la mañana del 11 de septiembre fuera de la misma etnia o religión que los terroristas que atacaron el lugar al que se dirigía, es una coincidencia llamativa. Tendemos a depositar mayor confianza en los recuerdos que incluyen este tipo de detalles que en los más vagos o genéricos, en especial cuando el detalle tiene una relación tan marcada con el resto de la historia. Si Chris no hubiese estado presente, la historia que contó Ken Norman sobre su capitán Picard habría sido tomada por cierta, en parte debido a la particularidad del postre Alaska, los cocineros que pidieron autógrafos y el gerente ofuscado. Pero, como hemos visto, estos detalles engañosamente vívidos pueden ser huellas reveladoras de los procesos de distorsión y reconstrucción que operan en la memoria *luego* de haberse formado. ¿Podría ser fiel ese detalle? Sin duda. ¿El padre de Chris pudo haber fabricado la historia del taxista árabe de la nada? Es posible. ¿Pudo haber combinado sin querer dos recuerdos separados, uno en el que se dirigía a su casa en taxi el 11 de septiembre y otro en el que subió a un taxi cuyo conductor era árabe (una experiencia común para alguien que vive en el área de Nueva York)? Sin duda. El irónico giro final da como resultado una historia más cautivante, que es exactamente lo que nuestros sistemas de memoria, sin saberlo, tratan de hacer todo el tiempo.

Recordemos una última vez la historia de Leslie y Tyce, la pareja que presenció cómo apuñalaban a alguien y a la cual el 911 dejó esperando. Al cabo de un minuto de sucedido el hecho, comprobaron que ya tenían discrepancias respecto de lo que habían visto. A pesar de relatar esta historia muchas veces durante los seis años que transcurrieron entre el incidente y sus entrevistas con Chris, sus recuerdos no hicieron más que divergir aún más: Leslie recuerda haber dado un bocinazo para llamar la atención hacia la escena del crimen; cuando se le dijo esto, Tyce preguntó: "¿De veras?". Leslie recuerda que estaban a varios carriles de la vereda; Tyce dice que había sólo una fila de autos estacionados entre ellos y el ataque. Leslie piensa que este se produjo delante de un edificio oscuro, sellado con tablones; Tyce dijo que en "un minimercado o un local de pollos para llevar, un lugar con grandes luces de neón en el

---

61 De una conversación mantenida el 27 de noviembre de 2008 y una carta de Daniel D. Chabris (2008).

frente". Leslie afirma que el atacante era más grande que la víctima; Tyce dice lo contrario. Leslie piensa que el 911 tardó unos treinta segundos en responder, y que la conversación duró tres o cuatro minutos; según Tyce, la espera fue de cinco minutos, seguida de una conversación de un minuto. Y mientras que al lector le informamos que Leslie hizo la llamada desde el asiento del acompañante mientras Tyce manejaba, Tyce recuerda haber llamado él mismo al 911 mientras Leslie manejaba. Parece que nuestro sistema de memoria hace todo para colocarnos en el centro de la acción.[62]

Lo invitamos a que piense una última vez en su propio recuerdo de cómo se enteró de los ataques del 11 de septiembre de 2001. Ahora que leyó acerca de la ilusión de memoria, sabe que debería dudar de la veracidad de sus propios recuerdos. Pero si aún le resulta difícil superar la impresión convincente de que su memoria es correcta, no está solo en ello. En un estudio más reciente sobre los recuerdos de flash, los psicólogos Jennifer Talarico y David Rubin (2003: 455-461) examinaron los relatos de varias personas acerca de cómo se habían enterado del ataque. A diferencia de todos los estudios anteriores sobre los recuerdos de flash, este comparó qué tan bien las personas recordaban este acontecimiento de flash con qué tan bien recordaban otro evento de la misma época. Con un pensamiento creativo y rápido en un momento de mucha emotividad, el 12 de septiembre de 2001 solicitaron a un grupo de estudiantes de la Duke University que se acercasen al laboratorio y completasen un cuestionario detallado sobre cómo se habían enterado de los ataques. También les solicitaron que eligiesen otro recuerdo personal que aún estuviese fresco en sus mentes, correspondiente a los días anteriores a los ataques, y lo narraran. Entonces, una, seis o treinta y dos semanas más tarde, les pidieron que evocaran ambos otra vez. *Todos los recuerdos*, tanto los referidos al 11 de septiembre como al hecho más corriente, se volvían más imprecisos a medida que pasaba el tiempo. Cuanto más prolongada era la brecha entre el recuerdo original y la última prueba, menos consistentes eran los recuerdos y más falsos los detalles que incluían.

Talarico y Rubin hicieron otra cosa muy inteligente. Les pidieron que calificasen el grado de certeza que tenían respecto de la precisión de sus relatos. Para el recuerdo corriente, tenían una buena percepción del grado de precisión: a medida que sus recuerdos empeoraban, confiaban cada vez menos en ellos. Es decir, en cuanto a los recuerdos corrientes,

62 Entrevistas y conversación con Leslie Meltzer y Tyce Palmaffy (2008).

no se vieron afectados por la ilusión de memoria. Así como las personas saben que su recuerdo de hechos arbitrarios es falible, asumen que olvidan detalles que de otro modo serían triviales sobre sus experiencias. Cuando no pueden recordar bien los detalles, pierden confianza en sus recuerdos. Sin embargo, los recuerdos de flash mostraron un patrón por completo diferente. Los sujetos continuaron creyendo firmemente en la fidelidad de sus recuerdos, aunque estos se volvieron cada vez más imprecisos con el tiempo. La ilusión de memoria –la diferencia entre cuán precisos son nuestros recuerdos y cuán precisos creemos que son– opera con una fuerza máxima para los recuerdos de flash. Los primeros ensayos sobre estos sugirieron que se creaban por activación de un mecanismo especial de "imprimir ahora" en el cerebro. A la luz de los hallazgos de Talarico y Rubin, quizá sea mejor pensar ese mecanismo como un "creer ahora".

¿Podemos confiar alguna vez en nuestros recuerdos?

En muchos casos, las distorsiones y los agregados son cuestiones menores, pero en otros contextos tienen consecuencias tremendas, precisamente debido a la ilusión de memoria. Cuando las personas caen presas de ella, impugnan las intenciones y motivaciones de quienes sin querer tienen recuerdos erróneos. El poder de esta ilusión quedó revelado en un incidente clave sucedido en la campaña presidencial de 2008 en los Estados Unidos. Hillary Clinton, que competía con Barack Obama por la candidatura del partido demócrata, enfatizó repetidas veces su gran experiencia en asuntos internacionales. En un discurso pronunciado en la George Washington University, describió una misión a Tuzla, Bosnia, en marzo de 1996, que fue particularmente angustiosa: "Recuerdo que aterrizamos bajo el fuego de francotiradores. Se suponía que habría una especie de ceremonia de bienvenida en el aeropuerto, pero en cambio corrimos cubriéndonos la cabeza para llegar a los vehículos que nos llevarían a nuestra base". Por desgracia para Clinton, *The Washington Post* presentó su historia y publicó una fotografía que mostraba no una corrida para protegerse, sino… una ceremonia, en la que la por entonces primera dama besaba a un niño bosnio que acababa de leerle un poema de bienvenida. De los cientos de boletines informativos contemporáneos sobre el acontecimiento, ninguno siquiera mencionó que hubiera habido una amenaza a la seguridad. También aparecieron varios videos, todos los cuales mostraban una caminata plácida desde el avión hacia una ceremonia que se desarrollaba sin incidentes sobre la pista de aterrizaje.

Un lector del sitio web del *Post* respondió al artículo: "Sólo hay tres formas de explicar la historia de Clinton aquí publicada: (a) es una gran mentirosa, (b) su percepción de la realidad está completamente distorsionada, o (c) su memoria está totalmente alienada". La comentarista política Peggy Noonan escribió en *The Wall Street Journal* que

> esperamos que hayan sido mentiras, porque si no lo fueron, si ella pensó que lo que estaba diciendo era verdad, estamos en un problema mayor de lo que creíamos [...]. Es como si hubiese visto la película *Mentiras que matan,* con su truco de montaje en el que una refugiada aterrorizada se aleja desesperadamente del fuego del mortero, y no la considerase una fábula acerca de la manipulación y la política, sino una inspiración.

Una portada de *The New Republic* describía a una Clinton con ojos saltones que "escuchaba voces", vociferaba y ofrecía sacrificar su vida para proteger a sus compañeros de viaje en Bosnia ("Y le dije a Simbad, '¡Déjame, sálvate tú!'"). Esta es la reacción característica de la mente humana frente al recuerdo falso de otra persona, en particular uno que claramente sirve a los propios intereses, como el encuentro de Clinton con la muerte al estilo *Grace under fire.*[*] Incluso Bill Clinton, más tarde, profirió las excusas de rigor por el desliz de su esposa, afirmando (incorrectamente) que ella había hecho los comentarios tarde por la noche y señalando (correctamente, pero tal vez de manera extemporánea) que tenía sesenta años.

Una explicación alternativa muy plausible de los francotiradores ficticios de Clinton es que su mente, tan falible como toda mente humana, haya reconstruido de modo automático e inconsciente el aterrizaje en Tuzla de manera de hacerlo coincidir con la imagen que tenía de sí misma que, estaba convencida, era precisa. Como el recuerdo de Neil Reed de ser ahorcado por Bobby Knight, el de Clinton de su llegada a Bosnia fue distorsionado en forma sistemática para que coincidiese con su narrativa internalizada y personal. Como Reed, y como los estudiantes cuyos recuerdos de flash de la explosión del *Challenger* resultaron ser inexactos, ella pudo fácilmente haber tenido plena confianza en la fidelidad de su recuerdo. Y, como en el caso de Reed, los videos revelaron la

---

[*] Exitosa serie televisiva estadounidense de la década de 1990. [N. de la T.]

verdad. El recuerdo distorsionado de Hillary Clinton contribuyó a que perdiera la candidatura presidencial al ayudar a revivir la impresión popular, justa o no, de que diría cualquier cosa para resultar elegida (una sensación que quedó intensificada ante su negativa inicial a reconocer el error luego de que los videos salieran a la luz).[63]

¿Es posible distinguir el engaño calculado de la distorsión accidental? Antes señalamos que la ilusión de memoria no se aplica igual a todos los recuerdos. Somos más conscientes de los límites de nuestra capacidad de recordar hechos y detalles arbitrarios y no esperamos que otros los recuerden. No esperamos que las personas puedan recordar números de quince dígitos al azar, aunque incluso respecto de la memoria de dígitos las personas sobrestiman su propia capacidad. Sucede que más del 40% de los participantes en una encuesta pensaba que podía recordar diez dígitos aleatorios, aunque menos del 1% pudo en realidad hacerlo cuando se le presentó el test.[64] Sin embargo, la ilusión de memoria es más poderosa cuando recordamos información o experiencias relevantes para nosotros. El factor crítico que la genera parece ser el grado en el cual un recuerdo dispara una fuerte experiencia de recuerdo. En otras palabras, si recordamos cómo experimentamos y aprendimos algo, tenemos muchas más

63 Los detalles sobre el caso de Hillary Clinton han sido extraídos de un artículo publicado como "Hillary's Balkan adventure, part II", (2008). La cita de Peggy Noonan pertenece a su columna "Getting Mrs. Clinton" (2008). La imagen satírica de la portada fue publicada por *The New Republic* (2008). Los comentarios de Bill Clinton corresponden a un discurso pronunciado en el gimnasio de un colegio secundario en Indiana. En referencia a las personas que atacaron las afirmaciones de su esposa, dijo "algunos de ellos, cuando tengan sesenta años, también olvidarán algo cuando estén cansados a las 11 de la noche". Estos comentarios fueron comunicados por Mike Memoli y publicados en el sitio web de MSNBC por Domenico Montanaro (2008). Más tarde, Hillary Clinton bromeó acerca de las afirmaciones cuando aparecieron en el *NBC Tonight Show* de Jay Leno (2008): "Estaba preocupada de no poder hacerlo [...]. En el aeropuerto de Burbank me quedé paralizada por los tiros de los francotiradores".

64 El 41% de los 59 sujetos que participaron en este experimento pensaba que podía recordar diez o más dígitos. El número máximo de dígitos aleatorios que una persona puede escuchar y recordar con éxito se denomina "lapso de dígitos". Dada una suposición razonable de un lapso medio de dígitos de 6,6 dígitos en una población y una desviación estándar de 1,1 dígito, sólo alrededor del 0,5% de las personas (1 de cada 200) debería tener un lapso de dígitos de diez o mayor. Estos resultados y análisis fueron presentados en Levin, Momen, Drivdahl y Simons (2000).

posibilidades de confiar en la veracidad de nuestro recuerdo. Así como la vivacidad de nuestra percepción visual nos hace pensar que estamos prestando atención a más cosas de las que en realidad estamos atendiendo, nuestra experiencia de una evocación elocuente y vívida alimenta la ilusión de memoria. Cuando recordamos un conjunto de dígitos o hechos arbitrarios, no tenemos una fuerte experiencia de recuerdo. Cuando evocamos cómo nos enteramos de los ataques del 11 de septiembre, sí. Esa es la razón por la cual Hillary Clinton y Neil Reed sostuvieron firmemente lo que recordaban –tenían una evocación clara y poderosa de lo sucedido, y la vivacidad del recuerdo los llevó a creerlo con mayor fuerza–.[65]

La vivacidad de nuestros recuerdos está ligada a cómo nos afectan emocionalmente. A la mayoría de las personas, las listas de números no les inspiran temor o tristeza, pero los pensamientos sobre el 11 de septiembre, sí. Y estas emociones influyen en cómo *pensamos* que recordamos, aunque no influyan en *cuánto* recordamos en realidad. En otro experimento se les mostraron a los sujetos o bien fotografías neutrales desde el punto de vista emocional, como una escena en una granja, o imágenes fuertemente movilizadoras y negativas, como una escopeta apuntando a la cámara (Sharot, Delgado y Phelps, 2004: 1376-1380). Más tarde, cuando se les pidió que decidieran si habían visto las imágenes antes, tuvieron experiencias de recuerdo más fuertes con las imágenes emotivas que con las neutras. Los recuerdos emotivos, como los que poseemos respecto del 11 de septiembre, tienen mayores probabilidades de inducir recuerdos fuertes y vívidos, al margen de si son exactos o no. Es necesario tener cuidado con los recuerdos acompañados de emociones fuertes y detalles vívidos porque pueden muy bien ser erróneos, pero tenemos muchas menos probabilidades de darnos cuenta de ello.

Por desgracia, para determinar hasta qué punto pueden confiar en un recuerdo, las personas con frecuencia usan ese carácter vívido y la emocionalidad como indicadores de exactitud. De manera crítica, también juzgan la precisión del recuerdo de *otra persona* basándose en el grado de certeza que esa persona expresa en el recuerdo. Como veremos en el próximo capítulo, la tendencia a suponer que los recuerdos recordados con toda seguridad son fieles ilustra otra ilusión cognitiva: la ilusión de confianza.

---

65 Para una discusión sobre cómo las intuiciones acerca de la fidelidad de la memoria interactúan con la naturaleza de la experiencia de recordar, véase Brewer y Sampaio (2006: 540-552).

3. Qué tienen en común los ajedrecistas inteligentes y los delincuentes estúpidos

Un día de verano, cuando todavía estaba en la universidad, Chris se despertó con dolor de cabeza. Esto no era algo inusual en él (tiene tendencia a los dolores de cabeza). Más tarde, los dolores se propagaron al resto de su cuerpo, y comenzó a sentirse exhausto y apático. Levantarse de la cama, caminar hacia la sala de estar de su departamento, sentarse y encender la TV eran verdaderos suplicios. Cuando trataba de ponerse de pie, le dolía todo el cuerpo. Tareas sencillas como ducharse lo dejaban sin aliento. Los síntomas parecían los de una gripe fuerte, pero no tenía problemas respiratorios, y julio no era precisamente el pico de la temporada de gripe. Luego de sentirse muy mal unos cuantos días, acudió al servicio de salud de Harvard. La enfermera que lo vio concluyó que era muy probable que fuera un virus, y le indicó que descansase y se hidratase.

Al día siguiente, un domingo, con sus síntomas inalterados, se dio una de esas duchas que lo dejan a uno extenuado. Moviéndose de modo lento para conservar energía, se dio vuelta dejando que el agua golpeara la parte posterior de sus piernas, y cuando lo hizo, sintió un dolor agudo. Giró su cuello, miró hacia abajo y vio un gran sarpullido que parecía un estallido de rayos solares justo en medio de su pantorrilla izquierda. Era mucho más grande que cualquier picadura de mosquito que jamás hubiese visto. Provisto de un nuevo síntoma, se dirigió al departamento de atención sanitaria de guardia y con orgullo lo mostró. La médica que lo atendió le preguntó si en los últimos días le había picado alguna garrapata. Chris estuvo a punto de responder que no, ya que nunca había visto una garrapata en la ciudad de Cambridge, Massachusetts. Pero luego recordó que hacía un par de semanas había visitado a sus padres en Armonk, un suburbio de la ciudad de Nueva York, que había pasado cierto tiempo con su madre en la huerta que ella tenía que estaba llena de garrapatas. La médica le mostró una imagen de un libro de medicina que ilustraba el sarpullido característico producido por la infección de la *Borrelia burgdorferi*, la bacteria transmitida por la garrapata que ocasiona la enfermedad de Lyme. Era exactamente igual a la pantorrilla de Chris.[66]

Si no se diagnostica a tiempo, esta enfermedad se vuelve más difícil de tratar y puede causar discapacidad crónica. Luego de que la médica se lo explicara, salió de la sala y regresó un momento después con otro libro, en el que buscó el tratamiento para la enfermedad de Lyme aguda. Escribió una receta indicando veintiún días del antibiótico doxicilina y se la entregó a Chris.

Chris estaba un poco nervioso por esta experiencia. Primero, el diagnóstico mismo le parecía ominoso. Sin embargo, más perturbador le resultó el hecho de que la médica chequeara los libros de referencia durante la consulta. Chris, que nunca había visto a un médico hacer algo así, esta vez lo había presenciado dos veces. ¿Sabía ella lo que estaba haciendo? ¿Cómo era posible que en el nordeste de los Estados Unidos, donde la enfermedad de Lyme es común, un médico de guardia pudiera no estar familiarizado con su diagnóstico y tratamiento? Chris fue directo a la farmacia a comprar el medicamento, aunque no pudo evitar sentirse intranquilo por la falta de seguridad de la médica.

Si el lector se encontrase con un médico que tuviese que mirar los criterios diagnósticos y el tratamiento recomendado para su problema, ¿no se cuestionaría lo mismo? Hacerlo sería natural: todos tendemos a pensar que el médico que se muestra seguro es competente y que el que duda es un candidato potencial a ser acusado por mala praxis. Tratamos la confianza en uno mismo como un signo claro de la capacidad profesional de una persona, de su memoria precisa o de su pericia. No obstante, como veremos en este capítulo, la seguridad que la gente proyecta, ya sea cuando está haciendo un diagnóstico, tomando decisiones sobre política exterior o dando testimonio en un tribunal, muy a menudo es una ilusión.

Cuando todos piensan que se los subestima

Para comprender esta ilusión de confianza, debemos comenzar en un lugar impensado: el salón de baile del Adams Mark Hotel, en Filadelfia, que desde hace mucho tiempo es sede del acertadamente denominado World Open, uno de los torneos anuales abiertos de ajedrez

---

66 Para mayor información sobre la enfermedad de Lyme, véase Wormser y otros (2006: 1089-1134).

más importantes del mundo. Cualquiera que pague la entrada, desde un novato hasta un gran maestro, puede jugar. En 2008, más de 1400 jugadores compitieron por más de 300 000 dólares en premios. La escena no es necesariamente lo que uno esperaría. Por un lado, no reina el silencio: hay un constante golpeteo de piezas de ajedrez que chocan entre sí, y el sonido de los botones de los relojes que son pulsados luego de cada movida. Fuera de la salas de juego, el ruido es aún mayor. Los jugadores hablan sobre las partidas que acaban de terminar, las que están a punto de jugar e incluso las que están realizando en ese momento. (Las reglas permiten que hablen sobre ellas siempre que no soliciten o reciban asesoramiento de nadie.) No son como los sabihondos miembros de los equipos de ajedrez de las escuelas secundarias de antaño. Tampoco son viejos pensativos con barba. A algunos definitivamente les podría sentar bien una ducha o un cambio de imagen, pero la mayoría son niños, padres, abogados, médicos o ingenieros de aspecto normal; también hay ajedrecistas profesionales, muchos de ellos de países extranjeros. Sin embargo, uno de los estereotipos es cierto: hay una notable ausencia de mujeres. En este torneo, menos del 5% lo son.

Lo más extraño sobre los participantes de este torneo –de hecho, sobre los de todos los torneos– es que saben de manera precisa qué tan buenos son en comparación con los demás. Esto no es algo que suceda en la mayoría de las actividades de la vida, ni siquiera en muchas actividades competitivas. No hay un ordenamiento jerárquico que indique cómo ubicarse respecto de otros conductores, gerentes de empresa, maestros o padres. Tampoco ciertas profesiones, como el derecho o la medicina, tienen una forma concreta de determinar quién es mejor. La falta de un parámetro claro para medir la capacidad propicia que sobrestimemos nuestras propias habilidades. Pero el ajedrez tiene un mecanismo de clasificación público, matemáticamente objetivo, que proporciona información numérica actualizada, exacta y precisa sobre la "fortaleza" de un jugador (jerga ajedrecística para indicar la capacidad) respecto de otros. Todos aquellos que participan en torneos saben que, si alguien gana una partida, avanza en el ranking, y si pierde, retrocede. Hacer tablas con alguien mejor ranqueado también hace que se avance, mientras que hacer tablas con uno ubicado más abajo empeora la propia posición. El puntaje es público y se imprime al lado del nombre de cada jugador en los tableros de puntaje de los torneos; muchos se lo preguntan a sus oponentes antes de comenzar una partida. Los puntajes son tan importantes, que los ajedrecistas suelen recordar mejor a sus adversarios por ellos que por sus nombres o sus rostros. "Le gané a un 1726" o "perdí con un 1455" no son frases inusuales en los pasillos de la sala de juego.

En julio de 1998, el puntaje promedio de las 27 562 personas de la Federación Estadounidense de Ajedrez que habían jugado al menos veinte partidas de torneo era de 1337. Los maestros tienen un puntaje de 2000 o más. Chris alcanzó su máximo nivel cuando estudiaba en la universidad. Dan tenía un puntaje por debajo de los 1800 en la escuela secundaria, pero no ha competido desde entonces. La comparación de los puntajes permite establecer las probabilidades de que un jugador derrote al otro. El ranking se determina y ajusta de modo tal que, a lo largo de una serie prolongada de partidas, alguien que tenga 200 puntos más que su adversario debería anotar cerca del 75% de los puntos (los triunfos cuentan como un punto y los empates como medio). Se espera que alguien que tenga 400 puntos más que su adversario gane casi todas las partidas.

A pesar de que jugó cientos de partidas de torneos en la escuela secundaria y de que estaba muy por encima del promedio para un jugador de torneo, Dan nunca derrotó a un gran maestro, y no tendría ninguna posibilidad efectiva de vencer a Chris en una partida de torneo. De manera similar, Chris sólo le ganó a un gran maestro en una partida de torneo, a pesar de que alguna vez estuvo dentro del 2% más alto de los jugadores en el nivel nacional. Las diferencias en habilidad entre estos niveles son muy grandes. Si alguien derrota varias veces a un jugador que tiene el mismo puntaje que el suyo, su puntaje ascenderá y el de su contrincante descenderá, y los pronósticos permitirán predecir que volverá a derrotarlo en el futuro. A diferencia de las clasificaciones publicadas para la mayoría de los deportes, el sistema del ajedrez es en extremo preciso; a los fines prácticos, el puntaje es un indicador casi perfecto del nivel de habilidad. Sabiendo su puntaje, y conociendo el funcionamiento del sistema de clasificación, cada jugador debería poder establecer a ciencia cierta qué tan competente es. Pero ¿qué idea tiene en realidad de sus propias capacidades?

Junto con nuestro amigo Dan Benjamin, quien en ese entonces era estudiante de grado en Harvard y ahora es profesor de economía en la Cornell University, hicimos un experimento en el World Open de Filadelfia y en otro torneo, el US Amateur Team Championship de Parsippany, Nueva Jersey. Antes de que los jugadores empezaran una partida o cuando acababan de terminar, les pedíamos que completaran un breve cuestionario. Formulamos dos preguntas simples: "¿Cuál es su puntaje oficial de ajedrez más reciente?" y "¿Cuál piensa que debería ser el puntaje que reflejara su verdadera fortaleza actual?".[67]

Tal cual lo esperado, todos conocían bien sus puntajes: la mitad lo informó con exactitud, y del resto, la mayoría se equivocó por apenas algunos puntos. Dado que sabían cuáles eran sus puntajes, deberían poder responder correctamente la segunda pregunta acerca de cuál *debería* ser su puntaje: la respuesta correcta era de hecho su puntaje en ese momento, porque el diseño del sistema de clasificación garantiza que sus puntajes sean un reflejo preciso de su habilidad. Sin embargo, sólo el 21% de los sujetos de nuestro experimento dijo eso. Alrededor del 4% pensaba que tenía un puntaje excesivo, y el otro 75% creía que tenía menos del que debía tener. La magnitud de su exceso de confianza en su propia capacidad de juego era sorprendente: en promedio, pensaban que tenían 99 puntos menos, lo que significa que creían que ganarían una partida contra otro jugador que tuviera *exactamente el mismo puntaje que el de ellos* por un margen de 2:1 –una victoria aplastante–. Desde luego, en realidad, el resultado más probable de una partida entre jugadores con el mismo puntaje es tablas.

¿Cómo se explica esta confianza extrema frente a la evidencia concreta de sus habilidades reales? No por una falta de familiaridad con el ajedrez: habían jugado partidas durante un promedio de veinte años. No por una falta de información sobre sus habilidades competitivas: habían estado jugando en torneos clasificatorios durante trece años, y su puntaje promedio era de 1751, muy por encima del jugador medio. Tampoco por falta de contacto con otros jugadores del mismo nivel de habilidad que ellos (es decir, por estar fuera de práctica): más de la mitad había jugado en al menos un torneo durante los dos meses anteriores a la encuesta.

Tal vez los jugadores hayan interpretado nuestra pregunta de manera un poco diferente a como la habíamos pensado. Quizá hayan estado prediciendo cuáles *serían* sus puntajes una vez que el sistema diera cuenta de su verdadera fortaleza. Puesto que los puntajes se ajustan sólo después de los torneos, y los puntajes actualizados a veces tardan un mes o dos en publicarse, es posible que un jugador que progrese de manera acelerada quede sistemáticamente por debajo de su puntaje real en las listas oficiales, porque está mejorando demasiado rápido para que su puntaje lo refleje. Verificamos los puntajes de nuestros sujetos un año más tarde y eran casi los mismos: 100 puntos menos que sus propias estimaciones

---

67 En total, encuestamos a 103 jugadores: 31 en Parsippany y 72 en Filadelfia.

de habilidad. De hecho, incluso al cabo de cinco años, todavía no habían alcanzado los niveles que habían estimado como su fortaleza real. La confianza excesiva que mostraban no puede explicarse entonces por una expectativa razonable de mejora futura.[68] A pesar de su prolongada e íntima experiencia con los puntajes competitivos, sobrestimaron sus capacidades. Fueron presas de nuestra tercera ilusión cotidiana: la "ilusión de confianza".

Esta tiene dos aspectos diferentes. En primer lugar, como sucede con los ajedrecistas, nos hace sobrestimar nuestras propias cualidades, en especial en relación con otras personas. En segundo lugar, al igual que lo que le sucedió a Chris en el consultorio médico, nos hace interpretar la seguridad –o la falta de ella– que otras personas manifiestan como una señal válida de sus propias habilidades, de su nivel de conocimiento y de la precisión de sus recuerdos. Esto no sería un problema si la confianza, en efecto, tuviese una relación estrecha con estas cosas, pero la realidad es que la seguridad y la capacidad pueden divergir tanto que basarse en la primera se convierte en una trampa mental gigantesca, con consecuencias potencialmente desastrosas. Pensar que somos mejores en ajedrez de lo que en verdad somos es sólo el comienzo.

"Incompetente y sin conciencia de ello"

Charles Darwin (1871: 3) observó que "la ignorancia suele engendrar mayor confianza que el conocimiento". De hecho, es probable que los menos habilidosos tengan una idea de sí mismos más elevada de lo que deberían –experimentan de manera desproporcionada la ilusión de confianza–. Algunos de los ejemplos más notables de ese principio corresponden a criminales, una idea que Woody Allen capturó para su primer largometraje, *Robó, huyó y lo pescaron*.[69] Allen protagoniza a Virgil

68 Nuestro examen de seguimiento de los puntajes realizado luego de la encuesta original incluyó necesariamente sólo a aquellos que siguieron participando en torneos de ajedrez en ese periodo. Otros dejaron de jugar, tal vez porque su clasificación no mejoraba como esperaban. Cuando se agregan esos jugadores al análisis, usando el último puntaje que tenían antes de abandonar, el nivel de confianza excesiva es de 71 puntos en cinco años (contra los 54 puntos que se obtienen sin contarlos).

69 Una transcripción del diálogo de *Robó, huyó y lo pescaron* (estrenada en 1969) puede encontrarse *online* en <www.script-o-rama.com/movie_scripts/t/take-the-money-and-run-script.html>.

Starkwell, un muchacho criado en circunstancias difíciles, que en su adolescencia se vuelca a la vida delictiva, aunque nunca tiene éxito. De niño trató de hurtar chicles, pero se le trabó la mano y tuvo que correr por la calle arrastrando toda la máquina. Ya de adulto intentó robar un banco, pero los cajeros no pudieron leer la nota que indicaba que se trataba de un asalto y la policía llegó antes de que él pudiera explicárselo. Trató de escaparse de la cárcel tallando un revólver de jabón cubierto con betún, pero cuando estaba huyendo se largó a llover y los guardias advirtieron que de su arma salía espuma.

Los delincuentes estúpidos son uno de los elementos fundamentales de las películas y las comedias de televisión, en parte porque violan el estereotipo del cerebro criminal –el villano de James Bond, un genio devenido en psicópata–. No obstante, este estereotipo no es representativo de los verdaderos delincuentes, o al menos no de aquellos que son capturados. "Hollín" Brown, el sospechoso de asesinato a quien Kenny Conley atrapó en Boston, había abandonado la escuela secundaria y fue arrestado ocho veces en un año (Lehr, 2009: 39-40). Las personas condenadas por delitos son, en promedio, menos inteligentes que quienes no los cometen.[70] Y pueden ser increíblemente tontas. Un compañero de colegio de Dan decidió estropear la escuela pintando con pintura en aerosol sus propias iniciales en la pared del fondo. Un inglés llamado Peter Addison fue un paso más lejos y estropeó el costado de un edificio escribiendo "Peter Addison estuvo aquí". Samuel Porter, de 66 años, trató de pagar con un billete de un millón de dólares en un supermercado de los Estados Unidos y se puso colérico cuando la cajera le informó que no tenía cambio.[71]

En un artículo brillante titulado "Incompetente y sin conciencia de ello", los psicólogos sociales Justin Kruger y David Dunning, de la Cornell University, comienzan narrando la historia de McArthur Wheeler, quien robó dos bancos en Pittsburgh en 1995 sin usar ningún disfraz. Las imágenes que de él tomó la cámara de seguridad fueron transmitidas en

---

70 La evidencia de que los delincuentes tienden a ser menos inteligentes proviene de Herrnstein y Murray (1994: 247-249). Los ejemplos de delincuentes ineptos han sido extraídos de BBC News (2007) y WTAE-TV4 (2007).

71 El billete de mayor denominación en circulación es de 100 dólares. Al parecer, una iglesia de Texas distribuyó una serie de billetes falsos de un millón de dólares. Porter no fue el único que trató de pagar con uno de ellos. Lo que no es claro es si los que intentaron gastarlos realmente pensaban que eran de curso legal.

el noticiero de la noche el mismo día de los robos, y una hora más tarde fue arrestado. Luego, cuando la policía le mostró las grabaciones de esas cámaras, el señor Wheeler las miró fijamente sin poder creerlo. "Pero usé el jugo", masculló. Al parecer, tenía la creencia de que si se frotaba el rostro con jugo de limón –una sustancia que han usado generaciones de niños para escribir mensajes ocultos–, su cara se volvería invisible ante las cámaras (Kruger y Dunning, 1999: 1121).[72]

Kruger y Dunning se preguntaron si esta combinación de incompetencia y olvido era inusual (quizás un perfil peculiar de los criminales fracasados) o constituía un fenómeno más general. En su primer experimento,[73] no se concentraron en la capacidad delictiva, que es infrecuente (al menos eso es lo esperable), sino en una cualidad que la mayoría de las personas cree poseer: sentido del humor. Se les preguntó si las personas que no entienden qué chistes son graciosos y cuáles no creen erróneamente que tienen un sentido del humor perfectamente bueno. Pero ¿cómo medir el sentido del humor?

72 En Little Rock, Arkansas, en 2007, un hombre llamado Langston Robbins ingresó a un banco, pasó delante de un policía fuera de servicio que se desempeñaba como guardia de seguridad y colocó una nota informando que se trataba de un asalto delante del cajero. El policía lo arrestó luego de un forcejeo y una pequeña persecución. El teniente Terry Hastings, de la policía de Little Rock, le comunicó a Associated Press: "La verdad es que no entiendo cómo no vio a un policía uniformado parado exactamente delante de él […]. Mi hipótesis es que no es precisamente la persona más brillante del mundo". Como hemos visto, no notar algo que está delante de nosotros (o en nuestro camino, como en este caso o en el del incidente de Kenny Conley) es algo muy común que no tiene nada que ver con la mucha o poca inteligencia. La reacción de Hastings, sin embargo, guarda especial relación con la ilusión de atención. Lo que quizá sí fue poco inteligente de parte de Robbins –como de McArthur Wheeler– fue intentar un robo sin disfraz delante de las cámaras de seguridad. Véase KATV-7 (2007); el video de seguridad está disponible en el blog de USA Today On Deadline (2007). Varios de los ejemplos de delitos estúpidos que hemos mencionado en este apartado pertenecen al blog de Neatorama (2007), que tiene vínculos con fuentes noticiosas directas.

73 Los experimentos descritos en este apartado se encuentran detallados en Kruger y Dunning (1999: 1121-1134). El hallazgo de que los menos competentes son más proclives a sobrestimar sus capacidades que los más competentes se denominó "efecto Dunning-Kruger", presumiblemente porque Dunning era profesor y Kruger estudiante de grado en aquel momento, y les valió el Premio Nobel Ig de psicología en 2000 (véase <improbable.com/ig/ig-pastwinners.html>). En la actualidad, Kruger es profesor de la Facultad de Administración de Empresas de la New York University.

A diferencia de lo que sucede en el ajedrez, no hay un sistema clasificatorio para el sentido del humor, aunque una lección clara de la investigación psicológica del siglo pasado señala que casi cualquier cualidad puede medirse lo bastante bien como para ser estudiada en forma científica. No queremos decir que sea fácil capturar las cualidades inefables que hacen que algo sea gracioso, sino que las personas son bastante coherentes a la hora de juzgar qué es gracioso y qué merece un gruñido. Lo mismo vale para muchas otras cualidades en apariencia imposibles de medir. Podría pensarse que la belleza está en el ojo del espectador, pero no es así. Cuando se les pide que juzguen el atractivo de una serie de rostros, las personas dan puntajes llamativamente similares a pesar de sus diferencias individuales en cuanto a gusto y preferencias. Esta es la razón por la cual no todos llegan a ser actores o modelos.[74]

Para crear su prueba del sentido del humor, Kruger y Dunning seleccionaron treinta chistes escritos por Woody Allen, Al Franken, Jack Handey y Jeff Rovin y los enviaron por correo electrónico a comediantes profesionales, ocho de los cuales aceptaron calificarlos según qué tan graciosos eran. Los investigadores les pidieron que utilizaran una escala de comicidad de 1 a 11, donde 1 significaba "para nada gracioso" y 11, "muy gracioso". El lector puede testear su propio sentido del humor ahora mismo, decidiendo cuál de estos dos chistes es más gracioso:

1. Pregunta: ¿Qué cosa es tan grande como un hombre, pero no pesa nada? Respuesta: Su sombra.
2. Si un niño pregunta de dónde viene la lluvia, creo que algo lindo para decirle es "Dios está llorando". Y si pregunta por qué Dios está llorando, otra cosa linda para decirle es "Probablemente por algo que hiciste".

Los expertos en general coincidieron en cuanto a cuáles eran graciosos y cuáles no. Teniendo en cuenta que los comediantes expertos tienen éxito como comediantes porque perciben lo que a la mayoría le resulta cómico, esto no resulta sorprendente. El primer chiste recibió el puntaje más bajo (1,3) de los treinta testeados, y el segundo, de "Deep Thoughts" de Jack Handey en *Saturady Night Live*, el más alto (9,6). Kruger y Dunning les pidieron entonces a algunos estudiantes

---

74 La investigación acerca de los juicios sobre la belleza se encuentra en Etcoff (1999).

de Cornell que puntuasen los mismos chistes. La idea era que las personas con buen sentido del humor puntuarían los chistes de manera similar a como lo habían hecho los humoristas de profesión, pero las personas con poco sentido del humor los puntuarían diferente. Aquellos que obtuvieron puntajes más altos coincidieron con los comediantes el 78% de las veces respecto de si un chiste era gracioso o no. Los que obtuvieron puntajes más bajos –el grupo que quedó más abajo en el test de sentido del humor– en realidad *no estuvieron de acuerdo* con los comediantes, respecto de si un chiste era gracioso, más veces que aquellas en las que coincidieron. Sólo pensaron que el 44% de los chistes graciosos lo eran, y que el 56% de los que no tenían gracia eran graciosos.[75]

A continuación, les pidieron que evaluasen su propia "habilidad para reconocer lo que es gracioso" escribiendo el porcentaje de otros estudiantes de Cornell que pensaban que eran peores que ellos en esta habilidad. El estudiante promedio es, por definición, mejor que el 50% de los otros estudiantes. Pero el 66% pensaba que tenía mejor sentido del humor que la mayoría de sus pares.[76]

Estos hallazgos ayudan a explicar por qué los *reality shows* competitivos como *America's Got Talent* y *American Idol* atraen a tanta gente que se presenta con gran confianza, aunque sin ninguna esperanza de clasificar y menos aún de ganar. Muchos simplemente tratan de salir unos segundos por televisión, pero algunos, como William Hung, con su interpretación espantosa de "She Bangs" de Ricky Martin, ya famosa, parecen creer que tienen mucho más talento del que de verdad tienen.

75 Estos porcentajes fueron construidos a partir de información adicional provista por Justin Kruger (comunicación personal, 24/1/2009). Para los sujetos que se ubicaron en el cuartil superior en el test de sentido del humor, la correlación entre los puntajes de los sujetos con sentido del humor y los de los comediantes fue de $r = 0,57$; para el cuartil inferior, de $r = 0,13$ (en cada caso la correlación abarca todos los chistes).

76 Aquí, y en contextos similares en este libro, cuando nos referimos a la persona promedio o a alguien que tiene un rendimiento superior al promedio, estamos usando "promedio" de manera informal y no en sentido estadístico. Aunque en sentido estadístico el promedio se refiere al valor medio, nos estamos refiriendo a la mediana. El estudiante mediano tiene mejor sentido del humor que el 50% de los otros estudiantes y menos sentido del humor que el otro 50%. Si el sentido del humor se distribuye en forma simétrica alrededor de un valor medio –y no tenemos razón para sospechar otra cosa– entonces el estudiante medio es también el estudiante mediano. Cuando la distribución está sesgada en una dirección u otra, la media y la mediana pueden diferir, pero en los ejemplos que discutimos, por lo general son cercanos.

En otros experimentos, Kruger y Dunning mostraron que este efecto de falta de aptitud y de conciencia sobre esa carencia puede medirse en muchas áreas además del humor, como el razonamiento lógico y las habilidades gramaticales para el inglés. Y es probable que se aplique a cualquier área de la experiencia humana. Ya sea en la vida real o en la comedia televisiva *The Office*, todos hemos conocido a gerentes incompetentes que no tenían idea de su incompetencia. El que terminó último en su clase de medicina sigue siendo médico, y casi con seguridad piensa que es muy bueno. Aparte de mostrar que el alcance de la situación complicada de un delincuente estúpido puede cuantificarse, ¿la psicología es capaz de ofrecer alguna ayuda a los McArthur Wheelers del mundo? La respuesta a esta pregunta se encuentra en el origen del problema de estos sujetos. El incompetente enfrenta dos obstáculos importantes: tiene una capacidad inferior al promedio y, dado que no advierte esta característica propia, es improbable que pueda mejorar. McArthur Wheelers no sabía que él necesitaba perfeccionarse como delincuente antes de lanzarse al desafío de asaltar bancos. ¿Por qué no pudo imaginarse ejecutando su plan de robar un banco y comprobar que no captaba de forma adecuada todo lo que había que tener en cuenta? ¿Por qué no cuestionó su propia competencia?

Nuestro colega Brian Scholl, el profesor de Psicología de Yale que trabajó con nosotros en algunos de los estudios de ceguera por falta de atención descritos en el capítulo 1, cuenta una anécdota que podría arrojar alguna luz sobre las razones por las que la ilusión de confianza es tan poderosa. En sus días de estudiante en la Universidad de Rutgers, en Nueva Jersey, aprendió a jugar el antiguo y desafiante juego de mesa llamado Go. Se dio cuenta de que, con cierta práctica, podía ganarles a todos sus amigos. Cuando visitó Nueva York, tuvo la oportunidad de poner a prueba sus cualidades con un conocido que era un jugador de Go de primer nivel. Para su propia sorpresa, el partido fue muy reñido y terminó perdiendo por sólo medio punto. Salió del partido con una nueva sensación de confianza en sus habilidades. Por desgracia, esa confianza se hizo añicos cuando habló con una profesora de su departamento que era una jugadora avezada de Go. Cuando le contó su éxito contra el experto, ella simplemente sacudió su cabeza y movió sus ojos. "Brian", le dijo, "¿no sabes que cuando un buen jugador de Go enfrenta a un jugador mucho más débil, a veces se desafía a sí mismo tratando de ganar por la menor cantidad de puntos posible?".

El error de Brian de atribuir sus resultados de Go a su propia destreza, aunque razonable, refleja una tendencia general que todos tenemos a interpretar la reacción acerca de nuestra capacidad de la manera más positiva posible. Tendemos a pensar que nuestros buenos rendimientos reflejan nuestra capacidad superior, mientras que nuestros errores son "accidentales", "involuntarios" o el resultado de circunstancias que exceden nuestro control, y hacemos todo lo posible por ignorar la evidencia que contradice estas conclusiones. Si la incompetencia y el exceso de confianza están vinculados, entrenar a personas incompetentes para que lo sean menos, ¿mejoraría su concepción de su propio nivel de habilidad? Kruger y Dunning hallaron precisamente esto en un último experimento: enseñarles a las personas a las que peor les había ido en una tarea de razonamiento lógico a realizarla mejor reducía en forma significativa (aunque no por completo) su exceso de confianza. Volverlas más competentes es la forma –o al menos el camino– para que puedan juzgar mejor su competencia.[77]

El hallazgo de que la incompetencia causa un exceso de confianza es muy tranquilizador. Nos indica que cuando estudiamos y realizamos una tarea, mejoramos tanto en su ejecución como en el conocimiento de qué tan bien la hacemos. Pensémoslo de este modo: cuando las personas comienzan a aprender una actividad nueva, sus cualidades son bajas, y su confianza suele ser mayor de lo que debería ser –es excesiva–. A medida que van mejorando, su confianza aumenta también, pero a menor velocidad, hasta que, finalmente, cuando alcanzan un grado alto de pericia, sus niveles de confianza son los adecuados para su habilidad (o, al menos, están más cerca de los adecuados). El tipo de confianza excesiva en nuestras habilidades que resulta más peligroso no es aquel que obtenemos cuando ya hemos adquirido destreza en una tarea, sino cuando aún no hemos alcanzado cierto nivel de habilidad. Una vez que consideramos este aspecto de la ilusión de confianza, podemos comenzar a prestar más atención a qué significa en realidad la confianza, para nosotros mismos y para los demás. Si simplemente estamos aprendiendo algo nuevo, ahora sabemos que no debemos creer demasiado en nuestra estimación de qué tan bien nos está yendo. También podemos reconocer

---

77 Eligieron el razonamiento como habilidad a mejorar porque es más difícil modificar el sentido del humor de una persona (en particular si no se rió con el chiste sobre el niño que hacía llorar a Dios). La ilusión de causa puede aplicarse en otro sentido. La psicóloga educacional Diana Horgan propone una interesante alternativa: realmente, comprender nuestro propio nivel de habilidad podría ayudarnos a ajustar expectativas, así como a calcular correctamente nuestra reacción, y a identificar nuestras fortalezas y debilidades. Cuando confiamos en nuestra propia capacidad, podemos estar más motivados para mejorarla. Esta postura podría ser útil para lograr que los niños incrementaran su autoestima como un remedio contra el bajo rendimiento.

que es muy probable que otras personas tengan un exceso de confianza al comenzar a aprender a hacer alguna cosa. Cuando nuestros hijos están aprendiendo a manejar, suelen tener más confianza en sus habilidades de la que deberían. Los gerentes que acaban de ser ascendidos suelen exhibir una seguridad infundada en lo adecuado de sus propias acciones. Hay que tener en cuenta que lo que transforma la confianza en un verdadero signo de capacidad es adquirir una habilidad real en una tarea, y no realizarla una y otra vez. La experiencia no garantiza la competencia.

La anécdota del Go muestra hasta qué punto tendemos a sobrestimar nuestras habilidades (y a subestimar las de nuestro adversario). Esta certeza infundada acerca de nuestra propia competencia incluye la habilidad, el género y la nacionalidad. Según nuestra encuesta nacional, el 63% de los estadounidenses considera que su inteligencia se ubica por encima del promedio. Tal vez no deba de sorprendernos que los hombres confíen más en su inteligencia que las mujeres –el 71% se considera más inteligente que el promedio–. Pero entre las mujeres, significativamente más de la mitad –el 57%– cree ser más inteligente que el promedio. Este exceso de confianza no se limita a los arrogantes estadounidenses; según una reciente encuesta de una muestra representativa de canadienses, cerca del 70% cree que está "por encima del promedio" en materia de inteligencia. Tampoco puede decirse que este sea un fenómeno nuevo, el reflejo de cierta ambigüedad en cuanto al concepto de inteligencia, una muestra del narcisismo norteamericano o una versión exagerada de la autoestima del siglo XXI: un estudio realizado en 1981 halló que el 69% de los estudiantes universitarios suecos se consideraba superior al 50% de sus pares en lo referente a su habilidad para manejar, y el 77% creía que se encontraba dentro del 50% superior en cuanto al grado de cautela. Asimismo, la mayoría de las personas piensan que superan el promedio en lo que se refiere al atractivo.[78]

78 El 71% de los hombres y el 66% de las mujeres creen que tienen una inteligencia superior al promedio (Campbell, 2000). La evidencia de que los conductores juzgan que son mejores que el promedio proviene de Svenson (1981: 143-148). Este estudio también incluyó a un grupo de estudiantes estadounidenses cuya confianza en su capacidad era ligeramente superior a la de sus pares suecos: el 93% pensaba que era más habiloso que el 50% de sus pares y el 88%, que era más cauto. La evidencia sobre el grado en que alguien se considera atractivo proviene de un estudio realizado por Gabriel, Critelli y Ee (1994: 143-155) con estudiantes universitarios en el que los varones se consideraban un 15% más atractivos de lo que en efecto eran, mientras que las mujeres se consideraban un poco menos atractivas de lo que eran, aunque ambos se ubicaban a sí mismos por encima del promedio en cuanto a atractivo (se consideró que las mujeres

La ilusión de confianza se produce en forma automática, sin que en realidad reflexionemos sobre la situación, y únicamente podemos advertirla cuando nos vemos forzados por la evidencia directa e incontrovertible a enfrentarnos a nuestras limitaciones. La desilusión que experimentó Brian Scholl luego de enterarse de que había sido usado por un experto en Go lo obligó a recalibrar sus creencias acerca de sus cualidades, lo que hizo que su exceso de confianza disminuyera. Si Brian continuara jugando, su capacidad mejoraría y su grado de confianza se acercaría más a su habilidad. La competencia ayuda a disipar la ilusión de confianza. La clave, sin embargo, es tener pruebas suficientes acerca de las propias habilidades –es necesario que lleguemos a ser lo bastante buenos en lo que hacemos como para reconocer nuestras propias limitaciones–.

No queremos que el lector piense que creemos que las personas son soberbias y fanfarronas, que siempre sobrestiman sus cualidades y tratan de embaucar a los demás. De hecho, aquellos que son muy habilidosos para determinada cosa suelen padecer el problema opuesto. Casi todos los nuevos maestros o profesores que hemos conocido, en particular los que alcanzaron cierto éxito temprano en sus carreras, están convencidos de que están engañando a todos –de que en realidad no son tan buenos como la gente cree–.[79] Recuérdese el experimento sobre el humor de Kruger y Dunning. No mencionamos esto antes, pero aquellos que se ubicaron en el 25% más alto en cuanto al sentido del humor no tenían plena conciencia de qué tan bueno era su sentido del humor –en realidad *subestimaron* la cantidad de los menos graciosos–.[80] Aunque el exceso de confianza sea más común –y más peligroso–, la falta de confianza también existe.

---

que participaron en el estudio estaban un poco por encima del promedio en términos de atractivo). Es interesante señalar que un metaanálisis de una serie de estudios que midió la relación entre el atractivo autoadjudicado y el real (según la puntuación dada por otros) mostró sólo una pequeña coincidencia. En otras palabras, el grado en el cual nos creemos atractivos guarda una relación escasa con el atractivo que otros consideran que tenemos (véase Feingold, 1992: 304-311).

79 Esta creencia en la propia incompetencia, que se sostiene a pesar de toda la evidencia externa en contrario, se conoce a veces con el nombre de "síndrome del impostor". Véanse Silverman (2007: 73-75) y De Vries (2005).

80 En el estudio de Dunning y Kruger, el 25% más alto en cuanto al sentido del humor, en promedio, era más gracioso que el 87,5% de los que participaron en el estudio (porque los sujetos ocuparon los percentiles que van de 75 a 100 en la distribución de sentido del humor, y el punto medio de ese rango es 87,5). Sin embargo, en promedio, estimaron que eran más graciosos que el 70% de sus pares, lo que indica un exceso de confianza promedio del 17,5%.

Una crisis de confianza

La combinación de incompetencia y exceso de confianza nos presenta historias hilarantes de delincuentes imbéciles y videoclips de participantes ilusos en *American Idol*, pero la confianza fuera de lugar también puede tener efectos perniciosos. La cultura occidental confiere un valor extraordinario a la confianza en uno mismo; no vale la pena vivir una vida sin ella. El libro de autoayuda de David Baird *Mil vías hacia la confianza* comienza con la siguiente declaración:

> Cada momento de nuestra vida es absolutamente precioso y no debemos desperdiciarlo en dudas acerca de nosotros mismos. El deseo de tener seguridad en nosotros mismos y de vivir la vida con confianza es el primer paso vital. Si está preparado para dar ese paso, felicítese: ha comenzado a transitar el camino de la confianza (Baird, 2007: 10).

Un popular libro de negocios escrito por la profesora de Harvard Rosabeth Moss Kanter, no por casualidad titulado *Confianza*, sostiene que mantener esta cualidad perpetúa la tendencia al éxito y "configura los resultados de muchas competencias en la vida, desde simples partidos de fútbol hasta emprendimientos complejos, desde el rendimiento individual hasta la cultura nacional" (Kanter, 2004: 6), mientras que no tenerla puede instalar una tendencia perdedora.

La premisa central de la película de Albert Brooks *Visa al paraíso* es que sólo aquellos que actuaron con confianza pueden pasar al nivel siguiente en el más allá. El poder de la confianza llega también a los consejos para la crianza de los hijos. Por ejemplo, una reciente historia en la nota de tapa de la revista *Parents* daba consejos para "inculcar la confianza en su hijo", y prometía ofrecer "las formas más efectivas para ayudar a su hijo a que sea feliz, a que tenga confianza en sí mismo y a que sea exitoso" (Tugend, 2008: 118-122). La actriz Tina Fey se hizo eco de este sentimiento cuando recibió un Premio Emmy por su comedia televisiva *30 Rock*: "Agradezco a mis padres por haberme inculcado una confianza que es desproporcionada en relación con mi aspecto y mi capacidad. Bien hecho. Eso es lo que deberían hacer todos los padres".

El presidente Jimmy Carter pensaba que la confianza tenía una significación más amplia. En julio de 1979 dio por radio nacional su discurso presidencial más famoso, en el que informaba la gran lección que había aprendido de una serie de encuentros privados con políticos locales, empresarios, miembros de la Iglesia y otros ciudadanos. Luego de citar a diecinueve de estas personas (incluyendo al gobernador de Arkansas que cumplía su primer periodo de mandato, Bill Clinton, aunque sin nombrarlo en forma directa), muchos de los cuales criticaban de manera férrea su liderazgo y tenían una visión pesimista de las perspectivas económicas del país, diagnosticó que el problema no era de política o de políticas, sino de psicología:

> Ahora quiero hablarles de una amenaza fundamental para la democracia norteamericana [...]. La amenaza es casi invisible en circunstancias normales. Es una crisis de confianza. Es una crisis que azota el corazón y el alma y el espíritu de nuestra voluntad nacional [...]. La erosión de nuestra confianza en el futuro amenaza con destruir el tejido social y político de los Estados Unidos.[81]

El presidente estaba muy preocupado por unas encuestas que sugerían que "una mayoría de personas creía que los próximos cinco años serán peores que los últimos cinco", y por lo que percibía como un consumismo creciente y una falta de respeto por las instituciones tradicionales. Propuso una serie de nuevas políticas en relación con la energía, destinadas a reducir en forma gradual la importación de petróleo. Ya sea que su diagnóstico del estado de ánimo de los Estados Unidos fuese correcto o no, y al margen de si cambiar las fuentes energéticas era la prescripción correcta para este mal, luego de una primera reacción positiva y una escalada del 11% en el nivel de aprobación de su labor, muchos comentadores arremetieron luego contra él porque consideraban que parecía culpar al pueblo por los fracasos del gobierno.[82] Este discurso se conoció como "discurso del malestar" a raíz de los comentarios que Clark Clifford, un hombre inteligente del partido demócrata, había hecho a los periodistas antes acerca de lo que percibía como las preocupaciones de Carter. El encuestador de Carter, Patrick Cadell, también había usado ese término en un memorándum que le había enviado al presidente, que

---

81 En el sitio web del Miller Center of Public Affairs <millercenter.org/scripps/archive/speeches/detail/3402> puede encontrarse la transcripción y el video del llamado "discurso del malestar".

82 La historia del discurso de Carter, su contexto político y la reacción que generó aparecen en Mattson (2009).

más tarde se filtró a la prensa. Irónicamente, Carter en ningún momento usó la palabra "malestar", pero sí "confianza" (quince veces). En su mente, una suerte de autoconfianza colectiva era el ingrediente clave en la receta para el éxito de la nación.

Una y otra vez, las personas abrazan la certeza y rechazan la incertidumbre, ya sea en sus propias creencias y recuerdos, en la recomendación de un consejero, en el testimonio de un testigo o en el discurso de un líder durante una crisis. De hecho, le prestamos mucha atención a la confianza –en nosotros mismos, en nuestros líderes y en aquellos que nos rodean–, sobre todo cuando los hechos o el futuro son inciertos. En la década de 1980, el banco de inversiones Drexel Burnham Lambert y su financista estrella, Michael Milken, pudieron catalizar la hostilidad que generó la adquisición de la compañía limitándose a afirmar en una carta que tenían "plena confianza" en que lograrían reunir los fondos necesarios (Kornbluth, 1992; Stewart, 1991: 117, 206). Antes de inventar la bien llamada "carta de la plena confianza", Milken y sus colegas pasaron semanas o meses haciendo arreglos financieros, un trabajo que habría resultado inútil si el acuerdo no prosperaba. Expresar su confianza por anticipado demostró ser algo igual de efectivo –y por supuesto más rápido y económico– una vez que las reputaciones de Drexel y de Milken los precedieron en la batalla.

Según el periodista Bob Woodward (2004: 249), el presidente Bush tenía dudas acerca de si lanzar una invasión a Irak o no, por lo que consultó en forma directa al director de la CIA, George Tenet, acerca de cuán fuerte era la evidencia de que Saddam Hussein poseía armas no convencionales. Tenet dijo: "¡Ninguna duda!". Bush repitió: "George, ¿qué tan seguro estás?", y la respuesta de Tenet fue: "No se preocupe, ¡no hay duda!". Unas semanas después de iniciada la guerra, el vocero de la Casa Blanca, Ari Fleischer (2003) expresó que tenía "suma confianza" en que ya se iban a encontrar las armas de destrucción masiva. Al momento de escribir este libro todavía no han aparecido, y una exhaustiva investigación del gobierno concluyó que no se encontraron porque existían.

¿Por qué la confianza tiene tanto peso para nosotros? ¿Por qué sentimos una inclinación tan irresistible, que a menudo pasa inadvertida, a tomar la confianza externa de una persona como una señal certera de su habilidad, decisión y conocimiento internos? Como hemos visto, los más incompetentes son los que suelen tener un mayor exceso de confianza; sin embargo, igual la utilizamos como indicador de la capacidad.

A veces la verdad no sale a relucir

Imaginemos que nos piden que trabajemos junto a otras tres personas –llamémoslas Jane, Emily y Megan– para resolver complejos problemas de aritmética. No sabemos quién de nuestro grupo es bueno en matemáticas; sólo tenemos nuestro conocimiento (imperfecto) de nuestras propias habilidades. Jane es la primera en sugerir una respuesta al primer problema y Emily interviene con sus propios pensamientos. Megan al principio está callada, pero luego de un momento sale con la respuesta correcta y explica por qué las otras respuestas no lo eran. Esto ocurre varias veces, de manera que se vuelve claro para todos que Megan es buena para resolver problemas de ese tipo. El grupo pasa a respetarla como su líder de hecho y ella tiene un muy buen rendimiento en esa tarea. En un mundo ideal, la dinámica grupal siempre funciona de esta manera: la verdad sale a relucir, todos los miembros contribuyen con sus conocimientos, habilidades y competencias únicos, y la deliberación grupal lleva a tomar las mejores decisiones. Pero la realidad del rendimiento grupal suele ser muy diferente.

En cierta ocasión, Chris entrevistó a un agente de inteligencia del gobierno de los Estados Unidos y lo interrogó sobre los procesos de toma de decisiones grupales. El agente describió un método que solía usar su grupo para llegar a una estimación compartida con respecto a una cantidad desconocida: los miembros caminan alrededor de la sala y cada uno da su propia estimación *en orden decreciente de antigüedad*.[83] Es fácil imaginar la falsa sensación de consenso y confianza que se genera en un grupo cuando una persona tras otra confirma la opinión original del jefe. Aunque cada miembro podría haber dado una opinión independiente, ecuánime e imparcial mediante un voto secreto, las posibilidades de que esto ocurra en la práctica son casi nulas. El proceso mismo de poner a los individuos a deliberar juntos antes de llegar a una conclusión prácticamente garantiza que la decisión *no* sea el producto de opiniones

---

83 Este no es un proceso de toma de decisiones tan inusual como podría pensarse. La Corte Suprema de los Estados Unidos lo utiliza durante las reuniones que siguen a los alegatos orales: el presidente de la Corte expone sus puntos de vista sobre el caso, seguido por otros jueces, de mayor a menor antigüedad. Una ventaja de este proceso es que asegura que todos hablen, y en el caso de los inflexibles jueces federales, que son designados de por vida, es probable que esto sea más beneficioso que perjudicial. Sin embargo, cuando algunos miembros del grupo están claramente subordinados a otros, es una receta para malos resultados. El proceso de toma de decisiones de la Corte Suprema se describe en Rehnquist (1987).

y aportes independientes. Por el contrario, estará influenciada por la dinámica, los conflictos de personalidad y otros factores sociales del grupo que poco tienen que ver con quién sabe qué y por qué lo sabe.

En lugar de producir una mejor comprensión de las habilidades y expresiones más realistas de confianza, los procesos grupales pueden inspirar un sentimiento comparable a la "seguridad en los números" entre los más dubitativos, y disminuir el realismo y aumentar la certeza. Pensamos que esto refleja otra ilusión que la gente posee acerca de la mente: la intuición errónea de que la mejor forma que tiene un grupo de usar las capacidades de sus miembros para resolver un problema es deliberar acerca de la respuesta correcta y llegar a un consenso. Supongamos que estamos trabajando con otras personas y nos han solicitado que estimemos una cantidad desconocida, por ejemplo, cuántos caramelos hay en un gran frasco. Podríamos pensar que el mejor abordaje sería discutir las opciones con los demás hasta coincidir en un número estimado, pero estaríamos equivocados. Hay una estrategia que supera a todas las otras: sin ninguna discusión previa, cada persona escribe su estimación, y luego el grupo simplemente saca un promedio de todas ellas.[84] Le preguntamos a Richard Hackman, profesor de Harvard experto en psicología grupal, si alguna vez había escuchado que un grupo de manera espontánea hubiese decidido usar este procedimiento en lugar de lanzarse en forma inmediata a la discusión y el debate.[85] Nunca había escuchado que sucediese algo así.

Desde luego, en algunos contextos, el exceso de confianza que se genera a partir del consenso grupal es muy valioso. En medio de una batalla militar, los soldados, nerviosos y con poca confianza, pueden tomar fuerzas de sus camaradas y líderes y correr riesgos –incluyendo el riesgo máximo, la propia vida– que no elegirían si tuviesen que decidir solos. Pero la ilusión de confianza puede tener consecuencias trágicas cuando se requiere un análisis y un juicio independientes y de primer nivel. Y, al igual que los individuos, los grupos parecen desconocer por completo que tienen esta tendencia a sobrestimar sus capacidades colectivas.

Cameron Anderson y Gavin Kilduff, de la Haas School of Business de Berkeley, condujeron el experimento de resolución de problemas matemáticos del que hace un momento imaginamos formar parte (Anderson

---

84 James Surowiecki (2004) revisa más de un siglo de trabajo, que se remonta hasta Sir Francis Galton, y muestra que el promedio de estimaciones independientes se acerca más al total real que la vasta mayoría de estimaciones individuales que lo conforman.

85 Conversación entre Chris Chabris y Richard Hackman (2009).

y Kilduff, 2009: 491-503).[86] Formaron grupos de cuatro estudiantes que no se conocían y les pidieron que resolviesen preguntas matemáticas del GMAT, un test estandarizado que se utiliza para la admisión a los cursos de posgrado de Administración de Empresas. Una ventaja de usar problemas matemáticos fue que Anderson y Kilduff podían medir en forma objetiva qué tan bien trabajaba cada miembro mediante la evaluación (a partir de los videos) de cuántas soluciones correctas y cuántas incorrectas había sugerido. Y podían comparar cómo cada participante percibía la competencia matemática de los demás con una medida objetiva de la competencia real de la persona –los puntajes de la sección Matemática del test de admisión universitaria SAT–.

Grabaron todas las interacciones grupales en video y luego las revisaron para determinar quiénes eran los líderes. También les pidieron a observadores externos que lo indicaran, e hicieron una encuesta entre los miembros de cada grupo para establecer quién pensaban que había asumido un rol de liderazgo. Todos identificaron a las mismas personas. La cuestión importante era qué factores les permitían establecer cuál de los cuatro se convertía en su líder. En el ejemplo hipotético que usamos para iniciar este apartado, la verdad salió a la luz y la mejor en matemáticas, Megan, apareció como el miembro del grupo al que se podía acudir.

Como probablemente ya haya anticipado el lector, en el experimento real los líderes no eran los más competentes. Adoptaban ese papel debido a su personalidad más que a su capacidad. Antes de comenzar la tarea, los participantes completaron un breve cuestionario diseñado para medir qué tan "dominantes" tendían a ser. Las personas con personalidad más dominante tendieron a convertirse en líderes. ¿De qué manera se convirtieron en líderes del grupo aunque no fueran buenos en matemática? ¿Intimidaron a los demás para que les obedecieran, gritándoles a los que eran inteligentes pero dóciles? ¿Hicieron campaña para asumir ese rol, persuadiendo a los otros de que eran los mejores en matemática, o al menos los más competentes para organizar el grupo? En absoluto. La respuesta es casi absurda de tan simple: hablaron primero. Para el 94% de los problemas, la respuesta final fue la primera que alguien sugirió, y las personas con personalidad dominante simplemente tienden a hablar primero y a hacerlo con más vehemencia.

---

86 En un segundo experimento, se obtuvieron resultados similares con una tarea grupal más realista y menos definida que consistía en tomar decisiones empresariales simuladas.

De manera que en este experimento, el liderazgo grupal estuvo determinado en gran medida por la confianza. Quienes poseen personalidad dominante tienden a exhibir mayor confianza en sí mismos, y debido a la ilusión de confianza, los otros tienden a confiar en los que hablan con confianza y a seguirlos. Si damos nuestra opinión enseguida y con frecuencia, los demás tomarán nuestra confianza como un indicador de habilidad, aun cuando, en realidad, no seamos mejores que nuestros pares. La ilusión de confianza no deja que la verdad emerja. Únicamente cuando la confianza se pone en relación con la competencia real puede verse en forma clara quién es el más capaz.

El rasgo de confianza

Los psicólogos usan el término "rasgo" para describir una característica general de una persona que influye en su conducta en una amplia variedad de situaciones. En el estudio que realizaron Anderson y Kilduff sobre el liderazgo grupal, se tomó la dominancia como un rasgo; las personas que obtuvieron un puntaje alto en el test de dominancia que utilizaron los investigadores tienden a ejercer control y a asumir lugares de poder en muchas situaciones. De manera similar, si obtenemos un puntaje alto en un test de extraversión, es probable que seamos más sociables que la persona promedio, y nuestra tendencia a acercarnos a los demás y a establecer relaciones con ellos se manifestará la mayoría de las veces. Los rasgos de personalidad no determinan nuestro comportamiento todo el tiempo –muchos otros factores, en especial los referidos a la situación particular en la que nos encontremos, también tienen una gran influencia–. Una persona extravertida que no sabe nada acerca de *Viaje a las estrellas* podría mostrarse más tímida en una convención de ciencia ficción que alguien introvertido que asiste a estos eventos todo el tiempo. Sin embargo, alguien extravertido tenderá más a los vínculos sociales a falta de otros factores situacionales más preponderantes. Por defecto, serán más gregarios que las personas introvertidas.

La confianza propiamente dicha no aparece en la mayoría de las listas de rasgos compiladas por los psicólogos. No es una de las llamadas "cinco grandes" dimensiones, que incluyen ansiedad (neuroticismo), extraversión, apertura a la experiencia, afabilidad y autocontrol o conciencia. Se relaciona con la dominancia, pero no es exactamente eso, y tampoco se suele medir en los estudios de personalidad. Pensamos que las diferencias entre las personas en cuanto a su tendencia a expresar confianza son de suma importancia para comprender cómo toman decisiones e influyen unos en los otros. Entonces, ¿existen esas diferencias? ¿La confianza es un rasgo?

Cuando en inglés se habla de un "hombre-con", un "artista-con" o un "juego-con", "con" es la abreviatura de confianza. El "hombre-confianza" original era un personaje de la década de 1840 llamado William Thompson, que tenía la audacia de acercarse a extraños en las calles de Manhattan para pedirles simplemente que le entregaran sus relojes. Para poner en práctica esta táctica, era necesario que de alguna manera Thompson ganase la confianza de sus elegidos; y aunque parezca sorprendente, podía hacer esto mientras les preguntaba explícitamente: "¿Me tiene la confianza suficiente como para confiarme su reloj hasta mañana?".[87]

Podría decirse que la persona con más confianza en sí misma en la historia fue Frank Abagnale, a quien Leonardo DiCaprio personificó en el filme de Steven Spielberg *Atrápame si puedes*. Abagnale comenzó temprano: cuando aún estaba en el colegio secundario, se hizo pasar con éxito por un profesor de secundaria e hizo que su padre, engañado, pagara 3400 dólares. Cuando tenía 18 años, haciéndose pasar por un piloto de Pan Am, logró que la aerolínea le permitiera volar más de un millón de millas en "vuelos de traslado" –es decir, viajando en asientos vacíos o como invitado en la cabina–. Con gran habilidad falsificó cheques valuados en millones de dólares. Cuando por fin fue arrestado en Francia, a los 21 años, tenía pedido de captura en doce países. Luego de ser juzgado y cumplir condena en Francia y Suecia, fue extraditado a los Estados Unidos, donde se escapó varias veces de prisión y eludió a las autoridades, en una ocasión haciéndose pasar por investigador secreto que estaba estudiando las denuncias de los prisioneros por las malas condiciones carcelarias. Finalmente fue recapturado y juzgado. Como parte de un acuerdo con los fiscales, aceptó ayudar al FBI en futuras investigaciones de otros fraudes a cambio de su libertad bajo palabra. La diversidad, desenvoltura y precocidad de sus juegos de confianza son testimonio de su habilidad para exhibir los niveles de confianza que las personas esperan ver únicamente en quienes dicen la verdad.[88]

Chris y algunos de sus colegas se preguntaron si la confianza es un rasgo estable, como lo sugieren las carreras de Abagnale y Thompson

---

[87] La información sobre William Thompson proviene de Wikipedia (Thompson, 2009) y de Thompson (1849).

[88] La historia de Frank Abagnale ha sido tomada de Wikipedia (Abagnale, 2009) y de sus memorias, Abagnale y Redding (1980).

(Chabris, Schuldt y Woolley, 2006), y para averiguarlo realizaron un experimento simple. Se les pidió a algunos sujetos que respondiesen una serie de preguntas por verdadero o falso, tales como "El juicio por asesinato realizado contra O. J. Simpson finalizó en 1993" (falso, finalizó en 1995), y que expresaran su confianza en cada respuesta como un porcentaje (entre el 50% y el 100%). En esta prueba, la mayoría de las personas expresan un considerable exceso de confianza: aunque obtienen alrededor del 60% de las respuestas correctas, su confianza promedio es de casi el 75%.

El elemento crítico en el diseño de este experimento fue la creación de dos tests que, si bien tenían el mismo grado de dificultad, incluían preguntas completamente diferentes. Cada sujeto completaba una versión del test y luego, varias semanas más tarde, respondía la otra. Notablemente, sólo sabiendo qué tanta confianza tenía alguien en el primer test era posible predecir cuánta tendría en el segundo. De las personas que se ubicaron en la mitad superior en cuanto a confianza en el primero, el 90% estuvo en la mitad superior en el segundo. Sin embargo, la confianza no predice la precisión; aquellos con mayor confianza no fueron más precisos que los demás. La confianza tampoco tiene relación con la inteligencia; otros experimentos han demostrado que aquella es un rasgo general: quienes poseen un alto grado de confianza en sus habilidades en un área, como la percepción visual, tienden también a tener mucha confianza en sus competencias en otras, como la memoria.[89]

En suma, la confianza parece ser una cualidad regular, que varía según las personas y que nada tiene que ver con el conocimiento o la capacidad mental subyacentes. Lo que sí parece influir en ella son nuestros genes. Según un estudio reciente realizado en Suecia por un grupo de economistas, los gemelos son más parecidos entre sí que los mellizos en cuanto a la confianza que tienen en sus propias capacidades.[90] Puesto que los

---

89 En un experimento con 61 sujetos, los niveles de confianza entre las dos versiones del test tuvieron una correlación de $r = 0,80$, pero no así la precisión de $r = 0,05$. En otro con 72 sujetos, la confianza sólo tuvo una correlación de $r = 0,12$, con puntajes en una versión de 12 ítems del test de Raven de Matrices Progresivas, una medición no verbal "de oro" para calcular la capacidad cognitiva general. Las investigaciones anteriores realizadas por otros autores indican que la confianza es un rasgo general de diversas áreas. Véanse Blais, Thompson y Baranski (2005: 1707-1713), y Schraw (1997: 135-146).

90 Cesarini y sus colegas hallaron que las distinciones genéticas explican entre el 16% y el 34% de las diferencias entre individuos en cuanto a la confianza

gemelos en esencia comparten los mismos genes y los mellizos no son genéticamente más similares que cualquier par de hermanos, la confianza debe de tener al menos alguna base genética. Nuestra confianza no está del todo determinada por nuestra constitución genética, pero no es por completo independiente de ella. Sin ir más lejos, el padre de Frank Abagnale también era un "hombre-con": perdió su casa en un fraude impositivo fallido.

Por qué David se enfrentó a Goliat

En agosto de 2008, la pequeña nación de Georgia provocó un conflicto militar con su vecino del norte, Rusia, a causa de dos provincias cuyos movimientos separatistas eran alentados y apoyados por el gobierno ruso. El ejército de Georgia fue arrasado luego de menos de una semana de combate, y Rusia tomó el control de las zonas de conflicto. Todo lo que Georgia obtuvo de esa guerra fue cierta solidaridad de los gobiernos occidentales. Increíblemente, sus líderes creían de verdad que sus fuerzas no tardarían en tomar los puntos clave de Ossetia del Sur y Abkhazia, y que una vez que se atrincheraran podrían resistir con éxito los contraataques de Rusia. Según Cooper, Chivers y Levy (2008):

> Varios oficiales georgianos dijeron esa noche que tomar Ossetia del Sur sería fácil en términos militares. […] Algunos oficiales del gobierno afirmaron que los militares georgianos habían elaborado "un concepto de operaciones" para una crisis en Ossetia del Sur que requería que sus unidades del ejército arrasaran con la región y establecieran rápidamente un control tan firme como para que la respuesta de Rusia pudiera ser anulada.[91]

---

excesiva. Estudiaron 460 pares de mellizos y gemelos del Registro Sueco de Mellizos y Gemelos y les solicitaron que estimaran su capacidad cognitiva en relación con otros sujetos que participaban del estudio. La distancia entre sus estimaciones y sus rangos reales en un test cognitivo se tomó como medida de su exceso de confianza (Cesarini, Johannesson, Lichtenstein y Wallace, 2009).

91 Un resumen detallado de la guerra entre Rusia y Georgia puede hallarse en Guerra Rusia-Georgia (2008).

Los georgianos estaban penosamente confiados en que entrarían en guerra con la segunda potencia militar del mundo. En su libro *Overconfidence and War*, el politólogo Dominic Johnson, de la Princeton University, analiza una serie de puntos de inflexión militares, desde la Primera Guerra Mundial hasta Vietnam e Irak, y aunque no usa nuestra terminología, señala que casi cualquier país que inicie una guerra en forma voluntaria y luego la pierda debe de haber caído presa de la ilusión de confianza, dado que la negociación siempre es una opción (Johnson, 2004). Cuando Mijaíl Saakashvili fue elegido presidente de Georgia en 2004, contaba sólo con 36 años. Llenó el gobierno de ministros leales que tenían más o menos su edad y carecían de toda experiencia militar, pero simpatizaban con los puntos de vista de su líder en cuanto a la importancia de recuperar las regiones disidentes de la influencia rusa. A lo largo de los cuatro años siguientes, lograron convencerse de que era una buena idea luchar contra un ejército que superaba en número al suyo por 25 a 1. No es difícil imaginar cómo un grupo de oficiales de gobierno con ideas similares pudieron adoptar con gran confianza una serie de opiniones que en forma individual ninguno de ellos sostenía y sumarlas, deliberando entre ellos y reforzando las afirmaciones públicas de los otros, para llegar a una conclusión que implicaba un alto grado de confianza.[92]

Chris y sus colegas de Harvard trataron de capturar este proceso de inflación de la confianza en un experimento. Comenzaron dando a 700 personas uno de los tests de verdadero o falso que acabamos de describir. Como sucedió en los otros casos, las personas pensaron que sabían más de lo que en verdad sabían, y llegaron a un promedio del 70% de confianza en sus respuestas, aunque en sus puntajes reales obtuvieron sólo el 54% de respuestas correctas. A partir de este test, dividieron a los encuestados en equipos con dos miembros, distribuyéndolos de tres formas diferentes: un grupo con miembros que poseían

---

92 Un exceso de confianza colectiva similar podría haber contribuido a la decisión de invadir Irak en 2003. Cuando más tarde Richard Pearle, presidente del Consejo de Políticas de Defensa, fue entrevistado en PBS WideAngle, señaló el fuerte consenso que existía en la administración Bush en cuanto a la necesidad de derrocar a Saddam Hussein: "No es cierto que el presidente tenga el único voto que cuenta, pero su pulgar en la escala no es insignificante. Y francamente no creo que encuentre mucha resistencia. Creo que otros oficiales de primer rango de la administración han llegado a la misma conclusión que él".

un alto grado de confianza, otro con miembros con un bajo grado de confianza y, por último, un grupo mixto. Cada par visitó entonces el laboratorio, donde trabajaron juntos en el segundo test, que planteaba la misma dificultad que el anterior pero con preguntas diferentes. Los miembros de cada grupo podían intercambiar sus ideas y deliberar sobre la mejor respuesta, y debían juzgar juntos qué probabilidades tenían de estar en lo cierto.

Nuestra intuición nos dice que los grupos deberían ser más precisos y tener menos exceso de confianza que los individuos aislados. Cuando dos personas tienen respuestas diferentes frente a una pregunta, una de ellas debe de estar equivocada. Tales discrepancias deberían conducir a dos cambios. Primero, incitarlos a continuar discutiendo, lo que a veces deriva en respuestas más precisas. Segundo, darle una señal a cada persona de que su certeza en su propia opinión puede ser demasiado elevada. De manera que la certeza colectiva tendría que ser menor cuando existen discrepancias.

Sin embargo, al menos para este tipo de tarea, tener dos cabezas no fue mejor que tener una sola: por un lado, los grupos no obtuvieron un mejor rendimiento que los individuos en la resolución de las preguntas del test. Pero, además, formar parte de un grupo infló a los sujetos. Aunque no fueron más precisos, ¡tuvieron más confianza![93] Y esta aumentó más en el caso de las parejas formadas por dos personas con un bajo grado de confianza. Los miembros de este tipo de grupo al parecer se reforzaron entre sí, lo que condujo a un aumento del 11% en su confianza, a pesar de que su rendimiento no mejoró. Este experimento ilustra por qué la confiada decisión del gobierno georgiano de entrar en guerra con Rusia no dependió necesariamente de las creencias, en exceso confiadas, de ninguno de los individuos. Quienes tomaron esas decisiones podrían haber tenido poca confianza, tal vez tan poca que no habrían dado la orden por sí mismos. En un grupo, sin embargo, su confianza podría haberse inflado hasta el punto de que lo que en realidad eran acciones riesgosas e inciertas pareció tener una alta probabilidad de éxito.

---

93 La confianza promedio de los sujetos individuales fue del 70% y la de los grupos fue del 74%, un aumento pequeño pero estadísticamente significativo. En este experimento participaron 36 grupos de 2 personas, 12 de cada una de las tres condiciones (Chabris, Schuldt y Woolley 2006).

El problema no reside en nuestra confianza, sino en nuestro amor por ella

En *House*, la serie televisiva que transmite Fox, el doctor House y sus colegas encuentran un caso extraño tras otro, y los resuelven todos hacia el final de cada episodio, luego de poner a prueba varias pistas falsas. House, al igual que muchos otros médicos de la televisión, es despóticamente soberbio y altanero. Tiene una capacidad misteriosa para diagnosticar enfermedades raras que otros no logran ver. Aunque el personaje es ficticio, el doctor Kim Keating desempeña el mismo papel en su trabajo en el Hospital de Niños de St. Louis. Como House, resuelve los casos que nadie puede solucionar. Pero a diferencia del personaje, es sociable, amigable, se ríe con frecuencia y, cuando no sabe la respuesta, se muestra dispuesto a admitirlo. Keating dirige el servicio de infantes y niños con problemas de diagnóstico (a menudo imposibles de diagnosticar) y suele ver pacientes únicamente luego de que han sido atendidos por muchos otros médicos y especialistas y de que se han sometido a incontables exámenes. Se acude a él como último recurso –alguien capaz de encontrar aquello que todos los demás pasaron por alto–.

Como podría esperarse, tiene unos antecedentes académicos impresionantes. Título de grado y posgrado de Harvard, especialidad en pediatría, atención pediátrica crítica y gastroenterología pediátrica; además, hizo una maestría en epidemiología y bioestadística en Londres y estuvo durante un tiempo en Vietnam, donde atendió a civiles durante la guerra e incluso diagnosticó a un paciente con peste bubónica. Recién luego de acumular décadas de experiencia en un amplio espectro de subespecialidades médicas, comenzó la clínica diagnóstica que ha estado practicando desde hace diez años. Ahora que ha cumplido 70 años, le dijo a Dan que era hora de que dejara de hacer todas esas cosas. "El centro de diagnóstico está bien porque tengo la suficiente experiencia con toda una serie de problemas y la confianza que da practicar medicina clínica de manera intensa con los pacientes."

Reconoce el papel de la confianza en medicina: "Los médicos necesitan tener cierto nivel de confianza para poder interactuar con pacientes y con todos los demás, las enfermeras [...]. En la sala de emergencias, cuando todo ocurre al mismo tiempo y el paciente se encuentra en estado de shock, quiero escuchar una voz que sea firme y calma". Los pacientes confían en los médicos, tal vez más de lo que deberían, y esa confianza refuerza aquella que los médicos ya tienen. Como dice Keating:

Cuando las personas van al médico, a menudo creen que él tiene la capacidad de tomar las decisiones correctas para ellos. Eso va más allá de la realidad científica. Confían en que nuestra decisión es más importante que la de ellos. Eso es un problema, porque alienta a los médicos a no ser honestos con lo que saben y lo que no saben. Nuestro ego hace que la gente crea que sabemos.

En medicina, el ciclo de la confianza se autoperpetúa. Los médicos aprenden a hablar con confianza como parte de su proceso de formación (por supuesto, también puede existir una tendencia a que aquellas personas que de por sí confían en sí mismas elijan la carrera de medicina). Entonces, los pacientes tratan a los médicos como si fueran sacerdotes con una visión divina y no como a individuos que podrían no saber tanto como profesan. Esta adulación refuerza a los médicos, y los lleva a adquirir más confianza. El peligro sobreviene cuando la confianza supera el conocimiento y la capacidad. En palabras de Keating: "La ecuanimidad es algo a lo que tendríamos que aspirar, pero habría que llegar allí adquiriendo habilidades, y siempre debería haber un componente de 'no es seguro', de manera de poder continuar aprendiendo. Todavía hay mucho lugar para la humildad en nuestra profesión". Los médicos deben poder escuchar las evidencias, admitir lo que no saben y aprender de sus pacientes. No todos pueden superar su exceso de confianza.

El profesor de Psicología Seth Roberts, de Berkeley, describió la experiencia de que su médica le comunicara que tenía una pequeña hernia y debía ser operado. Roberts le preguntó a la cirujana si el riesgo de los efectos secundarios de la anestesia y la cirugía, así como los costos de tiempo y dinero, justificaban los beneficios de corregir un "problema" que en realidad no le molestaba en absoluto. Ella le respondió que sí, que había pruebas clínicas que demostraban el valor de la cirugía que podía encontrar fácilmente en internet. Roberts no pudo hallarlas, ni tampoco su madre, ex bibliotecaria de una facultad de medicina. La cirujana insistió en que los estudios existían, y prometió buscarlos y enviárselos. Pero nunca llegaron. No tenemos ninguna opinión especial acerca de si la cirugía era una buena opción para él –podría haberlo sido o no–. Nuestro interés se centra en la confianza extrema de la cirujana en que su decisión no sólo era correcta, sino que estaba justificada por pruebas clínicas. Aun luego de enterarse de que un investigador médico experimentado no pudo encontrar esa evidencia, continuó insistiendo en su existencia (véase "The Case of the Missing Evidence", 2008).

La certeza frente a evidencias contrapuestas tal vez sea la mejor indicación de que... ¡necesitamos otro médico! Los mejores médicos muestran un espectro de seguridad en sí mismos –cuando no saben algo lo admiten, y muestran más confianza cuando sí saben–. Es probable que un profesional que se muestre dispuesto a consultar a quienes saben más que él sea mejor que uno que piensa que puede manejar cualquier situación. Cuando Dan se entrevistó con potenciales pediatras para su hijo, una de las primeras cosas que mencionó fue que su padre era pediatra. Luego calibró las reacciones: ¿parecían sentirse amenazados por eso? ¿Expresaron disposición a consultar con otros médicos, incluido el padre de . Dan? El doctor Keating aconseja buscar la siguiente pista en un médico: "Tienen que poder decir 'No sé', y decirlo en serio".

Adoptar esta estrategia para evaluar a los médicos requiere que seamos conscientes de nuestra tendencia a suponer que la seguridad es sinónimo de conocimiento –a suponer que los médicos que expresan certeza en su saber son mejores que quienes dudan–. Un estudio conducido en 1986 en la Universidad de Rochester demostró el poder de esa suposición errónea (Johnson, Levenkron, Sackman y Manchester, 1988: 144-149). Los investigadores les pidieron a los pacientes que estaban en una sala de espera que mirasen un video de una consulta médica y que calificasen su grado de satisfacción con el médico. El paciente tenía un soplo cardiaco y su dentista le había dicho que debería hablar con un médico acerca de la posibilidad de tomar antibióticos antes de que se le practicase una cirugía oral (esta es una práctica común para evitar infecciones en la válvula cardiaca en personas con afecciones del corazón). El médico confeccionaba una historia clínica, hacía un examen clínico, confirmaba la existencia de un problema cardiaco y le recetaba antibióticos. En algunas versiones, el profesional no expresaba ninguna duda acerca del diagnóstico o el tratamiento. En otras, reconocía tener algunas dudas sobre la necesidad de que tomase antibióticos, pero igualmente se los recetaba. En uno de los videos, el médico sólo decía: "No tiene nada que perder", y seguía adelante con la prescripción. En otro, consultaba un libro de referencia antes de hacer la receta. Los pacientes que miraron estos videos consideraron que los médicos que mostraban mayor confianza eran más creíbles, y al que miró en un libro le dieron la calificación más baja. Al menos en medicina, es evidente que de un experto se espera que tenga todos los conocimientos necesarios almacenados en la memoria; consultar un libro se considera aún peor que decir efectivamente "¡qué diablos!" y seguir adelante.

Recuérdese el encuentro de Chris con la médica que le diagnosticó y le trató la enfermedad de Lyme. Ella habría recibido la puntuación más baja de los sujetos del estudio del video, y en ese momento, es probable que Chris también la hubiera calificado así. Pero agarró la receta, tomó todos los antibióticos indicados y se curó enseguida. Viéndolo retrospectivamente, se comprueba que la médica tuvo la conciencia de conocer los límites de su conocimiento y la suficiente idoneidad como para buscar información en lugar de seguir adelante con una decisión en un falso show de arrogancia.

Es posible que los médicos que expresan dudas sean más conscientes que aquellos que no lo hacen, pero las personas raras veces advierten ese signo de verdadera competencia en un experto. En cambio, se presta atención a las apariencias y a la personalidad. Una serie de estudios muestra que los pacientes suelen confiar más en los médicos que están vestidos de manera formal y usan un delantal blanco que en quienes se visten de modo más informal (Cha, Hecht, Nelson y Hopkins, 2004: 1484-1488; McKinstry y Wang, 1991: 257-278; Rehman, Nietert, Cope y Kilpatrick, 2005: 1279-1286, y Treakle, Thom, Furuno, Strauss, Harris y Perencevich, 2009: 101-105). Sin embargo, el peor médico es tan capaz de ponerse un delantal como el mejor, razón por la cual lo que llevan puesto no debería tener ninguna influencia en nuestra estimación de sus capacidades.

Las publicaciones de autoayuda se centran exhaustivamente en la importancia de mostrar confianza. Y con toda razón: persuadiremos más a la gente y, en consecuencia, tendremos más éxito (al menos en el corto plazo) si presentamos nuestras ideas con seguridad. Si nuestro objetivo es convencer a los pacientes de que acepten nuestros diagnósticos sin cuestionarnos, es del todo necesario que nos pongamos un delantal. Simular confianza puede ser beneficioso (aunque, por empezar, es casi seguro que quienes pueden fingirla de modo convincente sean personas de por sí con bastante confianza). Por desgracia, si todos toman el consejo de los libros de autoayuda y actúan de ese modo, el valor ya de por sí limitado que tiene la confianza como señal se erosionará más todavía, lo que hará que la ilusión de confianza sea aún más peligrosa. Estaremos confiando en extremo en algo que no tiene validez predictiva y no en algo que en el presente, al menos a veces, mejora nuestros juicios. Aumentar nuestra seguridad en nosotros mismos podría ayudar a cada uno, pero nos hará daño a todos.

Queda en pie una pregunta: ¿por qué tendemos a creer en los pronunciamientos de los médicos que muestran confianza más que en aquellos de los que dudan? Una razón es el autoconocimiento. Cuando sabemos más sobre un tema, tendemos a confiar más en nuestros propios juicios sobre él. (Como se mencionó antes, nuestra confianza aumenta cuando adquirimos habilidades, pero nuestro *exceso de confianza* disminuye.) Si conocemos bien a alguien, podemos determinar si su confianza es alta o baja *para sí mismo*. Si conocemos el rango de confianza que alguien muestra, podemos usarlo como un predictor razonable de sus conocimientos; igual que nosotros, será mayor cuanto más sepa sobre un tema y menor cuanto menos sepa. El problema, sin embargo, es que la confianza es también un rasgo de la personalidad, lo que significa que el nivel básico de esta que la gente expresa puede variar muchísimo de una persona a otra. Si no sabemos cuánta confianza expresa alguien en diversas situaciones, no tenemos forma de determinar si aquella que presenta en un momento particular refleja su conocimiento o su personalidad.

Si bien todos encontramos cientos o incluso miles de personas a las que no conocemos bien, podemos observar qué tanta confianza expresan —y extraer conclusiones de ella—. En relación con las personas a las que conocemos poco, la confianza es una señal débil. Pero en una sociedad a una escala más pequeña, más comunal, como aquellas en las que evolucionaron nuestros cerebros, la confianza podría ser un indicio mucho más fiable del conocimiento y las capacidades de los demás. Cuando grupos o familias muy cerrados pasan juntos todas sus vidas, de hecho llegan a conocer a casi todos aquellos que conforman su grupo de interacción, y pueden ajustar las diferencias básicas en cuanto a la confianza al interpretar sus conductas. En estas condiciones, es por entero razonable basarse en la confianza: si nuestro hermano muestra más seguridad en sí mismo en diversas situaciones que nuestra hermana, sabemos que debemos descontar la arrogancia de nuestro hermano cuando evaluemos su verdadera competencia. Lamentablemente, este mecanismo, que de otro modo sería útil, se convierte en una ilusión cotidiana en potencia catastrófica cuando tratamos con personas a las que apenas conocemos —como los testigos que prestan declaración en un tribunal—.

La confianza de ella y las convicciones de él

En julio de 1984, Jennifer Thompson tenía 22 años y estudiaba en el Elon College en Carolina del Norte. Vivía en un complejo de departamentos en Burlington, una ciudad a unos ocho kilómetros de la universidad. Una noche, a eso de las tres de la mañana, se despertó sobresaltada por un ruido y vio que en su habitación había un hombre negro. Él saltó sobre ella y la inmovilizó tomándola de los brazos. Jennifer gritó.

El desconocido sacó un cuchillo, lo puso sobre su cuello y le dijo que si seguía haciendo ruido la mataría.[94]

Al principio, Thompson pensó que podría tratarse de una broma armada por una amiga (una amiga con un sentido del humor espantoso). Pero advirtió que no era así cuando vio el rostro del intruso. Le dijo que podía llevarse lo que quisiera de su departamento. El hombre le arrancó la ropa interior, empujó sus piernas hacia abajo y le practicó sexo oral. Thompson recordó más tarde: "En ese punto me di cuenta de que me iba a violar. Y no sabía si eso era todo, si me iba a matar, si me iba a lastimar, y decidí que lo que tenía que hacer era ser más astuta que él". El ataque continuó durante media hora y, durante ese tiempo, Thompson iba encendiendo las luces para poder verlo mejor. Cada vez que lo hacía, él le ordenaba que las apagase inmediatamente. El violador encendió el estéreo y una luz azul iluminó su rostro. En forma gradual, Thompson se formó una imagen de cómo era. "Tuve el tiempo suficiente para pensar: de acuerdo, su nariz tiene tal aspecto, su remera es azul marino, no negra."

En cierto momento trató de besarla y ella le dijo que "se sentiría mucho más cómoda" si él sacara su cuchillo del departamento. Sorprendentemente, él lo hizo. Entonces ella le pidió que le permitiese traer un trago de la cocina. Una vez allí, vio la puerta negra abierta e imaginó que el violador debió de haber entrado en el departamento por ahí. Corrió hacia afuera y encontró a un vecino –un profesor de Elon que la reconoció por haberla visto otras veces en el campus–, que la dejó ingresar en su casa. Ella se desmayó y la llevaron al hospital.

Entretanto, a menos de un kilómetro, tuvo lugar otra violación. El atacante apareció en la habitación de la víctima, le acarició los senos y se retiró por un momento antes de regresar para violarla. La víctima trató de pedir ayuda por teléfono, pero la línea estaba cortada (como en la casa de Thompson). El atacante pasó nada menos que treinta minutos en el departamento y se fue por la puerta principal. La policía no tardó en inferir que el mismo hombre había cometido ambas violaciones.

Unas pocas horas después del hecho, Jennifer Thompson se lo describió a un policía dibujante para que hiciese un identikit. El detective Mike

---

94 La información sobre el caso de violación a Jennifer Thompson está basada fundamentalmente en la sentencia del caso y en las siguientes fuentes: Doyle (2005); un episodio de la serie de PBS (1997); un libro de memorias (Thompson-Cannino, Cotton y Torneo, 2009) y un artículo de Jennifer Thompson (2000). Las citas textuales también provienen de estas fuentes.

Gauldin, quien investigaba el caso, dijo más tarde que "tenía mucha confianza en la capacidad de Thompson para identificar a su atacante". Según el boletín emitido por la policía, el sospechoso era "un masculino negro de contextura delgada, de alrededor de 1,80 de alto, de unos 77 u 80 kilos [...] de cabello corto y un bigote fino". Luego de dar a conocer el identikit, Gauldin recibió la indicación de que Ronald Cotton, que trabajaba en un restaurante de pescados cercano, se parecía a la persona del dibujo. Thompson escogió rápidamente una fotografía de Cotton de entre varias otras que incluían a otros cinco sospechosos, todos negros, mencionados por informantes. Recién entonces la policía le dijo que Cotton tenía una condena anterior por intento de violación. También lo habían juzgado por irrumpir en casas en forma violenta para robar y por haber manoseado a las camareras de su lugar de trabajo y hacerles comentarios inapropiados. Más tarde, Thompson lo identificó en una rueda de identificación "en vivo", en la que los sospechosos también pronunciaron las palabras que ella recordaba que había dicho su atacante. Ronald Cotton fue arrestado y encarcelado mientras esperaba su juicio.

Durante el proceso, que tuvo lugar en enero de 1985, no se presentó ninguna evidencia física definitoria, ni tampoco se mencionó que la víctima de la otra violación ocurrida esa noche no pudo identificarlo. El caso se resolvió sobre la base del contraste entre la coartada precaria e inconsistente de Cotton y la identificación confiada y consistente de Thompson, desde la serie de fotos hasta la declaración en el tribunal, pasando por la rueda de identificación. Thompson demostró ser una testigo convincente: le dijo al jurado que, durante la violación, había tenido la presencia de ánimo para centrar sus esfuerzos en memorizar "cada detalle del rostro del violador" con el fin de asegurarse de que luego fuese atrapado: "Jennifer, ¿está absolutamente segura de que Ronald Junior Cotton es el hombre?", preguntó el fiscal. "Sí", respondió ella. Después de cuatro horas de deliberación, el jurado terminó condenándolo. Fue sentenciado a cadena perpetua más cincuenta años en prisión.

Dos años más tarde, Cotton tuvo un nuevo juicio luego de que otro prisionero, llamado Bobby Poole, les dijera a otros presidiarios que había sido *él*, y no Cotton, quien había violado a Jennifer Thompson. Cotton y Poole eran parecidos, hasta tal punto que algunos carceleros solían confundirlos. Cotton embaucó a Poole para que se sacara una fotografía junto a él y se la envió a su abogado con una carta en la que afirmaba que Poole era el verdadero violador. Pero en el tribunal, Thompson miró a Bobby Poole y dijo: "Nunca lo vi en mi vida. No tengo idea de quién es". Es difícil imaginar una declaración más categórica –y confiada–. El jurado quedó convencido, y volvió a enviar a Cotton a prisión, esta vez por ambas violaciones.

Con el tiempo, Thompson logró dejar todo el asunto atrás. En 1995, diez años después del primer juicio, Mike Gauldin y el fiscal de distrito se pusieron otra vez en contacto con ella y le dijeron que los abogados de Cotton habían solicitado una prueba de ADN para determinar si había sido condenado erróneamente. El ADN obtenido del cuerpo de ella en el hospital sería comparado con muestras nuevas provistas por Ronald Cotton, Bobby Poole y la propia Thompson. Ella colaboró con entusiasmo, convencida de que la prueba "me permitiría seguir adelante de una vez por todas". Pero el análisis demostró que Thompson, a pesar de la confianza interna y externa en su memoria, había estado equivocada todo el tiempo. Cotton había tenido razón al reclamar su inocencia, al igual que el charlatán de la cárcel Poole, cuyo ADN coincidió con el que había dejado el violador.

Thompson aceptó la inocencia de Cotton, pero la atormentaba la culpa que sentía por haberle quitado su libertad. Más tarde escribió que "durante tantos años, los policías y fiscales me dijeron que yo era 'la mejor testigo' que jamás hubiera subido al estrado; yo era 'un libro de texto'". Los jurados creen en los testigos que muestran confianza, y los investigadores y fiscales lo saben. La Corte Suprema de los Estados Unidos declaró que "el nivel de certeza del testigo" había sido un factor importante en un caso de 1972 en el que una víctima había expresado en el tribunal no tener "ninguna duda" de que había podido reconocer a su violador (Neil *versus* Biggers, 1972). En cambio, la mayoría de los psicólogos que testifican como peritos respecto de la memoria de los testigos afirma que "la confianza de un testigo *no* es un buen predictor de su exactitud para el reconocimiento".[95] De hecho, los reconocimientos erróneos de testigos y su presentación confiada ante el jurado son la principal causa de más del 75% de las condenas injustas que luego son revocadas con la evidencia que surge del análisis de ADN (Innocence Project, 2009).

En una demostración contundente del grado en el cual la confianza influye en los jurados, el psicólogo Gary Wells y sus colegas condujeron un complejo experimento que simulaba un proceso judicial penal completo, desde la comisión de un delito con un testigo observando

---

95 Kassin y otros colegas encuestaron a 63 psicólogos peritos y hallaron que 46 decían que la evidencia para esta afirmación era o "muy" o "generalmente" confiable (Kassin, Ellsworth y Smith, 1989: 1089-1098).

hasta el veredicto final del jurado. En primer lugar, los investigadores escenificaron un hurto para cada uno de los 108 sujetos que componían la muestra: un actor simulaba robar una calculadora de la sala en la que cada sujeto estaba completando unos formularios (Lindsay, Wells y Rumpel, 1981: 66, 79-89). Wells modificó la cantidad de tiempo que el perpetrador permanecía en la sala, la cantidad de cosas que le decía al sujeto y si llevaba un sombrero puesto (lo que hacía que el rostro fuera menos visible) o no. Algo después de que el "criminal" salía de la sala, el experimentador ingresaba y le pedía al sujeto que seleccionase al culpable en una rueda de reconocimiento fotográfica y que calificase su grado de confianza en la selección. Los que habían visto al delincuente un breve tiempo tenían más del doble de probabilidades de hacer una selección incorrecta que aquellos que lo habían visto durante más tiempo. Sin embargo, se tenían casi tanta confianza como estos últimos.

La parte más interesante de este experimento no fue el hallazgo del exceso de confianza, que ya había sido demostrado con anterioridad. Luego de que hubieran seleccionado a una persona en la rueda de reconocimiento y juzgado su grado de confianza, un experimentador que no tenía información sobre qué elección habían hecho o qué grado de confianza tenían los interrogaba. Los videos de estos interrogatorios eran mostrados a un nuevo grupo de sujetos –los "jurados"–, a quienes se les solicitaba que determinasen si el testigo había hecho un reconocimiento acertado. Estos confiaron en las selecciones de los testigos que manifestaban un alto grado de confianza el 77% de las veces y en los que se mostraban menos confiados el 59% de las veces. Lo más importante es que estuvieron desproporcionadamente influenciados por un testigo con un alto grado de confianza, quien, en realidad, no había tenido buenas condiciones de visibilidad al presenciar la escena (apenas un breve vistazo de un perpetrador que llevaba puesto un sombrero). Es decir que, cuando los testigos contaban con la mínima información para hacer sus afirmaciones, la confianza tuvo un efecto sumamente perjudicial sobre las determinaciones de los jurados.

En los juicios a Ronald Cotton, los jurados se basaron en la confianza como una forma de distinguir a un testigo certero de uno que no lo es. Un grupo de científicos convocado por Siegfried Sporer, un psicólogo de la Universidad de Giessen, Alemania, revisó todos los estudios realizados sobre la identificación de los sospechosos en las ruedas de reconocimiento –un paso crucial en la investigación de la violación de Thompson que involucró a Cotton–. Varios de estos estudios no mostraron ninguna relación entre la precisión de los testigos y el nivel de confianza que expresaron, pero otros hallaron que la mayor confianza se asocia con una mayor precisión. Considerando todos los estudios relevantes, hallaron que, en promedio, los testigos que muestran un alto grado de confianza son precisos el 70% de las veces, mientras que los que presentan uno bajo lo son sólo el 30% (Sporer, Penrod, Read y Cutler, 1995: 315-327).[96] Así, si ninguno de los demás factores cambia, un testigo con un alto grado de confianza tiene mayores posibilidades –muchas más– de ser certero que uno con uno bajo.

Pero de aquí surgen dos problemas. Primero, el nivel de confianza que expresan los testigos depende tanto de si son confiados en general como de si son precisos en una situación particular. Si los jurados observan la confianza de un testigo en una amplia variedad de situaciones, podrían juzgar mejor si su testimonio estuvo marcado por un grado inusual de confianza. A falta de información acerca de cómo alguien actúa habitualmente, tendemos a confiar en las personas que muestran más confianza. La declaración de un testigo de este tipo tiene tanta influencia, que el 37% de los entrevistados en nuestra encuesta nacional coincidió en que "el testimonio de un testigo confiado debería ser evidencia suficiente para condenar a un acusado de un delito".

Lo segundo, y más importante, es que si bien una mayor confianza se asocia con una mayor precisión, la asociación no es *perfecta*. Los testigos con un alto grado de seguridad hacen una identificación acertada el 70% de las veces, lo que significa que se equivocan el otro 30%; una condena penal basada exclusivamente en la identificación de un testigo con un alto grado de confianza tiene el 30% de chances de ser errónea. Como señalaron el experto en testimonios de testigos oculares Gary Wells y sus colegas de la Iowa State University, "podemos esperar encontrar un testigo con mucha confianza que se equivoca (o un testigo con poca confianza que no se equivoca) casi tantas veces como a una mujer alta (o a un hombre bajo)" (Wells, Olson y Charman, 2002: 151-154). Esto debería llevarnos a cuestionar los veredictos que se basan sólo en los recuerdos de los testigos oculares, sin importar con qué grado de confianza los presenten en el tribunal.

96 Este grupo comunica en los estudios una correlación promedio de $r = 0,41$ entre la confianza de los testigos y la precisión en las tareas simuladas de identificación de personas en ruedas de reconocimiento (cuando el "testigo" elige a alguien, que es lo que hizo Jennifer Thompson, y cuando no elige a nadie, es decir, afirma que el perpetrador no está en la rueda).

El de Ronald Cotton suele presentarse como un caso de reconocimiento erróneo por parte del testigo debido a la falibilidad de la memoria. Lo es. Pero si la ilusión de confianza no existiera, las autoridades y los jurados no les habrían conferido a las identificaciones y los recuerdos de Thompson el peso desmesurado que les dieron. Habrían reconocido que su falta de duda de todos modos dejaba mucho margen para el error, y que la evidencia física e incluso circunstancial es un sostén necesario para los testimonios de los testigos oculares –no importa qué tan elocuentes, persuasivos y confiados sean–.[97] Esta ilusión de confianza oculta todo esto y, a menudo, con consecuencias catastróficas.

Para Ronald Cotton, supuso once años de prisión por delitos que no había cometido (y bien podría haber sido su vida entera). En su segundo juicio, sobre la base del nuevo testimonio de la segunda víctima, fue condenado por las dos violaciones perpetradas en esa noche de julio. Más tarde, sus abogados quisieron hacer una prueba de ADN para compararla con las muestras de cada escena del crimen, pero el material de la segunda violación se había deteriorado demasiado. Si las muestras tomadas a Jennifer Thompson no hubiesen podido utilizarse –o hubiesen desaparecido–, no habría habido forma de probar la inocencia de Cotton. Pero el 30 de junio de 1995 fue liberado. El estado de Carolina del Norte le ofreció 5000 dólares en compensación, una suma que luego ascendió a más de 100 000 en virtud de ciertos cambios que se hicieron en la legislación. En la actualidad, viaja y da conferencias sobre las condenas falsas, a menudo junto a Jennifer Thompson, quien

---

97 No estamos diciendo que la evidencia física sea siempre infalible. Sólo puede confiarse en ella en la medida en que sea producida por técnicos honestos y cuidadosos que apliquen una metodología válida. Dicho esto, la ciencia forense que subyace a estas técnicas habituales como el análisis de cabellos y fibras y la comparación de huellas digitales es sorprendentemente primitiva (por ejemplo, véase National Research Council, 2009). La evidencia circunstancial, a menudo menospreciada por ser menos valiosa que la directa obtenida de los testigos oculares, puede de hecho ser más confiable que cualquier otro tipo de prueba –incluso que una confesión bajo juramento– porque no se mantiene o cae sobre la base de un único hecho controvertible (por ejemplo, si un testigo tiene buena memoria, o si una confesión se realizó bajo coerción). Un buen caso circunstancial involucra tantos elementos que sería muy improbable que todos ocurrieran juntos por azar y, por lo tanto, puede ser muy fuerte. Volveremos a este punto en el capítulo 6, cuando abordemos las maneras en las que las personas justifican sus decisiones y qué tipos de argumentos consideran más persuasivos.

ahora es una mujer casada, madre de trillizos y defensora de la reforma de la justicia penal.

En nuestra opinión, lo que resulta más importante reformar es la comprensión por parte del sistema legal de cómo funciona la mente. La policía, los testigos, los jueces y los jurados son demasiado vulnerables a las ilusiones que hemos discutido. Porque somos humanos, creemos prestar atención a muchas más cosas que a las que en realidad atendemos, que nuestra memoria es más completa y fiel de lo que es y que la confianza es un indicador fiable de la precisión. El derecho consuetudinario del procedimiento penal se estableció luego de varios siglos en Inglaterra y los Estados Unidos, y sus supuestos se basan precisamente en intuiciones equivocadas como estas.

La mente no es lo único que creemos comprender mucho mejor de lo que lo hacemos. Desde mecanismos físicos tan simples como un inodoro o un cierre relámpago, hasta tecnologías complejas como internet, pasando por vastos proyectos de ingeniería como el túnel Big Dig en Boston y por entidades abstractas como los mercados financieros y las redes terroristas, nos engañamos con facilidad pensando que entendemos y podemos explicar cosas de las que en realidad sabemos muy poco. De hecho, nuestra peligrosa tendencia a sobrestimar el grado y la profundidad de nuestro conocimiento es la próxima ilusión diaria que abordaremos. La "ilusión de conocimiento" es parecida a la ilusión de confianza, pero no es una expresión directa de nuestro nivel de certeza o habilidad. No implica decirle a alguien que "tenemos confianza", "estamos seguros", "más que la media", y demás, sino creer implícitamente que comprendemos cosas en un nivel más profundo que aquel en el que de verdad lo hacemos, y acecha tras algunas de las decisiones más peligrosas y desacertadas que tomamos.

4. ¿Deberíamos parecernos más a un meteorólogo o a un administrador de un fondo de inversión?

En junio de 2004, el presidente de los Estados Unidos, Bill Clinton, y el primer ministro británico, Tony Blair, anunciaron en forma conjunta la finalización de la fase inicial del Proyecto Genoma Humano, la celebrada iniciativa internacional para decodificar la secuencia de ADN de los veintitrés cromosomas humanos. El proyecto supuso un gasto de cerca de 2500 millones de dólares a lo largo de más de diez años para producir un "primer borrador" de la secuencia, y más de 1000 millones de dólares para rellenar las brechas y pulir los resultados.[98] Una de las preguntas más enigmáticas que los biólogos esperaban que el proyecto pudiera responder parecía ser simple: ¿cuántos genes hay en el genoma humano?[99]

Antes de que se completara la secuencia, según la opinión predominante, la complejidad de la biología y del comportamiento humanos debía ser el producto de un gran número de genes, probablemente entre 80 000 y 100 000. En septiembre de 1999, una empresa de biotecnología en ascenso llamada Incyte Genomics proclamó que había 140 000 genes en el genoma humano. En mayo de 2000, los principales genetistas de todo el mundo convergieron en el congreso sobre "Secuencia del genoma

---

98 Algunos datos básicos sobre el Proyecto Genoma Humano, en el que participan investigadores de varios países, pueden encontrarse en el sitio web del US Department of Energy (DOE), que es el que se encarga del proyecto. El DOE inició investigaciones biomédicas debido al reconocimiento de que la radiación de las armas nucleares y otras fuentes podían afectar los genes humanos. La mayor parte de la financiación, sin embargo, proviene del presupuesto de los National Institutes of Health (NIH).

99 La historia de las apuestas respecto de esa cantidad se basa en una serie de artículos de Pennisi (2000, 1146-1147; 2003: 1484, y 2007: 1113). Otras fuentes incluyen un artículo de Associated Press (2004a) y otro de David Stewart (2009), del Cold Spring Harbor Laboratory, quien llevaba a mano la contabilidad oficial de todas las apuestas. El sitio web de las apuestas expiró y se ha archivado.

y biología", realizado en el Cold Spring Harbor Laboratory, en Nueva York, donde tuvo lugar un acalorado debate sobre la verdadera cantidad de genes. Sin embargo, no surgió ninguna estimación consensuada; algunos coincidían con el alto conteo declarado por Incyte y otros sostenían que podían ser menos de 50 000.

Ante tantas opiniones encontradas, Ewan Birney, un genetista del European Bioinformatics Institute, formó un grupo de apuestas para sus colegas investigadores con el fin de predecir el conteo final. Cada participante puso un dólar, y el ganador recibiría el monto total que se hubiera recolectado, más una copia autografiada y encuadernada en cuero de las memorias del ganador del Premio Nobel James Watson, *The Double Helix*. Sam LaBrie, de Incyte, hizo la estimación inicial más elevada, de 153 478 genes. El promedio de las primeras 338 predicciones ingresadas fue de 66 050. Birney elevó la apuesta inicial a cinco dólares en 2001, y luego a veinte en 2002 –la verdad es que no habría sido justo dejar entrar a los apostadores posteriores por la misma suma que la que habían pagado los primeros, ya que podrían usar las estimaciones anteriores así como sus propios hallazgos para guiarse en sus cálculos–. Los últimos 115 ingresos promediaron 44 375, y el valor de la apuesta ascendió a 1200 dólares. Durante los dos años que se hicieron las apuestas, el ingreso más bajo, de 25 747, fue presentado por Lee Rowen, del Institute for Systems Biology de Seattle.

Los términos de la competencia, establecidos en 2000, requerían que Birney declarase un ganador en 2003. Sin embargo, para su sorpresa, ese año aún no había consenso respecto del "conteo final". Sobre la base de la evidencia disponible en ese momento, lo estimó en alrededor de 24 500. Decidió otorgar parte del pozo a los tres que habían apostado los números más bajos, y Rowen obtuvo el premio mayor. El número final todavía está en discusión, pero el valor más aceptado ha bajado a 20 500, justamente entre la ascáride denominada *C. elegans* (19 500) y la planta de mostaza llamada *Arabidopsis* (27 000).

Todos los genetistas eran expertos en sus respectivas áreas y estaban seguros de que el número era superior de lo que en realidad era; el rango de sus 453 predicciones, desde la estimación más alta hasta la más baja, no incluyó el conteo correcto. Francis Collins, del NIH y Eric Lander, del MIT, líderes del Proyecto Genoma, fallaron por más del 100%, no mucho mejor que el cálculo promedio. El grupo también tuvo una idea bastante pobre de qué tan rápidamente se resolvería la cuestión del conteo (según la predicción: 2003, según la realidad: 2007 o más tarde). Collins reaccionó de manera estoica: "Muy bien, a vivir y a aprender".

Este dista de ser el único ejemplo de científicos que sobrestiman sus propios conocimientos. En 1957, dos de los pioneros de la informática y la inteligencia artificial, Herbert Simon y Allen Newell, predijeron públicamente que en diez años una computadora podría ganarle al campeón mundial de ajedrez.[100] Hacia 1968, nadie estaba siquiera cerca de crear una máquina capaz de realizar semejante proeza. David Levy, un programador de computadoras escocés y jugador de ajedrez que más tarde obtendría el título de Maestro Internacional (una categoría por debajo de la de gran maestro), se reunió con otros cuatro científicos informáticos y les apostó 500 libras de su propio bolsillo –casi la mitad de su ingreso anual en ese momento– que ninguna computadora podría derrotarlo en una partida en los diez años siguientes. Cuando se acercaba el plazo, en 1978, y con un pozo de 1200 libras, incrementado por nuevos apostantes, derrotó al mejor programa de computadora por 3½-1½. Junto con la revista *Omni*, Levy ofreció un nuevo premio de 5000 dólares, sin límite de tiempo. Finalmente, en 1989 perdió con Deep Thought, una predecesora de la computadora Deep Blue de IBM. Recién en 1997, esta última, con sus procesadores múltiples y chips de ajedrez diseñados a medida, derrotó al campeón mundial Garry Kasparov por 3½-2½ y cumplió la profecía de Simon y Newell... con treinta años de retraso.[101]

En 1980, el ecólogo Paul Ehrlich, profesor en la Stanford University, y sus colegas John Harte y John Holdren, de la Universidad de California, en Berkeley, estaban convencidos de que la sobrepoblación global conduciría a un aumento drástico de los precios de los alimentos y otros productos de suministro limitado. De hecho, Ehrlich estuvo convencido de eso durante algún tiempo, hasta tal punto que escribió: "En la década de 1970 el mundo pasará hambrunas; cientos de millones de

---

100 Herbert Simon hizo la predicción en una conferencia que dio en nombre propio y de Newell en la National Meeting of the Operations Research Society of American el 14 de noviembre de 1957 (Simon y Newell, 1958; 1-10). También vaticinaron que en diez años las computadoras demostrarían importantes teoremas matemáticos y compondrían música original de alta calidad, y que la mayoría de las teorías psicológicas se expresaría en forma de programas de computación diseñados para simular la mente humana. Por supuesto, nada de eso ocurrió, aunque en cada una de esas áreas se han logrado importantes progresos.

101 Hoy en día incluso las *laptops* igualan a los mejores jugadores del mundo. La historia de las apuestas se relata en Levy y Newborn (1991). La partida entre Kasparov y Deep Blue en Goodman y Keene (1997), Hsu (2002) y Newborn (2003).

personas morirán de hambre" (1968). Junto con Holdren vaticinaron el inminente "agotamiento de los recursos minerales".[102]

Julian Simon, economista de la Universidad de Maryland, tenía una visión opuesta (1980: 1431-1437). Simon, cuya aspiración previa a la fama había sido inventar el sistema por el cual las aerolíneas recompensan a los pasajeros por ceder sus asientos en los vuelos sobrevendidos, desafió a los fatalistas a que se jugaran por lo que estaban diciendo: los invitó a que escogiesen cinco materias primas y apostasen a que sus precios aumentarían en los diez años siguientes, tal como se podía esperar si la demanda seguía incrementándose y el abastecimiento se mantenía constante o disminuía. Ehrlich sintió la apostasía de Simon como una afrenta (lo llamó el líder de un "culto al cargamento de la era espacial") y logró que Harte y Holdren se uniesen a él en una apuesta contra el economista. Seleccionaron el cromo, el cobre, el níquel, el estaño y el tungsteno, y calcularon el monto de cada uno, valuado en 200 dólares en 1980. Si el precio de estos metales era superior en 1990, Simon les pagaría a Harte y Holdren la diferencia; si bajaban, ellos le pagarían a él. Hacia 1990, el precio de las cinco materias primas había bajado. De hecho, en conjunto, bajaron más del 50%. Simon recibió un sobre con un cheque por lo que había ganado. No había ninguna nota.[103]

El lector podría objetar que hemos elegido los ejemplos en los que los expertos hicieron sus predicciones más tremendamente equivocadas. Estamos de acuerdo en que estos casos son atípicos, y no pretendemos afirmar que los científicos no saben nada y siempre se equivocan. Sobre todo en su terreno, saben mucho más y están en lo cierto mucho más a menudo que las personas comunes y corrientes. Pero estas historias muestran que aun los expertos pueden sobrestimar en exceso lo que saben. Cada uno de los genetistas hizo un cálculo elevado respecto del conteo de genes, y muchos se alejaron del verdadero número por un factor de cinco; los informáticos erraron por un factor de cuatro, y aquellos que habían apostado sobre los precios de los productos se equivocaron

---

102 Citado por Tierney (2008b). Otros datos sobre la apuesta de Ehrlich y Simon han sido extraídos de Regis (1997) y Tierney (1990 y 2008a).

103 Podríamos haber nombrado muchos otros casos de exceso de confianza científica. Por ejemplo, cuando se examinaron los datos históricos para determinar con qué grado de precisión se habían medido constantes físicas muy conocidas, como la velocidad de la luz, se comprobó que incluso los físicos habían tenido una confianza excesiva (véase Henrion y Fischhoff, 1986: 791-797).

en todos los metales que seleccionaron. Si los juicios de los expertos pueden ser tan errados, el resto de nosotros también debemos ser capaces de sobrestimar lo que sabemos. Cuando las personas piensan que saben más de lo que saben, se encuentran bajo la influencia de nuestra próxima ilusión cotidiana: la ilusión de conocimiento.

La virtud de ser como un niño fastidioso

Ahora le pedimos al lector que se tome un momento y que trate de representarse en su mente la imagen de una bicicleta. Mejor aún, si tiene una hoja de papel, puede dibujarla. No se preocupe por realizar una gran obra de arte, simplemente tiene que centrarse en incluir las principales partes en el lugar correcto. Dibuje el armazón, el manubrio, las ruedas, los pedales, etc. En aras de la simplicidad, es mejor que sea una bicicleta de una sola velocidad. ¿La tiene? Si tuviera que calificar su conocimiento de cómo funciona una bicicleta en una escala de 1 a 7, donde 1 significa ningún conocimiento y 7 significa un conocimiento completo, ¿qué puntaje se daría?

Si el lector es como la mayoría de las personas que participaron en un estudio de ingenio ideado por la psicóloga británica Rebecca Lawson (2006: 1667-1775), tuvo la sensación de saber mucho de bicicletas (ellos, en promedio, calificaron su nivel de conocimiento en 4,5). Ahora, mire su dibujo o recree su imagen mental y luego responda las siguientes preguntas. ¿Su bicicleta tiene cadena? De ser así, ¿la cadena está ubicada entre las dos ruedas? ¿El armazón conecta las ruedas delantera y trasera? ¿Los pedales están ligados con el interior de la cadena? Si dibujó una cadena que engancha las dos ruedas de su bicicleta, piense cómo hace para moverlas –la cadena tendría que alargarse cada vez que la rueda delantera rotara, pero las cadenas no son elásticas–. De manera similar, si un armazón rígido conectase ambas ruedas, la bicicleta sólo podría ir derecho. Algunas personas colocan los pedales fuera de la cadena. Errores como estos fueron muy comunes en el estudio de Lawson, y no son aspectos sutiles del funcionamiento de una bicicleta –los pedales provocan que gire la cadena, lo que hace que la rueda trasera rote; y la rueda delantera debe estar libre para girar pues, de lo contrario, la bicicleta no podría cambiar de dirección–. Aunque las personas son capaces de entender cómo funcionan las bicicletas, confunden esta capacidad con su conocimiento internalizado de lo que es una bicicleta.

Este experimento ilustra un aspecto fundamental de la ilusión de conocimiento. Sobre la base de nuestra amplia experiencia y familiaridad con las máquinas y herramientas comunes, solemos creer que tenemos una profunda comprensión de cómo funcionan. Invitamos al lector a que piense en cada uno de los siguientes objetos y que luego juzgue el conocimiento que tiene de ellos con la misma escala (de 1 a 7): un indicador de velocidad de un automóvil, un cierre relámpago, la tecla de un piano, un inodoro, una cerradura cilíndrica, un helicóptero y una máquina de coser. Ahora, pruebe hacer otra tarea: escoja el objeto al que le dio el mayor puntaje, el que cree que entiende mejor, y trate de explicar cómo funciona. Dé el tipo de explicación que le daría a un niño persistentemente inquisitivo –trate de generar una descripción detallada paso a paso de cómo y por qué funciona–. Es decir, intente dar cuenta de las conexiones causales entre cada paso (en el caso de la bicicleta, tendría que decir *por qué* el pedaleo hace que las ruedas giren, no sólo *que* pedalear las hace girar). Si no está seguro de cómo se conectan causalmente dos pasos, cuente eso como una falla en su conocimiento.

Este test es similar a una serie de experimentos que condujo Leon Rozenblit (2003) como parte de su investigación doctoral en la Universidad de Yale junto al profesor Frank Keil (quien, casualmente, también era consejero de la facultad de Dan). A modo de primer estudio rápido, Rozenblit abordó a los estudiantes en los pasillos del edificio de Psicología y les preguntó si sabían por qué el cielo es azul o cómo funciona una cerradura cilíndrica. Si respondían que sí, comenzaba a jugar el juego que denomina "el chico de los porqués", y que describe de la siguiente manera: "Te hago una pregunta, me das una respuesta, y yo digo: '¿por qué es así?'. Con el espíritu de un niño curioso de cinco años, tras cada explicación formulo otro '¿por qué es así?', hasta que la otra persona termina por fastidiarse" (Rozenblit, 2008). El resultado inesperado de este experimento informal fue que las personas se daban por vencidas realmente muy rápido –respondían una o dos preguntas antes de llegar a una falla en su conocimiento–. Más sorprendentes todavía eran sus reacciones cuando descubrían que de hecho no sabían algo. "Claramente, esto iba contra su intuición. Se sorprendían, se consternaban y se avergonzaban un poco." Después de todo, acababan de decir que sabían la respuesta.

Rozenblit estudió esta ilusión de conocimiento con más de una docena de experimentos durante los años siguientes, en los que testeó a personas de todas las profesiones y condiciones sociales (desde estudiantes de grado en Yale hasta miembros de la comunidad de New Haven), y los resultados fueron notablemente consistentes. No importa a quién se interrogue, siempre se llega a un punto en el que ya no puede responder a algún por qué. Para la mayoría de nosotros, nuestro nivel de comprensión es tan superficial que podemos agotarlo luego de la primera pregunta. Sabemos que hay una respuesta, y sentimos que la sabemos, pero parece que no nos damos cuenta de las falencias de nuestro propio conocimiento.

Antes de intentar realizar esta tarea, el lector pensaba, en forma intuitiva, que entendía cómo funcionaba un inodoro, pero lo que realmente entendía era cómo hacerlo funcionar –y es probable que supiera cómo desobstruirlo–. Quizás entienda cómo interactúan sus diversas partes visibles y cómo se mueven en conjunto. Y, si ha estado mirando dentro de uno y jugando un poco con el mecanismo, su impresión de conocerlo es ilusoria: confunde saber *qué* ocurre con *por qué* sucede, y confunde su sentimiento de familiaridad con un conocimiento genuino.

Como profesores, a menudo nos encontramos con estudiantes que llegan a nuestras oficinas y preguntan cómo es posible que hayan estudiado tanto y les haya ido mal en los exámenes. En general, nos dicen que habían leído y releído los textos y sus notas y que pensaban que entendían todo muy bien en el momento del examen. Y es posible que hayan internalizado algunas partes y piezas del material, pero la ilusión de conocimiento los llevó a confundir la familiaridad que habían adquirido, a raíz de su contacto repetido con el material, con una comprensión real de los conceptos. Por lo general, leer un texto una y otra vez disminuye la posibilidad de una verdadera aprehensión de los conocimientos, pero aumenta la familiaridad y favorece una falsa sensación de comprensión. Esta es una de las razones por las que los profesores toman exámenes, y por las que las mejores pruebas examinan el conocimiento más profundamente. Preguntar si una cerradura tiene cilindros permite determinar si las personas pueden memorizar las partes de una cerradura. Preguntar cómo se fuerza una cerradura permite determinar que entienden *por qué* las cerraduras tienen cilindros y qué papel funcional desempeñan en el funcionamiento de ella.

Tal vez, el aspecto más sorprendente de esta ilusión sea con qué poca frecuencia nos molestamos en hacer algo para determinar los límites de nuestro conocimiento, sobre todo teniendo en cuenta lo fácil que es hacerlo. Antes de decirle a Leon que sabemos por qué el cielo es azul, todo lo que tenemos que hacer es simular el juego del "chico de los porqués" con nosotros mismos y establecer si en efecto lo sabemos. Todos caemos presas de la ilusión porque simplemente no reconocemos la necesidad de cuestionar nuestro propio conocimiento. Según Rozenblit:

En nuestra vida cotidiana, ¿nos detenemos a preguntarnos: "Sé de dónde viene la lluvia"? Probablemente no, sin una provocación para que lo hagamos, y eso sólo ocurre en contextos sociales y cognitivos puntuales: cuando un niño de cinco años nos lo pregunta, cuando discutimos con alguien al respecto, cuando intentamos escribir sobre ello, cuando tratamos de dar una clase sobre ese tema.

E incluso cuando verificamos nuestro conocimiento, muchas veces nos confundimos. Nos centramos en esos retazos de información que poseemos o que podemos obtener en forma sencilla, pero ignoramos todos los elementos que nos faltan, lo que nos deja con la impresión de que comprendemos todo acerca de ese tema. La ilusión es notablemente persistente. Aun luego de terminar un experimento completo con Rozenblit, y de haber jugado varias veces el juego del "chico de los porqués", algunos siguen sin verificar de manera espontánea su propio conocimiento antes de proclamar que les habría ido mejor con otros objetos: "Si me hubiesen preguntado sobre la cerradura, podría haberlo hecho".

Ambos nos sorprendemos por la poca frecuencia con que nuestros asistentes de investigación nos hacen preguntas sobre las tareas que les damos. En general sólo dicen (o insinúan) que entienden qué tienen que hacer y se disponen a hacerlo. Muchas veces, se pierde tiempo y es necesario rehacer el trabajo porque interpretaron mal, lo que los condujo a tomar decisiones erróneas. Evitar este aspecto de la ilusión de conocimiento fue la clave para Tim Roberts, quien ganó la edición 2008 de un torneo de programación informática llamado TopCoder Open. Tenía seis horas para escribir un programa que cumpliese con una serie de especificaciones que se le daban por escrito. A diferencia de sus rivales, pasó la primera hora estudiando las especificaciones y formulando preguntas –"por lo menos 30"– a su autor. Recién luego de verificar que entendía del todo el desafío, comenzó a codificar. Creó un programa que hacía exactamente lo que se requería, y nada más. Pero funcionaba, y estuvo listo a tiempo. El tiempo que dedicó a eludir la ilusión de conocimiento fue una inversión que resultó muy provechosa (Worthen, 2008: B6).

Los planes mejor trazados

La ilusión de conocimiento nos hace pensar que sabemos cómo funcionan los objetos comunes cuando en realidad lo desconocemos, y su influencia y sus consecuencias son aún mayores cuando razonamos acerca de "sistemas complejos". A diferencia de un inodoro o una bicicleta, un sistema complejo tiene muchos más componentes que interactúan, y su comportamiento general no puede determinarse con facilidad simplemente sabiendo cómo se comportan sus partes individuales. Los proyectos de ingeniería innovadores a gran escala, como la construcción de la emblemática Opera House de Sídney o el Big Dig de Boston, son ejemplos clásicos de este tipo de complejidad.

El Big Dig fue un proyecto diseñado para reorganizar la red de transporte en el centro de Boston.[104] En 1948, el gobierno de Massachusetts desarrolló un plan para construir nuevas autopistas a través y alrededor de la ciudad, en un intento por resolver el problema ocasionado por el creciente volumen de tránsito en las calles. Como parte de esta expansión de las autopistas, se destruyeron alrededor de mil edificios y se desplazó a unas veinte mil personas para erigir una autopista elevada de dos niveles que atravesara el centro de Boston. A pesar de sus seis carriles, tenía demasiadas rampas de entrada y salida, y sufría congestiones crónicas durante ocho horas o más todos los días. Además, era desagradable a la vista. La desilusión frente a esta arteria derivó en la cancelación de un proyecto que iba a la par de este, lo que incrementó aún más la carga en la autopista.

Los principales objetivos del Big Dig eran pasar el tramo de autopista elevada debajo de la tierra y construir un nuevo túnel bajo el puerto de Boston para así conectar la ciudad con el aeropuerto de Logan. Se agregaron o mejoraron varios otros caminos y puentes. En 1985, toda la operación se calculaba en 6000 millones de dólares. La construcción comenzó en 1991, y cuando se terminó, en 2006, los costos totales ascendieron a 15 000 millones. Puesto que buena parte del dinero se obtuvo mediante la emisión de bonos, el costo final, cuando todos los préstamos se hubieron pagado, incluyó 7000 millones de dólares adicionales de intereses, lo que provocó que el gasto total fuera un 250% más alto que la estimación original.

Los costos del Big Dig crecieron por muchas razones. Una de ellas fue la constante necesidad de cambiar de planes a medida que el proyecto avanzaba. Los responsables consideraron la posibilidad de apilar las autopistas elevadas a 30 metros de altura en un único lugar con el fin de hacer que el tránsito estuviese donde tenía que estar; finalmente, ese problema se

---

104 La información sobre este tema fue extraída principalmente del sitio web oficial del proyecto.

solucionó haciendo un puente que resultó ser el mayor en su tipo jamás construido. Otra razón fue la necesidad de desarrollar nuevas tecnologías y métodos de ingeniería para enfrentar los desafíos de sumergir kilómetros de autopista en un área que ya estaba poblada de líneas de subterráneo, vías de ferrocarril y edificaciones. Pero ¿por qué no se previeron estas complicaciones de ingeniería? Todos aquellos que participaban en el proyecto sabían que el Big Dig era un emprendimiento de obra pública de tamaño y complejidad sin precedentes, pero nadie se dio cuenta, al menos al comienzo, de que las estimaciones de tiempo y costo para su desarrollo eran algo más que meras conjeturas –optimistas, por cierto–. Como si nunca hubiese ocurrido antes.

La historia de la arquitectura está repleta de ejemplos de proyectos que resultaron ser más difíciles y costosos de lo que sus diseñadores –y los empresarios y políticos que los lanzaron– esperaban. El puente de Brooklyn, construido entre 1870 y 1883, costó dos veces más que lo que se había planeado en un principio. La Opera House de Sídney fue encargada por el gobierno australiano en 1959 y diseñada por el arquitecto danés Jørn Utzon durante seis meses en su tiempo libre. En 1960 se había pronosticado que costaría 7 millones de dólares australianos; pero cuando la obra estuvo terminada, el monto ascendía a 102 millones australianos. (Se necesitarían otros 45 millones de dólares australianos para que el edificio incluyera los aspectos del diseño original de Utzon que no se habían realizado.) Antoni Gaudí comenzó a dirigir la construcción de la iglesia Sagrada Familia en Barcelona en 1883, y en 1886 dijo que podría terminarla en diez años. La conclusión de la obra está proyectada para 2026, apenas cien años más tarde de la muerte de su creador.[105]

---

[105] La información sobre el puente de Brooklyn y la Opera House de Sídney proviene de Flyvbjerg (2005: 50-59). La referencia de la Sagrada Familia proviene de Zerbst (2005) y de Wikipedia. Toda la historia de la arquitectura puede considerarse como una historia de exceso de costos y demoras. Bent Flyvbjerg, un experto en planeamiento urbano de la Universidad de Aalborg, Dinamarca, es coautor de un estudio sobre trescientos proyectos de este tipo en veinte países. Flyvbjerg sostiene de manera persuasiva que todas las partes involucradas han aprendido a bajar el costo estimado, porque si los legisladores y sus electores supieran los verdaderos costos y las incertidumbres que implican estos proyectos, nunca los apoyarían. En otras palabras, los que conocen los sistemas complejos –o al menos los límites de su propio conocimiento– explotan la ignorancia del público en general. Véase Flyvbjerg, Bruzelius y Rothengatter (2003).

Se dice que "los mejores planes de los ratones y los hombres suelen salir mal", y que "ningún plan de batalla sobrevive al contacto con el enemigo". La ley de Hofstadter sostiene: "Siempre lleva más tiempo del que esperabas, incluso cuando tomas en cuenta la ley de Hofstadter".[106] El hecho de que necesitemos estos aforismos para recordar la dificultad intrínseca de la planificación demuestra la fuerza de la ilusión de conocimiento. El problema no es que nuestros planes salgan mal; después de todo, el mundo es más complejo que nuestros simples modelos mentales y, como explicó Yogui Berra, "es difícil hacer predicciones, especialmente acerca del futuro".[107] Ni siquiera para los expertos gerentes de proyectos las cosas son diferentes: son más precisos que los aficionados, pero también se equivocan un tercio de las veces.[108] Todos experimentamos este tipo de conocimiento ilusorio, incluso en relación con proyectos más simples. Subestimamos el tiempo que nos llevarán y cuánto costarán, porque lo que en nuestra mente parece simple en general se torna más complejo cuando confrontamos nuestros planes con la realidad. La cuestión es que nunca aprendemos a tomar en cuenta esta limitación. Una y otra vez, la ilusión de conocimiento nos convence de que tenemos un saber profundo, cuando en realidad lo único con lo que contamos es con una familiaridad superficial.

A esta altura, el lector tal vez esté percibiendo un patrón en las ilusiones cotidianas que hemos estado discutiendo: todas ellas tienden a arrojar una luz por demás favorable sobre nuestras capacidades mentales. No hay ilusiones de ceguera, amnesia, idiotez y falta de habilidad. En cambio, las ilusiones cotidianas nos dicen que percibimos y recordamos más de lo que en realidad hacemos, que nos ubicamos por encima de la generalidad y que sabemos más acerca del mundo y el futuro de lo que es justificado saber. Y las ilusiones cotidianas pueden ser tan persistentes y penetrantes en nuestros patrones de pensamiento precisamente porque hacen que nos consideremos mejor de lo que objetivamente pensaríamos que somos. Las ilusiones positivas pueden motivarnos a salir de la cama y asumir con optimismo desafíos que evitaríamos si todo el tiempo tuviéramos en mente la verdad acerca de nosotros mismos. Si estas

---

106 La primera cita corresponde a Robert Burns, la segunda a Helmuth Graf von Moltke y la tercera, a Douglas Hofstadter.

107 Este comentario sarcástico suele atribuírsele al Yogui Berra, cuyos dichos a menudo tenían este tipo de lógica retorcida, pero al parecer una versión de este fue pronunciada antes por el físico Neils Bohr.

108 Este estudio se describe en Carroll y Mui (2008: 142).

ilusiones en efecto estuvieran guiadas por una inclinación hacia una autoevaluación demasiado positiva, entonces las personas menos sujetas a esta inclinación también deberían estarlo a las ilusiones cotidianas. De hecho, quienes sufren depresión tienden a evaluarse de modo más negativo, lo que podría contrarrestar una tendencia natural a un optimismo excesivo y derivar en una visión más adecuada de su relación con y el mundo.[109]

Una dosis mayor de realismo en la planificación debería ayudarnos a tomar mejores decisiones acerca de cómo asignar nuestro tiempo y nuestros recursos. Puesto que la ilusión de conocimiento es una barrera intrínseca al realismo en cualquier plan que elaboremos para nuestro propio uso, ¿cómo evitarla? Aprender la respuesta es simple, pero llevarla a cabo no lo es tanto, y sólo funciona para el tipo de proyectos que se han realizado muchas veces antes –si escribimos un informe, si desarrollamos una pieza de *software*, si remodelamos nuestra casa o incluso si erigimos un nuevo edificio para nuestra oficina, pero no si estamos planeando algo único en su tipo como el Big Dig–. Por suerte, la mayoría de los proyectos que emprendemos no son tan únicos como podríamos pensar. Para nosotros, planear este libro fue una tarea única y sin precedentes. Pero para el editor, que trataba de estimar cuánto tiempo nos llevaría escribirlo, era similar a todos los otros libros de 300 páginas de no ficción escritos por dos autores que han sido publicados en los últimos años.

Para evitar la ilusión de conocimiento, es necesario comenzar por admitir que es muy posible que nuestros puntos de vista personales respecto de cuánto tiempo y dinero puede llegar a demandar nuestro proyecto aparentemente único estén equivocados. Puede ser difícil hacerlo, porque realmente sabemos sobre nuestro proyecto mucho más que cualquier otra persona, pero esta familiaridad nos da la falsa idea de que sólo nosotros podemos entenderlo lo suficientemente bien como para planearlo en forma correcta. Si en cambio averiguamos qué otros proyectos similares han llevado a cabo otras personas u organizaciones (cuanto más similares al nuestro, desde luego, mejor), podemos guiarnos por el tiempo y el costo real de ellos para evaluar cuánto demandará el nuestro.

---

109 El clásico libro sobre la naturaleza positiva de la mayor parte de los autoengaños es el de Taylor (1989). La idea de que las personas con depresión están menos sujetas a las ilusiones cotidianas es especulativa; hay una línea controversial de investigación que sugiere que los que padecen depresión tienen una concepción más realista de hasta qué punto pueden controlar los acontecimientos (por ejemplo, Alloy y Abramson, 1979: 441-485).

Esa "mirada externa" de lo que por lo común mantenemos dentro de nuestra mente modifica enormemente la forma de ver nuestros planes.[110] Cuando no tengamos acceso a una base de datos de plazos de proyectos de remodelación o estudios de casos de ingeniería de *software*, podemos incluso pedirles a otras personas que examinen nuestras ideas y hagan sus propios pronósticos respecto del proyecto. No un pronóstico de cuánto tiempo les llevaría *a ellos* ejecutarlo, sino de cuánto tiempo nos llevará *a nosotros* (o a nuestros contratistas, empleados, etc.) hacerlo. También podemos imaginar que alguien nos cuenta con mucho entusiasmo sus planes de hacer un proyecto como el nuestro. Estas simulaciones mentales pueden ayudarnos a adoptar una mirada externa. Como último recurso, simplemente recordar las ocasiones en las que hemos sido insensatamente optimistas (si es que podemos ser lo bastante objetivos como para recordarlas –todos hemos cometido este tipo de tonterías más de una vez en nuestra vida–) puede ayudarnos a reducir la ilusión de conocimiento que puede estar distorsionando nuestras predicciones actuales.[111]

"Cada vez que pensamos que sabemos... pasa otra cosa"

Brian Hunter, de 32 años, ganó al menos 75 millones de dólares en 2005. Su trabajo era comercializar contratos energéticos a futuro, en particular los relacionados con el gas natural, para un fondo de inversión de

---

110 La idea de una "mirada externa" se describe en detalle en Lovallo y Kahneman (2003: 56-63). La tendencia a subestimar el tiempo necesario para terminar una tarea se denomina usualmente "falacia de planificación", y el nombre formal con el que se designa la técnica de comparar un proyecto con otros similares para estimar el tiempo que demandará su realización es "pronóstico de clase de referencia". Este método ha sido avalado por la American Planning Association (véase Flyvbjerg, 2006: 5-15). Otro modo de usar el conocimiento desinteresado de otras personas para pronosticar la duración de los proyectos (y otros eventos futuros) es establecer un mercado de pronósticos: una suerte de mercado financiero de futuros artificial en el que los individuos invierten o apuestan dinero para hacer las predicciones más precisas. La suma de pronósticos múltiples e independientes, cada uno proveniente de alguien motivado por un beneficio financiero y no involucrado en forma personal en llevar adelante el plan, puede arrojar pronósticos mucho más precisos que los realizados incluso por expertos. Para una discusión más exhaustiva, véanse Hahn y Tetlock (2006), y Sunstein (2006).

111 Técnicas como estas fueron estudiadas en forma experimental por Buehler, Griffin y Ross (1994: 366-381).

Greenwich, Connecticut, llamado Amaranth Advisors. Su estrategia de comercialización consistía en apostar cuál sería el precio del gas mediante la compra y venta de opciones. En el verano de 2005, cuando el gas se comercializaba a 7-9 dólares por millones de unidades térmicas inglesas (BTU, por su sigla en inglés), predijo que los precios se incrementarían de manera considerable a principios del otoño, y entonces se posicionó en opciones de bajo precio para comprar a alrededor de 12 dólares, algo que parecía escandalosamente alto para el mercado de ese momento. Cuando los huracanes Katrina, Rita y Wilma devastaron las plataformas petroleras y las plantas de procesamiento junto con la costa del golfo de México, los precios superaron los 13 dólares. De repente, las opciones de Hunter, que antes tenían un precio exagerado, se revalorizaron. Con transacciones como esa, ese año se generaron ganancias por más de 1000 millones de dólares para Amaranth y sus inversores.

En agosto del año siguiente, Hunter y sus colegas habían acumulado ganancias por 2000 millones de dólares. Los precios del gas habían ascendido a más de 15 dólares en diciembre del año anterior, luego del Katrina, pero en ese momento estaban bajando. Hunter volvió a hacer una apuesta −esta vez por más de 3000 millones de dólares− porque los precios revertirían su curso y volverían a subir. En cambio, se fueron a pique −cayendo por debajo de los 5 dólares−. En una sola semana de septiembre, los clientes de Hunter perdieron 5000 millones de dólares, casi la mitad de los activos totales de Amaranth. Luego de una pérdida total de alrededor de 6500 millones, que en ese momento era la mayor pérdida comercial que se hubiera conocido en la historia, el fondo debió ser liquidado.

¿Qué salió mal en Amaranth? Brian Hunter, y otros en la firma, creían que sabían más sobre su mundo (el mercado energético) de lo que de hecho sabían. Su fundador, Nick Maounis, pensó que Hunter era "realmente muy muy bueno para tomar riesgos controlados y medidos". Pero su éxito se debió tanto a su conocimiento de los mercados como, al menos en la misma medida, a acontecimientos impredecibles como los huracanes. Antes del estallido, el propio Hunter había dicho: "Cada vez que pensamos que sabemos cómo pueden comportarse estos mercados, ocurre otra cosa". Pero, al parecer, no se estaba controlando el riesgo, y Hunter no había tenido totalmente en cuenta lo impredecibles que pueden ser los mercados energéticos. De hecho, había cometido el mismo error antes, en su carrera en el Deutsche Bank, cuando culpó por la pérdida de 51 millones de dólares en una semana en diciembre de 2003 a "una escalada impredecible y sin precedentes en los precios del gas".[112]

A lo largo de la historia de los mercados financieros, los inversores han formulado teorías para explicar por qué el valor de algunos bienes sube y el de otros baja, y algunos escritores han promovido estrategias simples derivadas de estos modelos. La Teoría Dow, basada sobre los escritos de fines del siglo XIX del fundador del *Wall Street Journal*, Charles Dow, planteaba la idea de que los inversores podían determinar si era probable que un alza en bienes industriales continuase buscando un alza similar en las acciones de las empresas de transporte. La teoría de las *Nifty Fifty* [las cincuenta ingeniosas], de la década de 1960 y principios de la de 1970, afirmaba que el mejor crecimiento lo lograrían cincuenta de las mayores corporaciones multinacionales que operaban en la Bolsa de Nueva York y que, por lo tanto, esas eran las mejores inversiones y –en virtud de su tamaño– las más seguras. En la década de 1990, surgieron los modelos *Dogs of the Dow* [los perros del Dow] y los *Foolish Four* [los cuatro tontos], partidarios de que se mantuvieran proporciones específicas de las acciones del Dow Jones Industrial Average, que pagaba los dividendos más altos como un porcentaje de los precios de las acciones.[113]

Así como un avión ultraliviano a escala conserva unas pocas características clave de uno real pero deja fuera todo el resto, cada una de estas teorías representa un modelo particular de cómo funciona el mercado financiero que reduce un sistema complejo a uno simple que puede ser usado por los inversores para tomar decisiones. La mayoría de los modelos que usamos en nuestra vida cotidiana no están establecidos en términos explícitos como lo están estos modelos del mercado de valores, pero detrás de la mayoría de los patrones de conducta hay supuestos implícitos sobre cómo funcionan las cosas que guían nuestras acciones. Cuando bajamos una escalera, nuestro cerebro mantiene y actualiza de

---

112 La información sobre Brian Hunter y Amaranth Advisors proviene de Davis (2006: A1) y de Till (2007). La comparación entre Amaranth y otras debacles está basada en Wikipedia (2009).

113 La información sobre estas diversas estrategias de inversión provienen de las siguientes fuentes: Dreman (1977), y Wikipedia (2009). *"Dogs of the Dow"* es la denominación que recibe una estrategia propuesta por Michael O'Higgins (1991). La estrategia de los *Foolish Four*, derivada de una de las ideas de O'Higgins, se describe en Sheard (1998). Las publicaciones de ambos batieron récord de ventas.

manera automática un modelo de nuestro entorno físico que usa para calcular la fuerza y la dirección de los movimientos de nuestras piernas. Recién tomamos conciencia de este modelo cuando algo sale mal, es decir, cuando esperamos que haya un escalón más, pero sentimos un ruido sordo y súbito y nuestro pie golpea contra el piso en lugar de deslizarse por un espacio vacío.

Se dice que Albert Einstein afirmaba que "todo debería hacerse lo más simple posible, pero no más simple que eso". Los *Foolish Four*, las *Nifty Fifty* y las estrategias de esa clase por desgracia caen en la categoría de "más simple que eso". No pueden adaptarse a los cambios de las condiciones del mercado, no tienen en cuenta que la disminución de su rentabilidad es inevitable cuando más personas adoptan las mismas estrategias, y a menudo se basan con mucha exactitud en un trazado de datos financieros históricos. Al basar tan fuertemente sus proyecciones en patrones del pasado (una flaqueza estadística conocida como "sobreajuste"), casi tienen la garantía de que fracasarán cuando las condiciones cambien.

Peores aún son las estrategias de inversión que parecen comenzar con un valor meta, en general un bonito número redondo bien cotizado en el mercado, y que luego calculan la tasa de crecimiento necesaria del precio de las acciones para llegar a la meta. Los argumentos luego se adecuan a los números para explicar por qué esa alta tasa de crecimiento es realmente probable. La burbuja del mercado de valores de la era "punto com" generó una extraordinaria cosecha de esta absurdidad. En octubre de 1999, cuando el promedio del Dow Jones Industrial llegó a 11 497, luego de un prolongado aumento, James K. Glassman y Kevin Hassett publicaron *Dow 36,000*, que pronosticaba que los precios de las acciones llegarían a más del triple en seis años. Su optimismo superó el de *Dow 30,000*, pero no llegó al de *Dow 40,000*, y ni qué hablar de *Dow 100,000*. (Todos estos son libros verdaderos, y cada uno de ellos se vendía a sólo un centavo, más gastos de envío, por supuesto, en el mercado de libros usados de Amazon.com hasta abril de 2009.) Ya el número de estos títulos testimonia el gran mercado de modelos simples que los inversores pueden asimilar con facilidad para obrar en consecuencia porque dan una falsa impresión de conocimiento. Cuando el mercado de valores comenzó a recuperarse del descalabro de las "punto com", aparecieron más títulos, entre ellos, *Dow 30,000 by 2008: Why It's Different This Time.*

Conocimiento ilusorio y crisis real

En retrospectiva podemos ver que la implosión de Amaranth en 2006 fue un presagio de la crisis financiera mucho mayor que alcanzaría su punto crítico dos años más tarde. Compañías con una larga trayectoria como Bear Stearns y Lehman Brothers quedaron en la ruina, otras como AIG pasaron a ser controladas por el gobierno, y la economía se hundió en una profunda recesión. El sistema financiero mundial tal vez sea el sistema más complejo que existe: refleja decisiones que toman literalmente miles de millones de personas todos los días, basadas en su totalidad en creencias acerca de cuánto o cuán poco saben algunos inversores. Cada vez que alguien compra una acción individual está actuando según una creencia implícita de que el mercado la ha sobrevaluado. Su compra representa la afirmación de que sabe más que la mayoría de los otros inversores acerca del futuro valor de esa acción.

Considérese la mayor inversión que hace gran parte de la gente: su casa.[114] La mayoría de las personas considera la decisión de qué casa

114 Por supuesto que es erróneo considerar una casa como una inversión. Un bien típico comprado con fines de inversión no es usable mientras se lo posee; no hay nada que podamos *hacer* físicamente con nuestra acción en Google, o con nuestros bonos municipales o con nuestros fondos de inversión. (Ni siquiera podemos enmarcar nuestros bonitos certificados de acciones, a menos que se los pidamos especialmente a nuestro agente de bolsa.) La forma correcta de pensar una casa es como un híbrido de un producto para consumo que debe ser reparado y mejorado con el tiempo, como un auto o una computadora, y una inversión subyacente (basada en parte en el valor de la tierra en la que se encuentra). Las personas, por varias razones, cometen errores cuando piensan en los precios de las viviendas y una de ellas es no hacer esta distinción. Por ejemplo, muchos propietarios creen en forma equivocada que mejorar sus casas hará que se valoricen en un monto mayor que el del costo de la mejora. En realidad, cada una de las 29 mejoras más comunes que se hacen en las casas representa un incremento promedio en el valor de reventa inferior al 100% de su costo (véanse Crook, 2008, y "Remodeling 2007 Cost Versus Value Report"). Remodelar una oficina cuesta 27 193 dólares en promedio, pero aumenta el valor de la propiedad en sólo 15 498 dólares, o el 57% del gasto original, sin contar los intereses que debieron pagarse si la remodelación fue financiada. Incluso remodelar una cocina, uno de los centros clásicos de valor de una propiedad, representa sólo el 74% del dinero gastado. Veámoslo de este modo: si nuestra casa se vendiera en 500 000 dólares hoy, pero decidiéramos "invertir" 40 000 en una cocina nueva antes de ponerla a la venta, deberíamos esperar obtener 530 000 dólares por ella. Poner el mismo dinero en el banco sería una inversión mucho

comprar, al menos en parte, como una decisión de inversión. Se preguntan si tendrá un buen "valor de reventa" o si está en un barrio pujante o en decadencia. Algunos consideraron el comprar, mejorar y vender la casa en la que viven como un negocio, una práctica fuertemente promovida por programas televisivos como *Property Ladder* y *Flip That House*, emitidos a mediados de 2000. En ese momento, la cantidad de gente que pensaba que las casas eran una buena inversión iba en aumento (Piazzesi y Schneider, 2009). Aun si el lector no fuera una de esas personas, es posible que igualmente piense que su casa en parte es una caja de ahorro, un bien cuyo valor espera que se aprecie en el mediano o largo plazo. La compra de un inmueble para venderlo luego a mayor precio se basa en un modelo del mercado de bienes raíces según el cual también puede contarse con que los precios de las casas aumenten en el corto plazo, y con que la demanda siempre es fuerte.

Cuando actúan según este modelo, quienes carecen de experiencia en inversión en bienes raíces comienzan comprando casas con un préstamo con la intensión de venderlas al poco tiempo para obtener una ganancia. El ciclo especulativo se exacerba, desde luego, con la predisposición de los bancos a otorgar préstamos que es muy probable que nunca se cancelen. Alberto Ramírez, un cosechador de frutillas que vivía en Watsonville, California, y ganaba unos 15 000 dólares anuales, pudo comprarse una casa por 720 000 sin poner nada de dinero propio; por supuesto, no tardó en comprobar que no podría afrontar los pagos. La apoteosis del ardid de los préstamos *subprime* ["un poco peor que lo mejor"] fue el préstamo *ninja* de la compañía hipotecaria HCL Finance, un tipo de préstamo que significa "*no income, no job (and) no assets*" ["sin ingresos, sin empleo y sin activos"]. El economista de Harvard Ed Glaeser, al explicar por qué no previó la burbuja y la subsiguiente caída estrepitosa del

---

mejor: no ganaríamos mucho en intereses, ¡pero al menos no perderíamos 10 000! Cuando a las personas se les comunican estas cosas, a menudo no las creen y se enojan, precisamente porque esto contradice una pieza fundacional del "conocimiento" que los propietarios tienen acerca de sus "inversiones". Volveremos a este tema más adelante en este capítulo, cuando abordemos las condiciones necesarias para las burbujas financieras y el pánico financiero. Por supuesto, hay otros motivos para remodelar una casa, además de una ganancia esperada a partir de una "inversión": un estudio reciente mostró que los baños completos o parciales adicionales en una propiedad se asocian más fuertemente con la satisfacción del propietario que con cualquier otro atributo, incluyendo habitaciones adicionales, aire acondicionado o un garaje (véase James, 2008: 67-82).

mercado inmobiliario, dijo: "Subestimé la capacidad humana de tener pensamientos optimistas sobre el valor de una casa".[115]

Por supuesto, los modelos fallidos del mercado inmobiliario se extendieron mucho más allá de los propietarios de casas y los especuladores individuales. Grandes bancos y empresas con respaldo del gobierno compraron hipotecas y las revendieron en grupos a otros inversores como títulos con garantía hipotecaria, que a su vez eran agrupados en las infames obligaciones de deuda colateralizadas (CDO, por su sigla en inglés). Las agencias calificadoras de riesgos financieros −Moody's, Standard & Poor's y Fitch− usaban complejos modelos estadísticos para evaluar el riesgo de estos nuevos bonos. Pero a estos subyacen supuestos simples que, cuando dejaron de funcionar, socavaron toda la estructura. Todavía en 2007, Moody's seguía utilizando un modelo que se había construido usando datos del periodo anterior a 2002 −antes de la era de la sobreconstrucción masiva, los préstamos *ninja* y la compra de viviendas lujosas por parte de cosechadores de frutillas−. Es decir, a pesar de los cambios en el mercado, el modelo suponía que los tomadores de hipotecas en 2007 incumplirían en una tasa similar a la de los tomadores de hipotecas en 2002. Cuando la burbuja inmobiliaria estalló, el resultado fue una recesión general, y la tasa de falta de pago de las hipotecas se apartó de las normas históricas. En consecuencia, los modelos subestimaron el riesgo de las CDO y las empresas que habían invertido en ellas perdieron grandes cantidades de dinero.

Puede ser difícil determinar en qué medida nuestros modelos simples se corresponden con las realidades de los sistemas complejos, aunque no lo es tanto determinar tres cosas: (1) qué tan bien comprendemos nuestros modelos simples; (2) qué tan familiarizados estamos con los elementos, conceptos y vocabularios superficiales del sistema complejo; y (3) de cuánta información tenemos conocimiento y a cuánta podemos acceder, en relación con el sistema complejo. Entonces, tomamos nuestro conocimiento de estas cosas particulares como señales de que estamos en condiciones de entender el sistema en su totalidad −una inferencia del todo infundada que en poco tiempo puede dejarnos con el agua hasta el cuello−. Los analistas comprendían sus modelos, estaban familiarizados con el vocabulario de las hipotecas *subprime*, las CDO y demás, y nadaban en

---

115 La historia de Alberto Ramírez fue extraída de Lloyd (2007). Los préstamos *ninja* y otras malas ideas para las finanzas hogareñas se mencionan en Pearlstein (2007). La cita de Ed Glaeser proviene de Glaeser (2009).

un río de noticias y datos financieros, lo que les creaba la ilusión de que entendían el mercado inmobiliario en sí mismo, una ilusión que duró hasta que el mercado colapsó (Lowenstein, 2008).[116] A medida que se disponía cada vez de más información financiera a mayor velocidad y a menor costo (piénsese en CNBC, Yahoo! Finance y agentes de bolsa *on-line*), las condiciones para esta ilusión se trasladaron de los profesionales del mercado a los inversores individuales habituales.

En un artículo brillante para *Conde Nast Portfolio*, el periodista Michael Lewis relató la historia del gerente de un fondo de inversión llamado Steve Eisman, quien fue uno de los pocos que vio a través del humo y los espejos del *boom* inmobiliario y los mercados de las CDO. Eisman estudió algunos títulos hipotecarios complicados y no comprendió sus términos, pese a sus muchos años de experiencia como empresario. Dan Gertner, colaborador de *Grant's Interest Rate Observer*, tenía una experiencia similar: realmente leía los varios cientos de páginas que constituían la documentación completa de las CDO –algo que es probable que ninguno de sus inversores haya hecho nunca–, y luego de varios días de estudio seguía sin poder hacerse una idea de cómo funcionaban realmente. La cuestión central de cualquier inversión compleja es cómo determinar de manera adecuada su valor. En ese caso, este quedó oculto por una serie de capas de supuestos no verificables, y los compradores y vendedores se engañaron a ellos mismos pensando que entendían tanto el valor como el riesgo. Eisman asistió a diversas reuniones, les pidió a los encargados de negocios de las CDO que le explicaran sus productos, y cuando salían con palabras incomprensibles, les pedía que le explicasen qué querían decir exactamente. En esencia, hizo del "chico de los porqués" de Leon Rozenblit, y eso de a poco iba dejando al descubierto si los vendedores de CDO en efecto conocían sus propios productos. "Te das cuenta de si tienen alguna idea de qué están hablando", dijo uno de los socios de Eisman. "¡Y muchas veces no la tienen!". Del mismo modo, podría haberles pedido que le explicaran cómo funcionaban sus inodoros.

No hay que ser vendedor de bonos exóticos para que la familiaridad superficial con los términos y conceptos financieros nos haga creer que sabemos sobre los mercados más de lo que en verdad sabemos (pero

---

116 Problemas similares asediaron a los denominados "fondos *quant*", que eran fondos de inversión cuyos propietarios tomaban decisiones comerciales basadas, en su totalidad o en parte, en las predicciones de modelos informáticos calibrados con datos históricos que no incluían condiciones de mercado como el clima cada vez más riesgoso de 2007 (véase Sender y Kelly, 2007).

podría ser de ayuda). Durante algunos años, Chris se dedicó a invertir en pequeñas empresas de biotecnología y farmacia centradas en el desarrollo de tratamientos para enfermedades cerebrales. Varias de sus acciones funcionaron bien por un tiempo –en un caso aumentaron más del 500%–, por lo que llegó a creer que realmente tenía talento para elegir acciones en este sector, y encontró razones para hacerlo: conocía mucho sobre neurociencias y algo de genética, y era competente en el diseño de experimentos y en el análisis de datos, la disciplina central de la que dependen las pruebas clínicas utilizadas para decidir si las drogas pueden sortear los obstáculos regulatorios para llegar a los pacientes. Sin embargo, aquella muestra de su experiencia en escoger acciones era mucho menor para demostrar cualquier habilidad real –la suerte fue la explicación más plausible de su éxito–. Esa interpretación parece haberse confirmado: finalmente, la mayoría de sus elecciones perdió tres cuartos o más de su valor.

Si el lector no puede escapar a la ilusión y sigue pensando que tiene muchos conocimientos como inversor, le aconsejamos que no asigne más del 10% de sus bienes a decisiones de inversión activas, y que las tome, al menos en parte, como un pasatiempo. El otro 90% debería estar dedicado a estrategias que estén menos sujetas a la ilusión de conocimiento, como la inversión pasiva en fondos que replican índices, que simplemente acompañan los movimientos del mercado en general. Este es el mismo consejo que le daríamos a alguien aficionado a las apuestas: que aparte una pequeña cantidad de fondos y se centre en el placer que le aporta el juego, en lugar de tomarlo como una fuente significativa de ingresos. Ambos hemos abandonado la elección de valores por completo y dividimos nuestras inversiones entre fondos que replican índices nacionales, por un lado, e internacionales, por el otro. Y Chris guarda el dinero del póquer en una cuenta bancaria separada.

A veces, más es menos

Imagine que participa en el siguiente experimento, conducido por el pionero en economía conductista Richard Thaler y sus colegas de la Universidad de Chicago (Thaler, Tversky, Kahneman y Schwartz, 1997: 647-661). Le comunican que está a cargo de administrar la cartera de donaciones de una pequeña universidad y de invertirla en un mercado financiero simulado. El mercado consiste sólo en dos fondos comunes de inversión, A y B, y usted comienza con cien acciones que debe asignar entre ambos. Administrará la cartera durante 25 años. De vez en cuando, se le informará cuál ha sido el rendimiento de cada uno de los fondos, y por lo tanto si el valor de sus acciones ha subido o bajado, y entonces tendrá la oportunidad de cambiar la asignación de sus acciones. Al final de la simulación, se le pagará una suma proporcional al rendimiento que hayan tenido sus acciones, de manera que tendrá un incentivo para hacer las cosas lo mejor posible. Antes de que el juego comience, debe elegir con qué frecuencia le gustaría recibir información y poder cambiar sus asignaciones: ¿una vez por mes, una vez por año o cada cinco años (de tiempo simulado)?

La respuesta correcta parece obvia: ¡dennos información y permítannos usar esa información con la mayor frecuencia posible! El grupo de Thaler testeó si esta respuesta intuitiva era correcta, no dándoles a las personas la posibilidad de elegir, sino determinando al azar con qué frecuencia recibirían información. La mayoría probó inicialmente con una asignación 50/50 entre los dos fondos, ya que desconocían cuál podría ser mejor. Cuando recibieron información sobre el rendimiento de los fondos, cambiaron sus asignaciones. Puesto que la duración simulada del experimento era 25 años, los sujetos que recibían información cada cinco años sólo podían cambiar sus asignaciones unas pocas veces, en comparación con las cientos de oportunidades que tenían los que recibían información mensual. Hacia el final del experimento, los que habían obtenido información sobre el rendimiento sólo cada cinco años ganaron *más del doble* que quienes habían recibido información mensual.

¿Cómo puede ser que, teniendo sesenta veces más información y oportunidades de ajustar sus carteras, les haya ido *peor* que a los que la obtenían cada cinco años? La respuesta reside en parte en la naturaleza de los dos fondos entre los cuales debían elegir los inversores. El primero tenía una tasa de rentabilidad promedio baja, pero era bastante seguro –no variaba mucho de mes a mes y raras veces perdía dinero–. Estaba diseñado para simular un fondo común de inversiones conformado por bonos. El segundo era una especie de fondo común de acciones: tenía una tasa de rentabilidad mucho más alta, pero también una variación mucho mayor, de manera que perdió dinero casi el 40% de los meses.

En el largo plazo, la mejor rentabilidad fue el resultado de invertir todo el dinero en el fondo de acciones, ya que la rentabilidad más alta compensó las pérdidas. A lo largo de un año o de cinco años, las pérdidas mensuales ocasionales en el fondo de acciones quedaron anuladas por las ganancias, de manera que rara vez tenía un año con pérdidas, y nunca tuvo un tramo de pérdidas que durara cinco años. En el esquema mensual, cuando los sujetos vieron las pérdidas en el fondo de acciones, tendieron a cambiar su dinero al de bonos, más seguro, con lo que afectaron su rendimiento a largo plazo. Los que recibieron información todos los años o cada cinco años observaron que el fondo de acciones funcionaba mejor que el de bonos, pero no vieron la diferencia en la variabilidad. Al final del experimento, los que estaban en el esquema de cinco años tenían el 66% de su dinero en el fondo de acciones, mientras que los que se encontraban en el esquema mensual sólo tenían el 40% de su dinero allí.

¿Qué anduvo mal para quienes recibían información mensual? Recibían mucha información, pero era de corto plazo, no era representativa del rendimiento verdadero, a largo plazo, de los dos fondos. La información a corto plazo creaba la ilusión de conocimiento –de que el fondo de acciones era demasiado riesgoso, en este caso–. Aquellos que se encontraban en el esquema mensual tenían toda la información que necesitaban para generar el conocimiento adecuado –que el fondo de acciones era una mejor inversión a largo plazo–, pero no lograron hacerlo.

Esto mismo ocurre en el mundo real de las decisiones de inversión. Brad Barber y Terrance Odean lograron seis años de récords comerciales para 60 000 cuentas de una agencia de bolsa y compararon la rentabilidad de la inversión de las personas que compraban y vendían acciones con asiduidad con la de aquellas que lo hacían con poca frecuencia. Supuestamente, los inversores que hacen muchas operaciones creen que cada una de ellas es una buena idea –que producirá dinero porque se anticipa a un movimiento del mercado–. No obstante, una vez que pagan los costos e impuestos generados por todas las operaciones que han hecho con sus ganancias, los operadores más activos ganan un tercio menos al año que los menos activos.[117]

Los inversores, profesionales y aficionados por igual, deberían buscar las mejores tasas de rentabilidad que puedan obtener en relación con el nivel de riesgo que toman. Los inversores individuales, en particular, pueden obtener mayores beneficios si prestan más atención al riesgo de

---

117 Es interesante señalar que, al comienzo del estudio, los operadores más activos en general también tenían carteras más pequeñas que los menos activos. Obviamente, esta diferencia tendería a magnificarse con el tiempo, ya que su rentabilidad neta también sería más baja (véase Barber y Odean, 2000: 773-806). Los hombres, en especial los solteros, también operan con mucha más frecuencia que las mujeres, y en consecuencia obtienen menos rentabilidad por sus inversiones (véase Barber y Odean, 2001: 261-292).

sus carteras del que suelen prestarle. Ganar unos puntos porcentuales extra por nuestro dinero puede no justificar la angustia, la pérdida del sueño y el mal humor que suelen acompañar la volatilidad de las grandes oscilaciones de precios. Tres tipos de conocimientos son cruciales para tomar decisiones financieras verdaderamente fundadas: un panorama preciso de la rentabilidad a largo plazo y de la volatilidad a corto plazo que debería esperarse de cada una de nuestras opciones de inversión, lo cual sólo puede ser evaluado si además se tienen conocimientos del nivel de tolerancia al riesgo.

En general se nos enseña que tener más información es mejor que tener menos. ¿Quién no quisiera consultar *Consumer Reports*[*] antes de comprar un auto o un lavavajillas? ¿Quién no quisiera averiguar el precio de un televisor con pantalla plana en tres negocios diferentes en lugar de hacerlo en uno solo? Y en estos casos, más información permite tomar mejores decisiones (al menos hasta cierto punto). Los estudios que acabamos de presentar, y otros similares, sugieren que los inversores que tienen más información también creen que tienen más conocimientos. Pero cuando esa información de hecho desinforma, no hace más que alimentar la ilusión de conocimiento. En realidad, la mayoría de las fluctuaciones del valor a corto plazo no guardan relación con las tasas de rentabilidad a plazos más largos y no deberían influenciar nuestras decisiones de inversión (a menos que estemos invirtiendo dinero que podríamos necesitar en un futuro cercano, desde luego). A la hora de evaluar las características de una inversión a largo plazo, a veces tener más información puede derivar en una menor comprensión real. Lo que muestran estos estudios es que, paradójicamente, los que poseían más información sobre los riesgos a corto plazo tuvieron menos posibilidades de tener conocimientos sobre la rentabilidad a largo plazo.

La ilusión de conocimiento no puede predecir la duración y la magnitud de cada burbuja financiera –de hecho, saber acerca de la ilusión debería de ayudar a que tuviéramos la misma cautela para predecir caídas tanto como aumentos de precios–. Sin embargo, la ilusión de conocimiento parece ser un ingrediente necesario para la formación de burbujas. Cada burbuja histórica ha sido asociada con un nuevo "conocimiento" que se ha difundido y ha llegado a personas que lo único que

---

* *Consumer Reports* es una revista mensual de la Unión de Consumidores de los Estados Unidos que publica reseñas y comparaciones de productos y servicios, así como guías generales de compras. [N. de la T.]

sabían de finanzas era esa información ("los bulbos de tulipanes son una inversión segura", "internet cambiará radicalmente el valor de las empresas", "el Dow ascenderá a 36 000", "los inmuebles nunca pierden valor", etc.). La proliferación de información sobre las finanzas, desde las redes de noticias por cable hasta los sitios web, pasando por las revistas de negocios, es una receta para la sensación ilusoria de que sabemos cómo funcionan los mercados. Sin embargo, todo lo que de hecho tenemos es mucha información sobre lo que están haciendo en ese momento, lo que han hecho en el pasado y cómo las personas *piensan* que funcionarán, datos que de por sí no permiten predecir qué harán en el futuro. La familiaridad con el lenguaje de las finanzas y la inmediatez de los cambios en el mercado suele enmascarar la falta de conocimientos profundos, y el flujo cada vez más rápido de información puede incluso acortar el ciclo de *booms* y estallidos en el futuro.

El poder de la familiaridad

Aunque no podamos centrar nuestra atención en más de un subconjunto limitado de nuestro mundo y nos resulte imposible recordar todo lo que nos rodea, la ilusión de conocimiento es un subproducto de un proceso mental que de otro modo sería efectivo y útil. Pocas veces tenemos que explicar por qué algo funciona. Más bien, sólo necesitamos comprender cómo hacer para que funcione. Necesitamos entender cómo desobstruir un inodoro, pero no cómo apretar el botón hace que el agua emane del depósito y luego vuelva a llenarlo. Nuestra capacidad para usar un inodoro cuando lo necesitamos –y de hacerlo sin siquiera pensar en el proceso– nos produce una sensación de que lo comprendemos. Y para la mayoría de los fines prácticos, en realidad esa es toda la comprensión que nos hace falta.

En el capítulo 2, discutimos el error de la "ceguera a la ceguera a los cambios", la idea de que las personas piensan que notarán cambios que, en realidad, pocas veces perciben. La gente confunde fácilmente lo que de hecho recuerda con lo que potencialmente *podría* recordar si se le diera la oportunidad de estudiar las cosas más a fondo. Le proponemos al lector que deje de leer ahora y dibuje la cara de una moneda de un centavo de dólar, o se forme en la mente una imagen de ella. Lo más probable es que su imagen tenga al menos un par de errores –quizá Lincoln esté mirando en la dirección incorrecta, o quizá colocó la fecha en el lugar equivocado, o tal vez directamente olvidó incluir la fecha–. Todos los días durante años ha visto monedas de un centavo, y es factible que hasta hoy pensara que sabía cómo era. Sabe lo suficiente como para diferenciarla de otras monedas, que es el único conocimiento que en realidad necesita tener.[118]

Ronald Rensink, un científico de la visión de la Universidad British Columbia y líder en el estudio de la ceguera a los cambios, ha formulado la interesante afirmación de que la mente funciona en gran medida como un buscador de internet. El padre de Chris, un hombre inteligente nacido antes de que se inventase la computadora, le pidió en varias oportunidades que le explicase cómo es que toda la información de internet llega a su "aparato", el curioso nombre que le da a su iMac. La mayoría de nosotros sabe que el contenido de internet se distribuye a través de millones de computadoras en lugar de duplicarse dentro de cada una de ellas. Pero si tenemos una conexión lo suficientemente veloz y hay servidores lo bastante rápidos en la red, no notaremos ninguna diferencia entre estas dos explicaciones de cómo funciona internet. Desde nuestra perspectiva, la información que queremos llega tan pronto como la solicitamos; seguimos un vínculo con nuestro buscador y el contenido de la página aparece casi de inmediato. La percepción de que la web se almacena de manera local en nuestra computadora es una mala deducción razonable, y en la mayoría de los casos, no implica ninguna diferencia para nosotros. Cuando nuestra conexión se corta, sin embargo, nuestro "aparato" ya no tiene acceso a la información que pensábamos que estaba dentro de él. De manera similar, los experimentos en los que no notamos que las personas se cambian por otras revelan cuán poca información almacenamos en nuestra memoria. No precisamos almacenar más información que los contenidos de la web que nuestras computadoras necesitan guardar; en cada caso, en circunstancias normales, esta puede obtenerse con sólo solicitarla, ya sea mirando a la persona que se encuentra delante de nosotros o ingresando en sitios de internet.[119]

118 A menos que sea coleccionista, no tiene los conocimientos suficientes como para distinguir una moneda falsa de una verdadera. Incluso los aficionados a la numismática podrían no reconocer cambios sutiles, a menos que los busquen de manera activa. Cuando era niño, Dan coleccionaba monedas, y en cierta ocasión detectó una falsa. Se encontraba en una exposición de monedas y un vendedor estaba vendiendo una moneda muy vieja que, según aseguraba, databa de la Grecia antigua. Estaba muy desgastada, y eran pocos los detalles que aún podían verse. En efecto, parecía tener más de dos mil años, y la figura en la cara parecía la de un héroe griego. Sin embargo, Dan no la compró; detrás de la figura podía verse parcialmente la fecha: ¡300 a.C.! (al parecer, algunos falsificadores no son muy brillantes).

119 La idea según la cual nuestra mente funciona como un buscador de internet proviene de Rensink (2000: 17-42). Tanto en filosofía como en psicología, las

La neurocháchara y el porno cerebro

Las empresas suelen explotar la ilusión de conocimiento para vender su mercancía: enfatizan los detalles del producto de tal forma que le hacen creer a la gente que entiende cómo funciona. Por ejemplo, los aficionados a la música y los fabricantes de cables de audio se extasían hablando de la calidad de los cables que conectan los diferentes componentes del sistema. Los fabricantes pregonan la protección superior de sus cables, el mayor rango dinámico, la calidad superior del cobre, los conectores enchapados en oro y el sonido más limpio. Los expertos dicen que los cables hacen que sus viejos parlantes suenen como nuevos, y que sencillamente no hay comparación entre los cables de alta calidad y los comunes. Sin embargo, en al menos un experimento informal los aficionados a la música no fueron capaces de distinguir, en un test a ciegas, ¡un juego costoso de cables de unos alambres de perchas usados como cables de parlantes! (Popken, 2008). Toda la tecnología de alta gama marcó poca diferencia en cuanto a la definición y fidelidad de la música. Por supuesto, es posible que la calidad de los otros componentes de sus sistemas estéreo haya sido insuficiente para revelar la diferencia, pero la mayoría de los que escuchan música o miran películas con un *home theater* no suelen tener el equipamiento necesario para detectarla.

La estrategia de ventas es más graciosa en el caso de los cables que transmiten señales digitales. En la medida en que estos puedan transmitir los 0 y los 1 que conforman una señal digital, su calidad no importa en absoluto. El factor que sí importa es el protocolo que se usa para generar e interpretar esos 0 y 1. Los sistemas estéreo y los sistemas de video modernos

---

metáforas en torno al funcionamiento de la mente suelen provenir de los más recientes e importantes conocimientos tecnológicos. Los primeros modelos del funcionamiento de la mente apelaban a nociones de la hidráulica, donde distintos líquidos y fluidos originaban acciones y pensamientos. Tales modelos fueron reemplazados paulatinamente por nociones tomadas de la mecánica. En esencia, la mente era considerada como una potente computadora. Para la psicología, la metáfora de la computadora aún prevalece, con algunos ajustes correspondientes a profundos cambios en tecnología: el énfasis en la naturaleza análoga de los procesos, la descarga de determinada clase de procesos en módulos especiales (así como la descripción de las computadoras que involucra un conjunto de chips para su manipulación), etc. Para una interesante discusión acerca de los efectos del desarrollo de las teorías científicas véase Gigerenzer (1991: 254-267).

usan estándares digitales tales como HDMI para transferir información de un componente a otro. No obstante, los precios de los cables HDMI varían en más de un factor de diez: un cable que cuesta 5 dólares transmitirá la señal igual que el que cuesta 50. Denon incluso vende cable Ethernet de 1,5 metros para sistemas de audio a 500 dólares. Según la descripción del producto en Amazon.com, uno puede

> [obtener] el audio digital más puro que jamás haya experimentado para la reproducción de DVD multicanal y CD con el *home theater* Denon, gracias a su especial cable AK-DL1. Fabricado con alambre de cobre de alta pureza, este cable está diseñado para eliminar ampliamente los efectos adversos de la vibración y ayudar a estabilizar la transmisión digital producida por las oscilaciones y ondulaciones. Para la protección del cable se utiliza una aleación de cobre con estaño, mientras que la aislación está realizada mediante un material de fluoropolímero que tiene una resistencia superior al calor y al clima, así como propiedades antienvejecimiento. El conector presenta una palanca redondeada en el enchufe para evitar que se doble o se rompa, y las flechas indican la dirección correcta en la que debe conectarse el cable.

Aparentemente, algunas personas han comprado este producto, pero, como indican algunos comentarios en Amazon.com, para una señal digital la calidad de sonido no debería variar nada si se usa este cable o uno Ethernet común, que puede adquirirse en los negocios de "todo por un dólar". Tampoco es claro qué son las "oscilaciones y ondulaciones", por qué la vibración es importante para una corriente de 0 y 1, o cómo es que los fluoropolímeros evitan el envejecimiento. La mayoría de los cientos de comentarios sobre este producto son irónicos, y las cinco etiquetas más comúnmente asociadas incluyen "poción milagrosa", "estafa", "pérdida de dinero", "tirar la plata" y "desmesurado".[120]

Un grupo de investigadores del departamento de psicología de Yale, entre los que se encontraban el consejero de la facultad de Dan, Frank Keil y nuestro amigo Jeremy Gray, condujeron un experimento malicioso en el que los sujetos leían pasajes de un texto que incluía cháchara in-

---

120 Si quiere entretenerse con críticas realmente agudas, lea los comentarios de los usuarios del cable Denon en Amazon.com. Simplemente, busque en el sitio "Denon Ethernet cable". En agosto de 2009, un usuario de Amazon ofrecía incluso uno de estos cables "usados" ¡a 2000 dólares!

formativa como la descripción del cable de Denon. Cada pasaje comenzaba con un resumen sencillo de un experimento de psicología como el siguiente:

> Los investigadores crearon una lista de los hechos que alrededor del 50% de las personas conocía. Los sujetos entonces leían la lista y apuntaban aquellos que ya conocían. Luego aventuraban qué porcentaje de otras personas podría conocerlos. Cuando conocían uno, pensaban que un porcentaje equivocadamente alto de otras personas también lo conocía. Por ejemplo, un sujeto que supiera que Hartford es la capital de Connecticut podría pensar que el 80% de las otras personas lo sabría, aunque sólo el 50% tuviera ese dato. Los investigadores llaman a este descubrimiento "la maldición del conocimiento".

Luego de leer este pasaje, los sujetos leían o una explicación buena o una mala de la "maldición del conocimiento". La explicación "mala" era la siguiente: "Esta 'maldición' sucede porque los sujetos cometen más errores cuando tienen que juzgar el conocimiento de otros. Las personas son mejores para juzgar lo que ellas mismas saben". Adviértase que esta definición en realidad no nos dice nada sobre la "maldición del conocimiento". El experimento mostraba que las personas juzgan el conocimiento de los demás de forma diferente según si ellos mismos tienen ese conocimiento o no. No decía nada sobre si son mejores para juzgar el conocimiento propio o el de los demás.

En contraste, la explicación "buena" era: "Esta 'maldición' sucede porque los sujetos tienen problemas para cambiar su punto de vista para considerar lo que otro podría saber, lo que significa proyectar de manera equivocada su propio conocimiento a los demás". Esta definición es buena porque explica la maldición del conocimiento en términos de un principio sobre nuestra mente más amplio: la dificultad que tenemos para adoptar la perspectiva de otra persona. Puede o no ser correcta en términos científicos, pero al menos es pertinente. Cada sujeto leyó una serie de estos pasajes y explicaciones y calificó qué tan satisfactorios eran. En general, calificaron las explicaciones buenas como más satisfactorias, es decir que reconocieron que realmente decían algo para explicar el resultado experimental y que las malas eran en su mayoría irrelevantes.

El giro del experimento provenía de una tercera condición, en la que a la explicación mala se añadía información irrelevante sobre el cerebro: "Las tomografías cerebrales indican que esta 'maldición' se origina en los circuitos del lóbulo frontal, que, se sabe, participan en el autoconocimiento. Los sujetos cometen más errores cuando tienen que juzgar el conocimiento de los demás. Las personas son mucho mejores para juzgar lo que ellas mismas saben".

Así como la cháchara tecnológica en la descripción de Denon en Amazon no convierte un cable de 2 dólares en un dispositivo de 500, este discurrir superfluo sobre el cerebro, que llamamos "neurocháchara", no rescata la validez de la explicación psicológica mala. Pese a esto, cuando se la agregó, los sujetos calificaron las explicaciones malas como más satisfactorias. La neurocháchara indujo una ilusión de conocimiento; hizo que las explicaciones malas parecieran ofrecer más conocimiento de lo que en realidad impartían. Influyó incluso en los estudiantes de un curso introductorio a las neurociencias. Por suerte, los graduados en neurociencias tenían suficientes conocimientos reales que los inmunizaban contra la neurocháchara.[121]

El primo de la neurocháchara es el "porno cerebral": las coloridas imágenes de masas de actividad en las tomografías cerebrales que pueden inducirnos a pensar que hemos aprendido sobre el cerebro más de lo que en realidad lo hicimos. Los neurocientíficos han reconocido que estas imágenes pueden servir más como una herramienta de ventas para su ciencia que como un verdadero instrumento cognitivo. En un experimento perspicaz, David McCabe y Alan Castel les pidieron a los sujetos que leyesen una de dos descripciones de un estudio de investigación ficticio. El texto era idéntico, pero una de ellas estaba acompañada de una imagen cerebral tridimensional típica que activaba áreas trazadas con colores, mientras que la otra incluía sólo un gráfico de barras con los mismos datos. Los sujetos que leyeron la versión con la pornografía cerebral pensaron que el artículo estaba mucho mejor escrito y que tenía más sentido. La trampa es que en realidad ninguno de los estudios ficticios tenía un sentido lógico, sino que todos describían afirmaciones dudosas que las tomografías cerebrales decorativas no mejoraban en absoluto.[122]

---

121 Véase Weisberg, Keil, Goodstein, Rawson y Gray (2008: 470-477). La maldición del conocimiento descrita en el ejemplo que dimos de este experimento tiene implicaciones para la ilusión de conocimiento. Si suponemos que otras personas saben lo que nosotros sabemos, y pensamos que sabemos más de lo que sabemos, ¡entonces debemos pensar que otras personas también saben más de lo que saben!

122 Estos resultados provienen del Experimento 1 de McCabe y Castel (2008: 343-352).

La neurocháchara ha avanzado hasta la publicidad, junto con la tecnocháchara y otras informaciones irrelevantes, que hacen que los consumidores sientan que entienden algo mejor de lo que de verdad lo hacen. En un aviso publicitario omnipresente en una revista, la aseguradora Allstate Insurance pregunta: "¿Por qué la mayoría de los adolescentes de 16 años maneja como si le faltara una parte de su cerebro?", y responde: "Porque así es". La empresa atribuye que manejen de manera tan riesgosa a la inmadurez de la corteza prefrontal lateral, una región crítica para "la toma de decisiones, la resolución de problemas y la comprensión de las consecuencias futuras de las acciones del presente". Debajo del título, un dibujo muestra un cerebro con un agujero con forma de auto en ese lugar.[123] El aviso publicitario podría ser correcto en cuanto a la ciencia, pero la información sobre el cerebro es por completo irrelevante para ese argumento. Los adolescentes manejan en forma temeraria, pero eso es todo cuanto necesitamos saber para convencernos de que los padres deberían conversar más con sus hijos sobre la seguridad vial, que es a lo que apunta el aviso de Allstate. Si hablamos más con nuestros hijos (o compramos los seguros de Allstate) porque sabemos qué parte del cerebro es responsable de la toma de riesgos, somos víctimas de la ilusión de conocimiento, gracias a la neurocháchara o al porno cerebral.

Hay un 50% de probabilidades de que el clima sea estupendo, algo así como *Desearía que estuvieras aquí*

En la comedia dramática de 2005 *The Weather Man* (*El hombre del tiempo*), el personaje del título (interpretado por Nicholas Cage) recibe un buen sueldo pero es poco respetado por su trabajo, que consiste en actuar como alguien que sabe del tema cuando lee los pronósticos preparados por otros. Es fácil burlarse de una clase de profesionales cuyo trabajo es recordado principalmente cuando llueve durante el picnic o cuando nuestro vuelo se demora. Sin embargo, hay algunos lugares en los que el clima es una noticia realmente importante, y la precisión de los pronósticos puede marcar una diferencia de millones o miles de millones en la vida de las personas. Dan vive en Champaign, una ciudad universitaria en el centro-este de Illinois. La Universidad de Illinois, donde él da clases, es el mayor empleador de la zona, pero la fuerza económica dominante

---

123 Chris tiene un ejemplar impreso de este aviso publicitario.

de la región es el cultivo de maíz y soja a gran escala.[124] El clima influye en todas las decisiones importantes que toma un agricultor, incluyendo cuándo plantar y cosechar, qué plantar y cómo planificar para la oferta y la demanda futuras. Los agricultores de Illinois controlan las condiciones mucho más allá de su región. Una cosecha de maíz extraordinaria durante el verano de la Argentina puede determinar qué cultivos plantarán ellos en primavera. Incluso los mercados mundiales del petróleo y otras formas de energía influyen en sus decisiones agrícolas, ya que el maíz de Illinois es responsable del 40% del etanol que se produce en los Estados Unidos.

La mayoría de las estaciones de radio del país tienen a lo sumo un meteorólogo, y pocas veces un pronosticador con un título en meteorología. La estación de radio de Champaign, WILL, cuenta, entre su personal, con un meteorólogo que trabaja tiempo completo, dos que lo hacen en forma parcial y un pronosticador del clima. Brinda pronósticos detallados a lo largo de todo el día, y dedica la misma cantidad de tiempo o más al clima que cualquier estación de los Estados Unidos. Debe hacerlo, porque los agricultores dependen de los pronósticos para su sustento.[125] Si los pronosticadores del clima están bien ajustados, es decir, si saben realmente cuánto saben, los agricultores pueden confiar en sus predicciones para tomar decisiones importantes. Aunque las personas han intentado predecir el clima durante milenios, el primer pronóstico publicado apareció en forma impresa hace menos de 150 años, en Cincinnati, el 1º de septiembre de 1869: "Nublado y cálido por la noche. Mañana despejado" (Hughes, 1994: 22-27). El agregado de probabilidades expresadas en porcentajes no comenzó sino en 1920, cuando Cleve Hallenbeck, jefe de la Oficina Meteorológica de los Estados Unidos, ubicada en Roswell, Nuevo México, publicó un artículo defendiendo su uso. Hallenbeck había testeado su método con un experimento informal que duró 220 días. Cada uno de ellos estimó la probabilidad de lluvias y luego registró si llovía. Sus pronósticos resultaron notablemente bien ajustados: llovió la mayoría de los días con alta probabilidad y pocas veces cuando era baja. Sin embargo, recién en 1965 el Servicio Meteorológico de los Estados Unidos comenzó a incluir de manera regular las probabilidades porcentuales de lluvia en los pronósticos. En 1980, los meteorólogos

---

124 Los datos agrícolas fueron extraídos de Wikipedia (2009).
125 Los detalles sobre los pronósticos del clima en Illinois y WILL provienen de una entrevista realizada por Dan a Ed Kieser (2009).

Jerome Charba y William Klein realizaron un examen masivo de más de 150 000 pronósticos de precipitaciones durante dos años, entre 1977 y 1979. La probabilidad pronosticada de lluvias coincidía casi perfectamente con la probabilidad real de lluvias. Claramente, los únicos errores sistemáticos ocurrieron cuando los pronosticadores dieron el ciento por ciento de probabilidad de lluvias y sólo llovió el 90% de las veces. ¡Cuidado con la certeza!

¿Qué hace que los pronósticos del clima, al menos los serios, sean diferentes de otras formas de razonamiento y predicción? Cuando los meteorólogos dicen que hay un 60% de posibilidad de lluvias están estimando la probabilidad de que, dadas las condiciones atmosféricas existentes, realmente llueva. Y estas estimaciones son altamente precisas a lo largo de una serie de pronósticos. Los meteorólogos ajustan de manera continua sus predicciones –y los modelos matemáticos y estadísticos, así como los programas de computadora que las generan– sobre la base de la información de predicciones anteriores. Si una probabilidad de lluvias del 60% se combina con ciertos patrones climáticos, pero sólo llueve el 40% de las veces, entonces los modelos son refinados de manera que la próxima vez que ocurran esas condiciones atmosféricas, la probabilidad estimada de lluvia sea menor. Lo inusual de los pronósticos climáticos es que los pronosticadores reciben una respuesta inmediata y definitiva acerca de sus predicciones, y su conocimiento de las probabilidades se acumula con el tiempo. Por ejemplo, durante el periodo comprendido entre 1966 y 1978, la habilidad para pronosticar con 36 horas de anticipación casi se duplicó.[126]

Como los pronosticadores del clima, cuando recibimos una devolución adecuada, a veces podemos ajustar nuestros juicios y eliminar la ilusión de conocimiento. En una demostración que Dan usó en una clase de Introducción a la Psicología, se les entregó a todos los estudiantes un naipe, que procedieron a colocar sobre su frente, de manera que ellos no podían verlo pero sí todos los demás.[127] Entonces, cada uno trataba

---

126 Charba y Klein (1980: 1546-1555). Se ha discutido mucho sobre el "caos" en los sistemas físicos como el clima de la Tierra y la idea, ahora convertida en cliché, de que una mariposa puede batir sus alas en un lado del mundo e influir en el clima semanas más tarde en el lado opuesto. Nada de esto hace que sea imposible predecir si lloverá mañana.

127 Esta demostración fue sugerida por uno de los asistentes docentes de Dan, Richard Yao, quien la experimentó en una clase en la Northwestern University, cuando era estudiante de grado.

de conseguir a la persona que tenía la carta más alta posible para formar pareja con ella. Recordemos que no podían ver su carta, pero sí las de todos los demás. En consecuencia, sabían quién rechazaba a quién. Inicialmente, la mayoría tratará de formar pareja con aquellos que tengan un as o un rey (las cartas más altas), pero muchos serán rechazados. Sólo aquellos con una carta realmente alta gozarán de la posibilidad de ser aceptados por alguien con un as o un rey. Esta persona desconocerá lo que tiene, pero sabrá que no puede tener algo mejor que un as o un rey, y no aceptará una invitación de alguien que tenga un 6 o un 7 –esperará una mejor suerte–. Sorprendentemente, suelen formar parejas lo bastante rápido con otros que tienen cartas similares a las suyas. Pueden usar inmediatamente la devolución que obtienen cuando son rechazados para ajustar sus expectativas. El mismo principio puede utilizarse para explicar por qué quienes tienen atractivos muy diferentes raras veces forman pareja (Price y Vandenberg, 1979: 398-400) –todos aspiran a lo mejor que puedan obtener, y las citas permiten cierto ajuste de las impresiones que tienen de sí mismos–.

El juego de formar pares con las cartas y el mundo real de las citas y las parejas brindan una retroalimentación directa (y a veces dolorosa) en forma de rechazo. Por desgracia, para la mayoría de los juicios que hacemos en nuestra vida, nunca recibimos la retroalimentación precisa que reciben los pronosticadores del clima mirando a la mañana siguiente para saber si acertamos o nos equivocamos, día tras día, año tras año. Ahora podemos ver parte de lo que diferencia la meteorología de un campo como la medicina. La información sobre lo acertado de un diagnóstico, o el resultado de un procedimiento quirúrgico, está disponible *en principio*. En la práctica, sin embargo, la información pocas veces se recoge de manera sistemática, se almacena y se analiza como la del clima. Un médico que diagnostica neumonía y prescribe un tratamiento rara vez averigua luego si el diagnóstico era correcto o el tratamiento, efectivo. Incluso cuando la obtiene, a menudo llega mucho más tarde, lo que vuelve difícil vincular sus decisiones con el resultado. Si en los últimos años el lector ha pasado de la cámara analógica a la digital, ha experimentado los beneficios de obtener una retroalimentación instantánea. Ya no debe esperar a revelar el rollo para saber si hizo algo mal (o bien). Y cuando comete un error, puede recordar qué fue lo que hizo mal y corregirlo. Como cualquier estudiante sabe, ya sea en la fotografía, la psicología o los negocios, es más difícil mejorar si no tenemos una devolución inmediata de nuestros errores.

¿Por qué persiste la ilusión de conocimiento?

Los científicos, arquitectos y administradores de fondos de inversión son respetados, pero a los meteorólogos se los parodia. Sin embargo, estos últimos tienen menos ilusiones sobre su propio conocimiento que los primeros. En el capítulo 3, vimos que los médicos que consultaban libros y computadoras eran subestimados por los pacientes, mientras que la víctima de una violación que no expresó ninguna duda en su testimonio fue elogiada como testigo modelo. Allí afirmamos que la valoración de la confianza puede beneficiar a las personas por actuar como si tuvieran más habilidades y precisión de las que tienen. La ilusión de conocimiento tiene consecuencias similares: parecemos preferir el consejo de expertos que actúan como si supieran más de lo que saben, o que creen honestamente que su conocimiento es mayor de lo que es.

¿Las personas realmente prefieren expresiones de conocimiento que trazuman mayor certeza, a las afirmaciones más tentativas aun cuando estén mejor ajustadas? Trate de responder la siguiente sencilla pregunta diseñada por el psicólogo holandés Gideon Keren.

A continuación se presentan los pronósticos de la probabilidad de lluvias de cuatro días confeccionados por dos meteorólogas, Anna y Betty:

	Lunes	Martes	Miércoles	Jueves
Pronóstico de Anna	90%	90%	90%	90%
Pronóstico de Betty	75%	75%	75%	75%

Finalmente, llovió tres de los cuatro días. ¿Quién, en su opinión, fue mejor pronosticadora, Anna o Betty?

Esta pregunta contrapone nuestras preferencias de precisión y certeza. Betty dijo que llovería el 75% de las veces, y así fue, de modo tal que sus predicciones no reflejaron ninguna ilusión de conocimiento. Anna pensó que sabía más sobre la probabilidad de que lloviera de lo que en efecto sabía: tendría que haber llovido los cuatro días para que sus pronósticos fueran más precisos que los de Betty. No obstante, cuando condujimos un experimento usando una variante de esta pregunta, casi la mitad prefirió el pronóstico de Anna.[128]

---

128 La pregunta sobre la preferencia meteorológica fue formulada a los 72 jugadores de ajedrez en Filadelfia que participaron en el estudio sobre el exceso

Las condiciones de este experimento difieren de la mayoría de las situaciones del mundo real, en las que raras veces llegamos a escoger entre expertos que tienen antecedentes tan claros de éxito o fracaso en sus predicciones. Un estudio sobre expertos en política internacional halló que sus pronósticos eran significativamente menos precisos que los de ciertos modelos estadísticos simples. Encontrar en qué fueron peores resultó revelador: en general, predijeron que las condiciones políticas y económicas cambiarían (para mejor o peor) con mayor frecuencia de lo que en realidad cambiaron. De manera que la estrategia de suponer simplemente que el futuro será igual que el presente habría sido una predicción más precisa. A diferencia del experimento de los pronósticos climáticos, sin embargo, las personas que escuchan a estos expertos no tienen forma de determinar por anticipado qué tan precisos serán (Tetlock, 2005).[129] Y a diferencia de lo que sucede en el laboratorio, en el mundo real es mucho más *difícil* efectuar una elección correcta, precisamente porque o bien carecemos de información, o bien contamos con ella pero no tenemos el tiempo, la atención y la intuición necesarios para evaluarla de manera adecuada.

---

de confianza en la capacidad ajedrecística que abordamos en el capítulo 3. La pregunta aparece por primera vez en Keren (1997: 269-278). Véase también Keren y Teigen (2001: 191-202). Debe tenerse en cuenta que la preferencia popular por la certeza en los informes del tiempo fue advertida de manera anecdótica hace más de un siglo. Cuando William Ernest Cooke (1906: 23-24) introdujo estimaciones de incertidumbre en los pronósticos del tiempo en 1906, predijo que el público preferiría su nuevo método; pero inmediatamente debajo de su primer artículo apareció una nota del profesor E. B. Garriott que daba no menos de cinco argumentos específicos por los cuales el "esquema" de Cooke era poco práctico, y concluía que "nuestro público insiste en que expresemos nuestros pronósticos de manera concisa y en términos inequívocos".

129 En la pronosticación del tiempo, los meteorólogos entienden la necesidad de mostrar que, con el tiempo, sus métodos son mejores que un simple modelo que supone que el clima de mañana será igual que el de hoy. Y pueden con facilidad hacer suficientes predicciones verificables para mostrar que son capaces de derrotar a esos modelos. Las personas de muchas otras disciplinas carecen de esa fuente de retroalimentación y a menudo no verifican si sus modelos pueden funcionar mejor que tal heurística simple. Incluso cuando tienen acceso a esa información (por ejemplo, se puede utilizar información financiera pública para determinar si el método de un gerente de fondos consistente en escoger acciones es mejor que el de un fondo indexado pasivo), muchas veces ni se molestan en verificarlo. Si lo hicieran, tal vez no mostrarían tanta confianza como la que muestran.

El experimento de Anna y Betty muestra que *aun cuando tengamos toda la información necesaria para reconocer qué experto conoce los límites de su propio conocimiento, preferimos a aquel que no los conoce.* Los autores de autoayuda que dicen de modo preciso qué debe hacerse ("coma esto, no coma aquello") tienen públicos más numerosos que otros que ofrecen un menú de opciones razonables a los lectores para que prueben y averigüen qué funciona mejor para ellos. Jim Cramer, el gurú televisivo de las inversiones en la bolsa, nos dice que debemos "comprar, comprar, comprar" o "vender, vender, vender" (con un vigoroso "¡Hurra!"), en lugar de analizar las ideas de inversión en el contexto de nuestros objetivos financieros generales, sopesando los diferentes tipos de acciones y otras consideraciones sutiles que podrían socavar la sensación deslumbrante de convicción que rebosa.[130]

De este modo, la ilusión de conocimiento persiste en parte porque las personas prefieren a expertos que piensen que saben más de lo que de hecho saben. Los que tienen conciencia de los límites de su conocimiento dicen cosas como "hay un 75% de probabilidades de que llueva", mientras que aquellos que los desconocen expresan una certeza indebida. Sin embargo, incluso los expertos que tienen un profundo conocimiento de su especialidad pueden caer presas de la ilusión de conocimiento. Recordemos a los científicos que hicieron predicciones erróneas respecto del número de genes, del agotamiento de los recursos naturales y de la promesa de las computadoras que jugarían ajedrez. Estos pronosticadores equivocados estuvieron lejos de ser fracasos marginales en sus campos. Eric Lander, quien predijo de modo erróneo el número de genes humanos, y John Holdren, quien pronosticó de manera equivocada el aumento permanente de los precios de las materias primas, pasaron a ser asesores científicos de la administración de Barack Obama. En 1990, Paul Ehrlich recibió el premio "genio" de la Fundación MacArthur, consistente en 345 000 dólares, el mismo año que perdió su apuesta sobre el precio de las materias primas. Y Herbert Simon ganó el Premio Nobel de Economía en 1978 por su "investigación pionera en los procesos de toma de decisiones dentro de las organizaciones económicas", no por su habilidad para predecir los resultados de los partidos de ajedrez.[131]

---

130 Agradecemos a nuestro editor de Crown Publishing, Rick Horgan, por sugerir estos dos ejemplos.
131 La cita sobre Herbert Simon proviene del sitio web de los premios Nobel.

En ninguno de estos casos la ilusión de conocimiento les costó sus medios de vida, pero en otros lo ha hecho. El arquetipo del inversor exitoso no es el de alguien que protege sus apuestas con sumo cuidado y se asegura de que su elección de acciones y su ventaja reflejen un nivel apropiado de incertidumbre sobre el futuro. Más bien es alguien que hace movimientos arriesgados, que lo apuesta todo y gana. La ilusión de conocimiento es tan fuerte que aceptamos demasiado a quienes ganan por un tiempo y luego van demasiado lejos y lo pierden todo. En 2007, a pesar de sus desastrosas pérdidas en Amaranth y el Deutsche Bank, y pese a que el gobierno estadounidense lo acusó formalmente de incurrir en manipulación del mercado, Brian Hunter estaba reuniendo capital para un nuevo fondo de inversión, tal como lo habían hecho los infortunados fundadores de Long-Term Capital y otros fondos que habían fracasado antes que él.[132]

132 En agosto de 2009, Amaranth aceptó un arreglo con el gobierno de los Estados Unidos respecto de los cargos, pero no así Brian Hunter. Antes, durante ese mismo año, se había desempeñado como asesor de Peak Ridge Capital Group, cuya "Commodity Volatility Fund" subió un 138% en sus primeros seis meses. "Haber perdido ese dinero y recuperarlo en el mercado con un negocio similar requiere mucha confianza, por no decir arrogancia", dijo un analista de la industria. Véanse el blog DealBook (2008); Davis (2007: C3); Kahn (2009); Kishan (2009); Strasburg (2008: C1), y Zuckerman y Karmin (2008: C1).

5. El salto a la conclusión

El 29 de mayo de 2005, una niña de seis años fue internada en Cincinnati, donde había ido a visitar a unos familiares. Estaba deshidratada, tenía fiebre y un sarpullido, y debió pasar unos días en el hospital frente a un ventilador. El hospital envió una muestra de sangre al Laboratorio del Departamento de Salud de Ohio, y el resultado confirmó el diagnóstico inicial de los médicos: tenía sarampión.[133]

El sarampión es uno de los virus más infecciosos que afecta a los niños. Cuando una persona infectada estornuda, otra puede contraer la enfermedad simplemente respirando el aire de la sala o tocando una superficie contaminada –el virus permanece activo hasta por dos horas–. El sarpullido es la primera evidencia visible que lo distingue de otros virus, pero la enfermedad es contagiosa desde cuatro días antes de que este aparezca. Más aún, cuando alguien ha estado expuesto a él puede no presentar ningún síntoma durante dos semanas.

La combinación de la demora en la aparición de los síntomas, el potencial de que los portadores diseminen la enfermedad antes de que sepan que están infectados y la naturaleza altamente infecciosa del virus constituye una receta perfecta para la epidemia. Antes de la década de 1970 era tan común, aun en los Estados Unidos, que lo inusual era que los niños

---

133 Los detalles de ese caso y el brote posterior de sarampión en Indiana fueron extraídos del informe del Center for Disease Control (2005: 1073-1075). Otros detalles provienen de Parker, Staggs, Dayan, Ortega-Sánchez, Rota, Lowe, Boardman, Teclaw, Graves y LeBaron (2006: 447-455). La restante información sobre sarampión abordada en este capítulo proviene de las fuentes antes citadas, así como de las siguientes: Organización Mundial de la Salud (2009); informe del Center for Disease Control (2008a: 203-206); *Health Protection Report* (2008); Omar, Pan, Halsey, Moulton, Navar, Pierce y Salmon (2006: 1757-1763); informe del Center for Disease Control (2008b: 494-498); informe del Center for Disease Control (2008c: 893-896). La información sobre el brote de sarampión en Rumania proviene de Associated Press (2005).

no lo tuvieran. Todavía es habitual en gran parte del mundo; según la Organización Mundial de la Salud (OMS), sólo en 2007 murieron de sarampión cerca de 200 000 personas y sigue siendo una de las principales causas de mortalidad infantil en todo el mundo. Las serias complicaciones que conlleva incluyen ceguera, deshidratación severa, diarrea, encefalitis y neumonía. En los países más pobres y en vías de desarrollo, que poseen una atención sanitaria inadecuada y altas tasas de desnutrición, los brotes de esta enfermedad pueden ser catastróficos: la OMS estima que las tasas de mortandad en esas regiones es del 10%. En los países más ricos, que cuentan con sistemas de salud efectivos, raras veces ocasiona la muerte, pero puede causar serias complicaciones a quienes tienen problemas de salud preexistentes como el asma.

La eliminación del sarampión es uno de los grandes éxitos de los programas de vacunación sistemática. Los casos en los Estados Unidos son muy raros hoy en día debido a la efectividad de la vacuna triple, que inmuniza contra el sarampión, las paperas y la rubéola. La obligatoriedad de la vacuna triple para los niños antes de que ingresen en el sistema de escolaridad primaria eliminó en gran medida el sarampión del país en el año 2000. Se necesitan niveles de vacunación del 90% de la población para erradicar de manera efectiva la epidemia, y los Estados Unidos han superado ese umbral hace más de una década. Entonces, ¿cómo se enfermó una niña de seis años en Cincinnati?

El sarampión continúa siendo una epidemia en ciertas regiones de Europa, donde los programas de vacunación son voluntarios, y en África y partes de Asia la epidemia a gran escala es habitual. La mayoría de los casos de sarampión registrados en los Estados Unidos son aislados —una persona no vacunada visita un país donde hay un brote, queda expuesta y luego regresa al lugar en el que reside, donde comienzan a aparecerle los síntomas—. La niña que visitó Cincinnati había vivido en el norte de Indiana y no había salido del país. ¿Cómo fue entonces que contrajo la enfermedad?

Recuérdese lo contagiosa que puede ser, junto con la demora que hay entre la aparición de los síntomas y el potencial de infectar a otros. Aunque no hubiera ido a una región donde el sarampión es endémico, podría haber estado en contacto con alguien que sí hubiera viajado. La niña, muy probablemente, se había infectado dos semanas antes, el 15 de marzo, cuando asistió a una gran reunión con alrededor de 500 miembros de su iglesia en Indiana. Sus padres informaron al personal médico del hospital de Cincinnati que una muchacha que se encontraba en el lugar estaba descompuesta —tenía fiebre, tos y conjuntivitis—. Luego se supo que esa adolescente, de 17 años, acababa de regresar a Indiana luego de una misión eclesiástica en Bucarest, capital de Rumania, donde había trabajado en un orfanato y hospital. Había viajado en vuelos comerciales para regresar a los Estados Unidos el 14 de mayo y había asistido a la reunión de la Iglesia al día siguiente. Era el "caso índice" –la primera persona en infectarse, y la fuente de las infecciones de todos los pacientes posteriores– de lo que en poco tiempo se convirtió en el mayor brote de sarampión en los Estados Unidos desde 2000.

Durante mayo y junio de 2005, otras 32 personas lo contrajeron. De los 34 casos documentados, 33 eran miembros de la iglesia que o bien habían estado en contacto directo con el caso índice o vivían en la misma casa que alguien que lo había hecho. La única persona que contrajo sarampión fuera de la comunidad de la iglesia trabajaba en un hospital donde había sido tratado uno de los pacientes. Por fortuna, ninguno de los infectados murió. Además de la niña de seis años de Cincinnati, un hombre de 45 años necesitó líquidos endovenosos y el empleado del hospital debió estar seis días con respirador artificial debido a una neumonía y a problemas respiratorios. Gracias al efectivo tratamiento y al buen manejo del brote –ninguna de las personas expuestas al virus en las que aún no se habían manifestado síntomas debió ser aislada durante 18 días–, este quedó eliminado hacia fines de julio, sin que desde entonces se informaran nuevos casos. Según una estimación, el costo total del trabajo de contención y tratamiento rondó los 300 000 dólares.[134]

De los 34 pacientes, sólo dos habían sido vacunados, y uno de ellos –el empleado del hospital– había recibido una única dosis de la vacuna. La niña de seis años y la muchacha de 17 no lo estaban. En el encuentro, de 500 personas, 50 no habían recibido la vacuna, y 16 de ellas contrajeron luego sarampión (el resto eran casos de segunda o tercera generación, en su mayoría familiares que se contagiaron de quienes habían estado en la reunión de la iglesia). El brote pudo contenerse porque la mayoría de los miembros de la comunidad habían sido vacunados. En países en los que la vacunación es menos común, el brote hubiera sido mucho mayor.

¿Por qué el 10% de los miembros de la iglesia no estaban vacunados si la tasa de vacunación de niños en edad escolar en los Estados Unidos supera el 95%? Aunque la vacunación es obligatoria para todos los niños

---

134 En Rumania, más de 4000 personas contrajeron sarampión y diez murieron durante el brote en el que se infectó la muchacha misionera.

que asisten a las escuelas públicas, en muchos estados los padres pueden presentar una "exención por creencias personales" que les permite no vacunar a sus hijos por razones religiosas o de otra índole. Y de hecho, la mayoría de los casos ocurrió en unas pocas familias que habían rechazado la inoculación. Muchas de ellas continuaron rechazándola aun cuando las autoridades sanitarias estaban tratando de controlar el brote. Durante los primeros siete meses de 2008, los Centros de Control de las Enfermedades (CDC, por su sigla en inglés) registraron 131 casos de sarampión en el país, más del doble del promedio anual desde 2001 hasta 2007, y el mayor número desde 1996. Muchos de ellos se produjeron entre niños en edad escolar en condiciones de ser vacunados cuyos padres se negaron a que lo hicieran.

¿Por qué los padres rechazan deliberadamente una vacuna que puede prevenir una enfermedad grave, altamente contagiosa y muy común en la niñez, que logra erradicarla de manera efectiva? ¿Por qué las personas violan en forma deliberada las pautas de los CDC y la OMS al viajar a países donde son muy comunes el sarampión y otras enfermedades evitables sin vacunarse primero? ¿Por qué los padres exponen a sus hijos a enfermedades que pueden llegar a ser mortales, como el sarampión, cuando hace más de 40 años que se dispone de una solución segura y efectiva?

Este comportamiento, como veremos, es el resultado de otra ilusión cotidiana: la ilusión de causa. Antes de que podamos entender por qué alguien puede elegir no vacunar a sus hijos, debemos considerar tres tendencias separadas, aunque interrelacionadas, que contribuyen a esta ilusión. Estas surgen del hecho de que nuestra mente tiene la predisposición a detectar sentidos a partir de ciertos patrones, a inferir relaciones causales de las coincidencias y a asumir que los acontecimientos anteriores causan los posteriores.

Ver a Dios en todo

La percepción de patrones es central en nuestra vida, y la habilidad en muchas profesiones se basa casi por completo en la capacidad de reconocer rápidamente una amplia variedad de patrones importantes. Los médicos buscan combinaciones de síntomas que forman un patrón, lo que les permite inferir una causa subyacente, hacer un diagnóstico, seleccionar un tratamiento y predecir resultados. Los psicólogos clínicos y consultores psicológicos buscan patrones en los pensamientos y las conductas para poder diagnosticar una disfunción mental. Los comerciantes de acciones siguen las alzas y bajas de los principales índices buscando regularidades que les aporten una ventaja. Los entrenadores de béisbol posicionan a sus jugadores en el campo de juego según la regularidad con la que los bateadores tienden a golpear el balón, y los lanzadores ajustan su lanzamiento sobre la base de los patrones que perciben en el movimiento de un bateador. Todos nosotros aplicamos una detección de patrones sin saber que lo estamos haciendo. Podemos reconocer a un amigo que camina por la calle exclusivamente a partir de su patrón de movimiento, de identificar la regularidad en su marcha. Simplemente escogiendo patrones de movimiento y gestos en breves videos mudos, los estudiantes pueden incluso predecir qué profesores recibirán buenas evaluaciones al final de un semestre.[135] No podemos evitar no ver sino patrones en el mundo y hacer predicciones sobre la base de ellos.

Estas extraordinarias habilidades para la detección de patrones a menudo nos son muy provechosas, ya que nos permiten extraer conclusiones en segundos (o milisegundos) que nos tomarían minutos u horas si tuviéramos que apoyarnos en arduos cálculos lógicos. Desafortunadamente, también pueden llevarnos por mal camino y contribuir a esta clase de ilusión. A veces, creemos ver patrones donde no los hay, y donde sí existen los percibimos mal. Más allá de que existan o no, cuando los percibimos, de inmediato inferimos que resultan de una relación causal. Así como nuestra memoria del mundo puede distorsionarse para coincidir con nuestras concepciones de lo que deberíamos recordar, y así como podemos no ver los gorilas que nos rodean porque no se corresponden con nuestras expectativas preexistentes; a partir de la concepción del mundo que nos rodea tendemos, en forma sistemática, a percibir lo regular en lugar de lo azaroso y a inferir causas más que coincidencias. Y, en general, desconocemos por completo esas tendencias.

La ilusión de causa surge cuando vemos patrones en lo azaroso, y tenemos muchas probabilidades de hacerlo cuando pensamos que comprendemos lo que los provoca. Nuestras creencias causales intuitivas nos llevan a percibir patrones acordes a ellas, al menos cuando aquellos que percibimos nos conducen a nuevas creencias. Algunos de los ejemplos

135 La evidencia de que las personas pueden reconocer a sus amigos sólo por su forma de andar proviene de Cutting y Kozlowski (1977: 353-356). La prueba de que los estudiantes pueden juzgar a sus profesores a partir de una breve mirada proviene de Ambady y Rosenthal (1993: 431-441).

más notables de percepción fallida de patrones incluyen la detección de rostros en lugares inusuales.

Un día en 1994, Diana Duyser vio algo extraño luego de dar un mordisco en un sándwich de queso que acababa de prepararse. Grabado en la superficie del pan tostado, si se lo miraba fijamente, había un rostro. Duyser, quien se dedica al diseño de joyas en Florida del Sur, advirtió de inmediato que era el de la Virgen María. Dejó de comer y guardó el sándwich en una bolsa de plástico, donde permaneció, milagrosamente libre de moho, durante diez años. Entonces, por razones desconocidas, decidió vender este ícono religioso en eBay. El sitio de apuestas por internet GoldenPalace.com presentó la oferta ganadora de 28 000 dólares y envió a su director ejecutivo a que recogiese la compra. Se comentó que, al entregarlo, Duyser dijo: "Realmente creo que esta es la Virgen María, madre de Dios".

La tendencia de la mente humana a percibir de manera indiscriminada patrones visuales significativos de modo azaroso tiene un nombre: "pareidolia".[136] Como la Virgen María del sándwich de queso, muchos de los casos involucran imágenes religiosas. El "panecillo de la monja" era un pastel de canela cuyos rollos serpenteados se parecían misteriosamente a la nariz y la mandíbula de la Madre Teresa. Se lo halló en un café de Nashville en 1996, pero fue robado en Navidad en 2005. "Nuestra dama del paso subterráneo" fue otra aparición de la Virgen María, esta vez en forma de mancha de sal bajo la autopista Interstate 94 en Chicago, que atrajo a multitudes y detuvo el tránsito durante meses. Otros casos incluyen el "Jesús del chocolate caliente", el "Jesús en una cena de copa de camarones", el "Jesús en una radiografía dental" y "Cheesus" (un canapé de queso Cheeto que supuestamente tenía la forma de Jesús). El islam prohíbe imágenes de Alá, pero sus seguidores en el oeste de Yorkshire, Inglaterra, han visto la palabra Alá escrita, en árabe, en las vetas de un tomate abierto.

Al lector no le sorprenderá saber que estamos a favor de una explicación mundana de todas estas visiones de rostros. Nuestro sistema visual tiene un problema difícil que solucionar en lo que hace a reconocer caras, objetos y palabras. Pueden aparecer bajo todo tipo de condiciones: con buena luz, con mala luz, cerca, lejos, orientados hacia diferentes ángulos, con algunas partes ocultas, en diferentes colores, etc. Como un amplificador al que le hemos subido el volumen para oír una señal débil, el sistema visual

---

136 Los ejemplos de pareidolia de este apartado provienen de Associated Press (2004b); BBC News (1999b), y CNN.com (2009a). Otros ejemplos de pareidolia se encuentran resumidos en Wikipedia (2009).

es exquisitamente sensible a los patrones que son más importantes para nosotros. De hecho, las áreas visuales de nuestro cerebro pueden activarse con imágenes que sólo se parecen en forma vaga a aquellas para las cuales están preparadas. En tan sólo una décima de segundo, nuestro cerebro puede distinguir un rostro de otros objetos, como sillas o automóviles. En apenas un instante más, puede diferenciar objetos que se asemejan un poco a rostros, como un parquímetro o un enchufe de tres patas, de otros tales como sillas. Ver objetos que se asemejan a rostros induce una actividad en un área del cerebro denominada circunvolución fusiforme, que es altamente sensible a los rostros reales. En otras palabras, casi inmediatamente después de ver un objeto que en cierta manera se parece a un rostro, nuestro cerebro lo trata como si lo fuera y lo procesa de modo diferente a como procesa otros objetos. He aquí una razón por la que nos resulta tan fácil ver patrones parecidos a los rostros como verdaderos rostros.[137]

Los mismos principios se aplican a los otros sentidos. Si escuchamos "Stairway to heaven" [Escalera al cielo], de Led Zeppelin, de atrás hacia adelante, podremos escuchar "Satán", "666" y algunas otras expresiones extrañas. Si escuchamos "Another one bites the dust" [Otro muerde el polvo], de Queen, de atrás hacia adelante, el fallecido Freddie Mercury podría decirnos que "es divertido fumar marihuana". Este fenómeno puede explotarse para obtener diversión y réditos económicos. Una escritora llamada Karen Stollznow advirtió en un panecillo una silueta apenas perceptible que podía interpretarse como el sombrero tipo mitra que tradicionalmente usa el Papa. Le tomó una fotografía digital, la subió a eBay y abrió una subasta para la venta del "panecillo del Papa". Allí intercambió numerosos y entretenidos correos electrónicos con creyentes y ateos. Al final, la oferta ganadora fue de 46 dólares. Atribuyó el precio bastante bajo que se pagó a la falta de publicidad, en comparación con los comunicados de prensa y la cobertura televisiva que recibió el sándwich de queso con la Virgen María.[138]

Estos ejemplos son sólo la punta del iceberg de la tendencia hiperactiva de la mente a detectar patrones. Incluso los profesionales entrenados

137 Este experimento se presenta en Hadjikhani, Kveraga, Naik y Ahlfors (2009: 28-34). En otra investigación (Robert y Robert, 2000), se les mostró a los sujetos un libro de entretenimientos que no contenía más que imágenes de rostros halladas en otros objetos comunes.

138 Stollznow (2006: 28-34). La oferta ganadora resultó ser un fiasco, por lo que Stollznow donó el panecillo del Papa al segundo ofertante, un musicalizador de una estación de radio de Texas.

tienden a ver patrones que esperan ver y no aquellos que les parecen incompatibles con sus creencias. Recuérdese a Brian Hunter, el administrador de un fondo de inversión que lo perdió todo (más de una vez) por estimar el precio futuro del gas natural. Hunter pensaba que entendía las razones de los movimientos de los mercados energéticos, y su inferencia de un patrón causal en ellos llevó a su empresa a la quiebra. Cuando el reconocimiento de patrones funciona bien, podemos encontrar el rostro de nuestro niño perdido en medio de una gran multitud en un centro comercial. Cuando funciona demasiado bien detectamos rostros en panecillos, tendencias en los precios de las acciones y otras relaciones que en realidad no existen o no significan lo que creemos que significan.

Causas y síntomas

A diferencia del surtido de pacientes "interesantes" que suelen aparecen en series televisivas como *House* de NBC o que llegan a la clínica de diagnósticos del doctor Keating, la gran mayoría de los que son atendidos por los médicos todos los días tienen problemas comunes y corrientes. Los expertos reconocen rápidamente los síntomas, saben muy bien los diagnósticos más probables y aprenden de manera bastante razonable a esperar encontrar el resfrío más común con mayor frecuencia que la gripe aviar, y la tristeza con mayor frecuencia que la depresión clínica.

En forma intuitiva, mucha gente piensa que los especialistas consideran más alternativas y más diagnósticos posibles en lugar de menos. Sin embargo, la marca de la verdadera experiencia no es la capacidad para considerar más opciones, sino la de filtrar las irrelevantes. Imaginemos que a la sala de guardia llega un niño jadeando y con dificultades para respirar. La explicación más probable podría ser asma, en cuyo caso el tratamiento con un broncodilatador como el albuterol debería resolver el problema. Por supuesto, también es posible que el niño haya tragado algo que se atascó en su garganta. Ese cuerpo extraño podría ocasionar todo tipo de otros síntomas, incluyendo infecciones secundarias. En series como *House*, esa extraña explicación, por supuesto, sería la esperada, pero en la realidad el asma o la neumonía son mucho más probables. Un médico experto reconoce el patrón y es probable que haya atendido muchos pacientes con asma, lo que le permite realizar un diagnóstico rápido y casi siempre acertado. A menos que nuestro trabajo sea como el del doctor Keating y sepamos que estamos frente a casos excepcionales, centrarse de manera excesiva en las causas extrañas sería contraproducente.

Los médicos expertos consideran primero esos pocos diagnósticos que constituyen la explicación más probable de un patrón de síntomas.

En un sentido, están preparados para ver patrones que se ajustan a las expectativas establecidas, pero percibir el mundo a través de un lente de expectativas, no importa qué tan razonables sean, puede conducir al fracaso. Así como las personas que cuentan los pases de la pelota de básquetbol a menudo no advierten un gorila inesperado, los expertos pueden pasar por alto un "gorila" si se trata de la causa de un patrón subyacente inusual, inesperado o raro. Esto puede ser un problema cuando los médicos pasan, de las prácticas en los hospitales durante sus residencias y especializaciones, a desarrollar su actividad en forma privada, sobre todo si se dedican a la medicina clínica o familiar en un área suburbana. La frecuencia con la que encuentran enfermedades en los hospitales universitarios urbanos difiere en gran medida de aquella con que estas aparecen en sus consultorios médicos suburbanos, de manera que deben revisar sus criterios para el reconocimiento de patrones de acuerdo con el nuevo entorno, con el fin de mantener un nivel óptimo de capacidad diagnóstica.

A veces las expectativas pueden hacer que alguien vea cosas que no están. La madre de Chris sufre de artritis en las manos y las rodillas desde hace varios años, y siente que las articulaciones le duelen más cuando hace frío o llueve. No está sola. Un estudio de 1972 halló que entre el 80% y el 90% de los pacientes con artritis afirmaba sentir más dolor cuando la temperatura bajaba, la presión barométrica descendía y la humedad era mayor —en otras palabras, cuando se avecinaba una lluvia fría—. Los libros de medicina solían dedicar capítulos enteros a la relación entre el clima y la artritis. Algunos expertos incluso aconsejan a los pacientes con dolor crónico mudarse a las regiones más cálidas y secas del país. Pero ¿es cierto que el clima exacerba el dolor de la artritis?

Los psicólogos cognitivos Donald Redelmeier y Amos Tversky hicieron un seguimiento de 18 pacientes con artritis durante 15 meses, a lo largo de los cuales les pidieron que calificasen su nivel de dolor dos veces por mes. Luego compararon estos datos con informes locales del clima correspondientes al mismo periodo. Todos salvo uno de los pacientes creían que los cambios climáticos habían afectado sus niveles de dolor. Pero cuando los investigadores compararon los informes relativos al dolor con el clima de ese día, o del día anterior, o de dos días antes, no había absolutamente ninguna relación. A pesar de las fuertes creencias de los sujetos en su experimento, los cambios en el clima no guardaban ninguna relación con los informes sobre el dolor.

Chris le contó a su madre acerca de este estudio. Ella le dijo que no dudaba de que fuese correcto, pero que igualmente sentía lo que sentía. No es sorprendente que el dolor no responda necesariamente a las estadísticas. Entonces, ¿por qué los que sufren de artritis creen en un patrón que no existe? ¿Qué podría llevar a las personas a pensar que había una relación, aun cuando el clima no tuviera absolutamente ningún valor predictivo? Redelmeier y Tversky condujeron un segundo experimento. Reclutaron a estudiantes universitarios de grado y les mostraron pares de números, uno de los cuales indicaba el nivel de dolor del paciente y el otro, la presión barométrica de ese día. Recuérdese que en los datos reales, el dolor y las condiciones climáticas no tienen relación –conocer la presión no sirve para predecir cuánto dolor experimentó un paciente ese día, porque este puede presentarse tanto cuando hace calor y hay sol como cuando hace frío y llueve–. En los datos falsos, experimentales, tampoco había ninguna relación. Sin embargo, al igual que los pacientes reales, más de la mitad de los estudiantes pensó que había un vínculo entre el clima y el dolor en los informes que se les presentaron. En un caso, el 87% encontró una relación positiva.

Mediante un proceso de "combinación selectiva", los sujetos de este experimento se centraron en patrones que sólo existían en subconjuntos de datos, como unos pocos días en los que por casualidad la baja presión y el dolor coincidieron, y desatendieron el resto. Es muy probable que quienes padecen artritis hagan lo mismo: recuerdan aquellos días en los que el dolor coincidió por casualidad con el frío y el clima lluvioso con más claridad que aquellos otros en los que sintieron dolor pero hacía calor y estaba despejado, y mucho mejor que los días en que no sintieron dolor, los que no se destacan en la memoria en absoluto. Los supuestos vínculos entre el clima y los síntomas son parte de nuestro lenguaje de todos los días: decimos que "no nos sentimos bien" y pensamos que si usamos sombrero en invierno disminuimos las chances de "atrapar un resfrío". Los sujetos y los pacientes percibieron una asociación allí donde no existía, porque interpretaron los datos sobre el clima y el dolor de una manera que coincidía con sus creencias preexistentes. En esencia, vieron el gorila que esperaban ver a pesar de que no había ninguno a la vista.[139]

---

139 Ambos experimentos aparecen en Redelmeier y Tversky (1996: 2895-2896). Según estos autores, los libros modernos de medicina minimizan cualquier relación entre el clima y el dolor producido por la artritis. Estudios más recientes han coincidido en que existe poca o ninguna conexión; por ejemplo,

Cuidado cuando la creencia se convierte en un "porqué"

En muchos libros de introducción a la psicología se les pide a los estudiantes que piensen posibles razones por las cuales el consumo de helado de crema debería asociarse de manera positiva con las tasas de muerte por ahogo. Se ahoga más gente los días en los que se consume mucho helado de crema, y menos los días en que sólo se consume un poco. Tomar helado de crema supuestamente no es la causa de los ahogos, y las noticias al respecto no inspiran a las personas a tomar helado de crema. Más bien un tercer factor –el calor del verano– es la causa de ambas cosas. En invierno se consume menos helado de crema y se ahoga menos gente porque menos gente va a nadar.[140]

Este ejemplo ilustra la segunda tendencia importante que subyace a la ilusión de causa: cuando dos acontecimientos tienden a ocurrir juntos, inferimos que uno debe de ser la causa del otro. Los libros usan la correlación helado de crema-ahogamiento precisamente porque es difícil imaginarse cómo uno puede llegar a causar el otro, pero es fácil ver cómo un tercer factor, no mencionado, podría provocar ambos. Detectar la ilusión de causa no suele ser tan simple en el mundo real. La mayoría de las teorías conspirativas se basan en captar patrones en ciertos acontecimientos que, cuando se los examina con la teoría en mente, parecen ayudarnos a comprender por qué ocurrieron. En esencia, infieren la causa a partir de la coincidencia. Cuanto más creemos en la teoría, mayores posibilidades tenemos de caer presas de la ilusión de causa. Las teorías conspirativas son lo que resulta del hecho de que un mecanismo de

---

Wilder, Hall y Barrett (2003: 955-958). La encuesta a pacientes con artritis ha sido extraída de Hill (1972: 256-263), tal como lo describen Shutty, Cundiff y DeGood (1992: 199-204). Esta tendencia a ver los patrones que esperamos aunque no estén presentes se conoce desde hace más de cuarenta años. Incluso puede interferir con nuestra capacidad para ver los que sí están presentes pero no son esperados. La investigación seminal sobre los efectos de las expectativas en la percepción de patrones incluyó el uso del test de Rorschach para categorizar a pacientes psiquiátricos como homosexuales (véase Chapman y Chapman, 1969: 21-28).

140 Ejemplos de correlaciones como esta, con una clara interpretación no causal que tiene mucho más sentido que cualquier interpretación causal, pueden hallarse en casi todos los libros de introducción a la psicología (usamos *Psychology*, de Scott Lilienfeld y tres coautores). Sin embargo, ¡no hemos podido hallar un estudio en el cual se midiera realmente esta correlación particular!

percepción de patrones no sea según lo esperado –son versiones cognitivas del sándwich de queso con la Virgen María–. Los teóricos de la conspiración que creían que el presidente Bush era lo bastante maquiavélico como para montar lo sucedido el 11 de septiembre con el fin de crear una justificación para llevar adelante un plan preconcebido de invadir Irak luego tomaron su falso recuerdo de cómo se había enterado del impacto del primer avión en las torres como una prueba de que sabía del ataque con anticipación. Las personas que ya pensaban que Hillary Clinton diría cualquier cosa para que la eligieran tomaron rápidamente su falso recuerdo de los francotiradores bosnios como prueba de que estaba mintiendo para beneficiarse. En ambos casos, percibieron un patrón y pensaron que entendían a la persona y el hecho. Infirieron una causa subyacente, y estaban tan seguros de que habían encontrado la explicación correcta que no pudieron tomar en cuenta otras alternativas plausibles.

Los ejemplos de esta ilusión de causa son tan generalizados que los estudiantes de grado de nuestras clases sobre métodos de investigación no tienen problemas en llevar a cabo la tarea que solemos asignarles de encontrar un informe reciente de los medios que infiera, de manera errónea, una relación causal a partir de una asociación. Un artículo de la BBC News (1999a), provocativamente titulado "El sexo nos mantiene jóvenes", mencionaba un estudio del doctor David Weeks, del Royal Edinburgh Hospital, que planteaba que "las parejas que tienen sexo al menos tres veces a la semana parecen más de diez años más jóvenes que el adulto promedio que hace el amor dos veces a la semana".[141] El epígrafe de una foto decía: "Mantener relaciones sexuales en forma regular 'puede sacarnos años de encima'". Aunque tener sexo podría darles a las personas un aspecto juvenil, es también plausible que tener un aspecto juvenil conduzca a tener más encuentros sexuales; o que un aspecto juvenil sea signo de aptitud física, lo cual hace que el sexo frecuente sea más fácil; o que sea más probable que las personas que tienen aspecto más juvenil mantengan una relación permanente que incluya el sexo, o... Las explicaciones posibles son infinitas. La asociación estadística entre aspecto juvenil y actividad sexual no implica que uno sea causa de la otra. Si el título hubiese sugerido lo contrario: "parecer joven hace que tengamos más sexo", habría sido igualmente erróneo, pero menos sorprendente y, por lo tanto, menos interesante desde el punto de vista periodístico.

141 Los detalles de este estudio se encuentran en Weeks y James (1998).

La única manera –repetimos, *la única manera*– de comprobar de forma definitiva si una asociación es causal es hacer un experimento. Sin él, este tipo de asociación puede ser el mero equivalente científico de una coincidencia. Podría haber una conspiración que develar, pero podría no haberla. Muchos estudios médicos adoptan un abordaje epidemiológico: miden las tasas de enfermedad y las comparan entre dos grupos de personas o entre sociedades. Estos estudios no son experimentos, pero en muchos casos son la única manera de determinar si dos factores están asociados. Por ejemplo, un estudio epidemiológico podría mostrar que las personas que comen verduras a lo largo de su vida tienden a ser más saludables que quienes no lo hacen. Así, aportan pruebas científicas de una asociación. Sin embargo, a diferencia de una asociación observada, un experimento varía un factor de modo sistemático, conocido como "variable independiente", para ver su efecto sobre otro factor, la "variable dependiente". Por ejemplo, si estamos interesados en saber si las personas son más capaces de concentrarse cuando escuchan música de fondo que cuando hay silencio, haríamos que un grupo al azar escuchase música y otro trabajase en silencio y mediríamos su rendimiento en alguna tarea cognitiva. Hemos introducido una causa (escuchar música o no escuchar música) y luego hemos observado un efecto (cambios en el rendimiento en la tarea cognitiva). Limitarse a medir dos efectos y mostrar que ocurren a la vez no implica que uno sea la causa del otro. Es decir, si simplemente medimos si las personas escuchan música y luego medimos su rendimiento en tareas cognitivas, no podemos demostrar un vínculo causal entre escuchar música y el rendimiento cognitivo. ¿Por qué no?

Inferir causalidad de manera crítica depende de la aleatoriedad. Cada persona debe ser asignada en forma aleatoria a uno de los dos grupos, o cualquier diferencia entre los grupos podría deberse a otras tendencias sistemáticas. Supongamos que acabamos de preguntarle a un grupo de personas si escuchan música mientras trabajan y hallamos que aquellas que trabajan en silencio tienden a ser más productivas. Muchos factores podrían causar esta diferencia. Tal vez la gente con más estudios prefiera trabajar en silencio, o tal vez las personas con déficit de atención sean más proclives a escuchar música.

Un principio básico que se enseña en las clases de introducción a la psicología es que correlación no implica causalidad. Es importante enseñarlo porque funciona contra la ilusión de causa. Es particularmente difícil internalizarlo, y conocer el principio en abstracto no contribuye en mucho a inmunizarnos contra el error. Por suerte, podemos aportar un simple truco para detectar la ilusión en la práctica: cuando escuchamos o leemos acerca de la vinculación entre dos factores, detengámonos a pensar si hubiera sido posible asignar personas en forma aleatoria a las condiciones para que se produjera uno de esos factores. Si no podemos hacerlo (física o éticamente), entonces no podría haber sido un experimento y la inferencia causal no tiene sustento. Lo ilustraremos con los siguientes ejemplos extraídos de titulares reales de diarios:[142]

- "¡Deja ese BlackBerry! ¡Las tareas múltiples pueden ser dañinas!" ["Drop that BlackBerry! Multitasking may be harmful"] (CNN.com, 2009b): ¿Podrían los investigadores conducir de manera aleatoria a algunas personas a llevar una vida llena de tareas múltiples, que implique una adicción al BlackBerry, y a otras a centrarse solamente en una cosa a la vez durante todo el día? Es probable que no. El estudio usó un cuestionario para encontrar personas que tendían a mirar televisión, enviar mensajes de texto y usar su computadora a la vez, y las comparó con otras que tendían a hacer sólo una de esas cosas por vez. Luego se les presentó una serie de tests cognitivos a ambos grupos y se halló que los que realizaban múltiples tareas tuvieron un rendimiento más bajo en algunos de los tests. El artículo original describe en forma precisa el método empleado por el estudio, pero el titular agrega una interpretación causal que no tiene fundamentos. También es posible que las personas que tienen un mal rendimiento en los tests cognitivos piensen que pueden realizar múltiples tareas sin problemas, y por lo tanto tienden a hacerlo en mayor medida de la que deberían.

---

142 Los titulares citados en este apartado y las investigaciones correspondientes son los siguientes: el titular de CNN.com (2009b) y el estudio de Ophir, Hass y Wagner (2009). El titular de Reuters Health (2008) y el estudio de Arseneault, Milne, Taylor, Adams, Delgado, Caspi y Moffitt (2008: 145-150); el artículo comparaba mellizos de 10 años, de los cuales uno había sufrido acoso escolar entre los 7 y los 9 años y el otro no. La nota de Bell (2007) y los comentarios subsiguientes abordan varios modelos según los cuales los factores ambientales podrían contribuir de manera causal a la esquizofrenia, aunque el estudio original de Kirkbride, Fearon, Morgan, Dazzan, Morgan, Murray y Jones (2007: 438-445) no haya sido un experimento con asignaciones aleatorias y, por tanto, no permita llegar a esa conclusión. El titular de la BBC News Online (2006) corresponde al estudio de Lahmann y otros (2007: 36-42). El artículo de Tanner (2006) corresponde al estudio de Martino, Collins, Elliott, Strachman, Kanouse y Berry (2006: 430-441).

- "El acoso escolar daña la salud mental de los niños" ["Bullying harms kids' mental health: Study"] (Reuters Health, 2008): ¿Podría un investigador hacer que algunos niños elegidos de forma aleatoria sufran acoso escolar y que otros no? No. No desde el punto de vista ético al menos. Entonces, el estudio debe haber medido una relación entre sufrir acoso escolar y padecer problemas mentales. La relación causal bien podría invertirse: los niños que tienen problemas mentales podrían ser más susceptibles a sufrir acoso escolar. O algunos otros factores, quizás en su entorno familiar, podrían llevarlos a sufrir acoso escolar y a tener problemas mentales.

- "¿Su vecino causa esquizofrenia?" ["Does your neighborhood cause schizophrenia?"] (Bell, 2007): Este estudio mostraba que las tasas de esquizofrenia eran mayores en ciertos barrios que en otros. ¿Podrían los investigadores haber conducido a ciertas personas de modo aleatorio a vivir en diferentes barrios? Según nuestra experiencia, a la gente suele gustarle participar en experimentos psicológicos, pero obligarla a que embale sus cosas y se mude sería demasiado.

- "El trabajo doméstico reduce el riesgo de cáncer de mama" ["Housework cuts breast cancer risk"] (BBC News Online, 2006): Dudamos de si los experimentadores tendrían la suerte de poder conducir a algunas mujeres elegidas aleatoriamente a realizar más tareas domésticas y a otras menos (aunque algunos de los sujetos podrían estar contentos con su suerte).

- "Las letras de canciones que tratan sobre sexo inducen a los adolescentes a mantener relaciones sexuales" ["Sexual lyrics prompt teens to have sex"] (Tanner, 2006): ¿Se condujo a que algunos adolescentes escucharan canciones que hablan de sexo en forma explícita y a otros a escuchar letras más inocuas, y luego se los observó para determinar cuánto sexo habían tenido? Quizás un experimentador audaz podría hacer esto en el laboratorio, pero no es eso lo que hicieron los investigadores en este caso. Y es improbable que exponer a adolescentes a la música de Eminem y Prince en un laboratorio ocasione un cambio medible en su comportamiento sexual, aun suponiendo que se hubiera realizado un experimento así.

Una vez que se aplica este truco, puede verse la comicidad de la mayoría de estos titulares engañosos. En mayoría de los casos, es muy probable que los investigadores supieran los límites de sus estudios, entendieran que la correlación no implica causalidad (esperamos) y usaran la terminología correcta en sus trabajos científicos. Pero cuando las investigaciones fueron "traducidas" para consumo masivo, la ilusión de causa primó y se perdieron esas sutilezas. La comunicación masiva suele equivocar el concepto de causalidad, en un intento de hacer que la noticia sea más interesante o la narrativa más convincente. Es mucho menos atractivo decir que los adolescentes que escuchan letras que hablan explícitamente de sexo también suelen tener sexo a una edad temprana. La construcción de esta frase, mucho más precisa, deja abiertas alternativas plausibles: que tener sexo o interesarse por el sexo hace que los adolescentes sean más receptivos a las letras que hablan de sexo, o que algún otro factor contribuya tanto a la precocidad sexual como a una preferencia por letras que hablan de sexo de modo explícito.

¿Y qué ocurrió después?

La percepción ilusoria de causas a partir de correlación está estrechamente ligada al recurso a las historias. Cuando nos enteramos de que los adolescentes escuchan letras de canciones que hablan explícitamente de sexo o juegan juegos violentos, esperamos que haya consecuencias, y cuando escuchamos que esos mismos adolescentes luego tienen más probabilidades de tener sexo o de ser violentos, percibimos un vínculo causal. De inmediato creemos que entendemos cuál es el lazo causal entre esas conductas, pero nuestra comprensión se basa en una falacia lógica. El tercer mecanismo importante al que tiende la ilusión de causa proviene de la forma en que interpretamos las narraciones. En las cronologías o meras secuencias de acontecimientos, suponemos que los anteriores provocaron los posteriores.

David Foster Wallace, el célebre autor de la novela *The Infinite Jest* [La broma infinita], se ahorcó a fines del verano de 2008. Como muchos escritores creativos famosos, sufrió mucho tiempo de depresión y abuso de estupefacientes, y había intentado suicidarse con anterioridad. Era una suerte de prodigio literario: publicó su primera novela, *The Broom of the System* [La escoba del sistema], a los 25 años, mientras realizaba su maestría en Bellas Artes. El libro fue elogiado por *The New York Times*, pero recibió críticas variadas en otras partes. Wallace trabajaba en una colección de cuentos continuados, pero no podía evitar sentirse un fracasado. Su madre lo llevó a vivir de nuevo a su casa. Según el relato de D. T. Max (2009: 48-61), las cosas no tardaron en ir cuesta abajo:

Una noche, él y Amy (su hermana) estaban mirando por televisión *The Karen Carpenter Story*, una película sensiblera sobre la cantante, quien murió de un ataque al corazón producido por su anorexia. Cuando la película hubo terminado la hermana de Wallace, que trabajaba en su propia maestría en Bellas Artes en la Universidad de Virginia, le dijo a David que tenía que regresar a Virginia. David le pidió que no lo hiciera. Cuando ella se fue, él trató de suicidarse con pastillas (p. 53).

¿Qué se infiere de este pasaje sobre el anterior intento de suicidio de Wallace? Para nosotros, la interpretación más natural es que la película perturbó a Wallace, que quería que su hermana se quedase con él pero ella se negó, y que en su desesperación por perder su compañía ingirió las píldoras. Pero si leemos el pasaje de nuevo, veremos que ninguno de estos hechos está mencionado en forma explícita. Incluso la idea de que él quería que ella permaneciese está sólo aludida por la oración "David le pidió que no lo hiciera". Max es casi excesivamente parco en su manera de limitarse a relatar los hechos. Sin embargo, la interpretación que adjuntamos a estos hechos parece obvia; llegamos a ella de forma automática y sin un pensamiento consciente, de hecho sin siquiera advertir que estamos agregando información ausente en la fuente. Esta es la ilusión de causa "en acto". Cuando se narra una serie de hechos, llenamos las grietas para crear una secuencia causal: el acontecimiento 1 causó el 2, que causó el 3, y así sucesivamente. La película hizo que Wallace se entristeciera, lo cual hizo que le pidiera a Amy que se quedara; ella se fue, y por lo tanto debe de haberse negado a complacerlo, lo que hizo que él intentara suicidarse.

Además de inferir de manera automática una causa que sólo está aludida por una secuencia, también tendemos a recordar mejor un relato cuando extraemos esas inferencias que cuando no necesitamos hacerlo. Consideremos los siguientes pares de oraciones, tomados de un estudio realizado por la psicóloga Janice Keenan y sus colegas (Keenan, Baillet y Brown, 1984: 115-126), de la Universidad de Denver:[143]

1. El hermano mayor de Joey lo golpeó una y otra vez. Al día siguiente, el cuerpo de Joey estaba cubierto de moretones.

---

143 Leer oraciones que requieren una inferencia causal también aumenta la actividad cerebral en regiones diferentes de aquellas que se activan cuando leemos pares de oraciones que no lo precisan. Véase Kuperberg, Lakshmanan, Caplan y Holcomb (2006: 343-361).

2. La madre de Joey, que estaba loca, se puso furiosa con él. Al día siguiente, el cuerpo de Joey estaba lleno de moretones.

En el primer caso, no se necesita ninguna inferencia –la causa de los moretones de Joey está dicha en forma explícita en la primera oración–. En el segundo, está insinuada pero no mencionada. Por esta razón, es un poco más difícil entender el segundo par de oraciones (y lleva un poco más de tiempo) que el primero. Pero lo que hacemos cuando leemos las oraciones es crucial. Para entender el segundo par, debemos hacer una inferencia lógica extra que no es necesaria en el primer par. Y al hacerla, nos formamos un recuerdo más rico y elaborado de lo que hemos leído. Los lectores de la historia publicada en el *New Yorker* probablemente recordarán la causa insinuada del intento de suicidio de Wallace, aunque nunca se la mencionó en la historia misma. Lo harán porque hicieron la inferencia ellos mismos en lugar de que esta les fuera comunicada por otros.

"Cuéntame un cuento", les dicen constantemente los niños a sus padres. "¿Y qué ocurrió después?", preguntan, si escuchan una pausa. Los adultos gastan millones de dólares en películas, televisión, novelas, cuentos, biografías y libros de historia y otras formas de narrativa. Algo que atrae a los espectadores de deportes es la cronología: cada día, cada partido, cada jugada, cada jonrón es un nuevo acontecimiento en una historia cuyo final nunca se sabe. Los maestros –y los autores de libros sobre ciencia– están cayendo en la cuenta de que las historias son formas efectivas de atrapar y controlar la atención de la audiencia.[144] Pero aquí hay una paradoja: las historias en sí mismas no son útiles. Es difícil entender por qué la evolución habría diseñado nuestro cerebro para preferir recibir hechos en orden cronológico, a menos que ese tipo de configuración arrojase algún otro tipo de beneficio. La información sobre qué causa qué puede ser beneficiosa en extremo. Saber que nuestro hermano comió una fruta que tenía manchas oscuras y luego vomitó nos alienta a inferir la causalidad (por envenenamiento de alimentos), una información que puede ayudarnos en una amplia variedad de situaciones futuras. Por lo tanto, podemos deleitarnos con la narrativa precisamente porque suponemos causalidad de manera injustificada cuando todo lo que tenemos es un orden cronológico, y ella es lo que nuestro cerebro está realmente diseñado para anhelar y usar.

---

144 Véanse Cialdini (2005: 22-29), y Heath y Heath (2007). Estos analizan la idea de modo mucho más exhaustivo cuando aconsejan cómo crear y comunicar mensajes memorables.

En el párrafo siguiente de su perfil de David Foster Wallace, D. T. Max dice que luego de recuperarse de su intento de suicidio "decidió que escribir no justificaba el riesgo de su salud mental. Solicitó su ingreso como estudiante de posgrado de Filosofía en Harvard y fue aceptado". Otra vez, la causalidad está implícita: el temor a la depresión y al suicidio fue lo que –¿paradójicamente?– lo impulsó a estudiar Filosofía. Pero ¿qué debemos concluir acerca de cómo lo hizo? Una posibilidad es que intentara entrar a Harvard y sólo a Harvard. Una práctica mucho más común es la de solicitar el ingreso a una amplia variedad de programas de posgrado y ver cuál nos admite. Pedir la admisión sólo a Harvard es el acto de alguien que o bien está expresando una confianza extrema, o bien se está preparando para el fracaso (o ambas cosas); solicitarla a varios lugares es el acto de alguien que simplemente quiere ir a la mejor universidad posible. Las diferentes acciones señalan distintas personalidades y formas de encarar la vida. Nuestra impresión es que Max está insinuando que Wallace sólo lo intentó en Harvard, porque el haber solicitado otras universidades hubiera sido un hecho relevante para nuestra interpretación de su conducta, de manera que el autor lo habría mencionado. Cuando leemos afirmaciones como esta, automáticamente suponemos que se nos ha brindado toda la información que necesitamos, y la interpretación más simple es también la correcta. El texto no dice en forma directa que sólo haya solicitado el ingreso a Harvard; simplemente nos conduce, sin que nos demos cuenta, a que concluyamos eso.

Al parecer, la mente prefiere dar estos saltos extra en la lógica antes que se nos comuniquen explícitamente las razones de todo. Este puede ser uno de los motivos por el cual el trillado consejo "muestra, no cuentes" es tan valioso para los escritores creativos que procuran hacer que su prosa sea más cautivadora. La ilusión de la narrativa puede ser una herramienta realmente poderosa para autores y oradores. Acomodando afirmaciones puramente fácticas en diferente orden u omitiendo o insertando información relevante, pueden controlar qué inferencias hará su audiencia, sin que tengan que defender o argumentar a favor de ellas. Ya sea de modo deliberado o no, D. T. Max crea la impresión de que el intento de suicidio de Wallace había sido precipitado por la negativa, posiblemente insensible, de su hermana a quedarse con él, y de que había decidido presentarse sólo a Harvard. Cuando conocemos el aporte que hace la narración a la ilusión de causa, podemos leer sus frases de manera diferente, y advertir que ninguna de esas conclusiones son necesariamente correctas. (Consejo: ¡presten atención a cómo los políticos y publicistas usan esta técnica!)

"Quiero comprar tu piedra"

Una conversación entre Homero y Lisa en un episodio de *Los Simpson* (1996) aporta uno de los mejores ejemplos de los peligros de convertir una asociación temporal en una explicación causal. Luego de que se descubre la presencia de un oso en Springfield, la ciudad organiza una patrulla oficial contra osos, que incluye helicópteros y camiones con sirenas, para asegurarse de que no haya osos en la ciudad.

> Homero: Ahhh... ningún oso a la vista. La patrulla contra osos debe de estar trabajando de maravillas.
> Lisa: Ese es un razonamiento falaz, papá.
> Homero: Gracias, dulce.
> Lisa (*Levantando una roca del suelo*): Según tu lógica, podría afirmar que esta piedra mantiene alejados a los tigres.
> Homero: Ohhhhh... ¿cómo funciona?
> Lisa: No funciona. No es más que una tonta piedra.
> Homero: Lisa, quiero comprar tu piedra.

Homero supone que la patrulla alejaba a los osos, pero en realidad no hacía nada. El primer oso que se vio fue una anomalía que no se repetiría. La escena es graciosa porque la relación causal es estrambótica. Las piedras no mantienen alejados a los tigres, pero Homero igualmente hace la inferencia, porque la cronología de acontecimientos indujo una ilusión de causa. En otros casos, cuando la relación causal parece plausible, es más difícil ver el lado cómico, y las consecuencias pueden ser mucho mayores que pagar un sobreprecio por una piedra que ahuyenta tigres. Cuando una narración es plausible, las personas aceptan la causa falsa como algo natural y no se molestan en pensar en otras.

En abril de 2009, la Corte Suprema de los Estados Unidos escuchó los alegatos orales en el caso del Departamento Municipal de Servicios Públicos nº 1 de Northwest, Austin *versus* Titular. El objeto de la disputa era la Ley de Derechos Electorales, una de las leyes federales de derechos civiles promulgada durante la década de 1960. Entre otras cosas, esta buscaba evitar que jurisdicciones políticas (entidades de servicios públicos, ciudades, consejos escolares, condados, etc.) de los estados del sur trazaran fronteras y establecieran normas electorales para favorecer los intereses de los votantes blancos por sobre los de los negros. El artículo 5 establece que esos estados deben obtener una autorización previa del gobierno federal antes de modificar los procedimientos electorales. El departamento de servicios públicos de Texas argumentó que, puesto que la ley imponía esos requisitos sólo a algunos de los estados de la unión (en su mayoría aquellos que, cien años antes, habían formado parte de la Confederación), esta los discriminaba de manera inconstitucional.

El presidente de la Corte Suprema, John Roberts, le preguntó a Neal Katyal, el abogado del gobierno, qué pensaba del hecho de que sólo una de cada dos mil solicitudes para modificar las reglas electorales fuera rechazada. Katyal respondió: "Creo que lo que representa es que el artículo 5 está funcionando realmente bien; que funciona como un elemento disuasivo". Roberts bien podría haber estado pensando en el episodio de la patrulla de osos cuando respondió: "Bueno, es como el viejo silbato de elefantes; tengo este silbato para mantener alejados a los elefantes. Usted sabe, es absurdo. Bueno, no hay elefantes, por lo tanto debe de funcionar" (Corte Suprema de los Estados Unidos, 2009). El argumento de Roberts, aunque este lo expresó en el lenguaje de *Los Simpson* más que en el de la psicología cognitiva, es que la ilusión de causa puede hacernos suponer que un acontecimiento (la aprobación de una ley) causó otro acontecimiento (el fin implícito de las reglas electorales discriminatorias) cuando la información disponible no establece esa relación de manera lógica. El hecho de que el gobierno otorgue la autorización previa casi el ciento por ciento de las veces nada dice acerca de si la ley promovió el acatamiento. Otra cosa –como una reducción gradual del racismo, o al menos de las prácticas abiertamente racistas, con el transcurso del tiempo– podría haber ocasionado el cambio. No tomamos posición con respecto a si esta parte de la Ley de Derechos Electorales es necesaria hoy en día; puede serlo o no. Pero este es precisamente el punto: no tenemos forma de saber cuán útil es si la única información de la que disponemos es que casi nadie la viola. Es posible que se comportaran de manera coherente con las prescripciones de la ley aunque ya no estuviera vigente.

El problema que ilustran los alegatos relacionados con la Ley de Derechos Electorales es endémico en las políticas públicas. ¿Cuántas leyes se aprueban, se renuevan o se derogan sobre la base de una concepción verdaderamente causal de sus efectos sobre el comportamiento? A menudo hablamos del consabido peligro de las consecuencias no deseadas, pero raras veces pensamos en cuán poco podemos decir realmente sobre las consecuencias *deseadas* de las acciones del gobierno. Sabemos lo que estaba ocurriendo antes de que la ley o la reglamentación entraran en vigencia, y podemos saber que luego ocurrió algo diferente, pero eso sólo no prueba que la ley fuera la *causa* de la diferencia. La única forma de medir su efecto causal sería realizar un experimento. En el caso de la Ley de Derechos Electorales, lo más cercano que podría hacerse sería derogar el artículo 5 para un conjunto de jurisdicciones elegido en forma aleatoria y comparar ese grupo con el resto a lo largo del tiempo, examinando cuántas normas discriminatorias se ponen en vigencia en cada caso. Si la tasa de discriminación difiere entre los dos grupos, entonces podríamos inferir que la ley tiene un efecto.[145] Desde luego, la ley también podría violar la Constitución, ¡pero hay algunas preguntas que ni la experimentación ni el análisis de datos más agudos pueden responder!

Esta tendencia a descuidar caminos alternativos para el mismo resultado priorizando una narración única prevalece en muchos de los libros de negocios más vendidos.[146] Casi todos los informes que aseguran poder identificar los factores clave que llevan a las empresas al éxito, desde *In Search of Excellence* [*En busca de la excelencia*] hasta *Good to Great* [*Empresas que sobresalen*], cometen el error de considerar sólo aquellas que tuvieron éxito y luego analizar lo que hicieron. No estudian si otras empresas hicieron lo mismo y fracasaron. El éxito editorial de Malcolm Gladwell, autor de *The Tipping Point* [*La clave del éxito*], describe el notable cambio en la suerte del fabricante de los anticuados zapatos Hush Puppies luego de que estos de repente se pusieran de moda. Gladwell afirma que Hush Puppies tuvo éxito porque apuntó a una subcultura moderna, la convirtió en atractiva y generó un alboroto. Y tiene razón en que Hush Puppies generó un alboroto, pero la evidencia de que este haya sido la causa de su éxito se puede sostener sólo a partir de una parcialidad narrativa retrospectiva y no de un experimento. De hecho, ni siquiera es claro si en los datos existe una relación entre el alboroto y el éxito. Para establecer incluso una relación no causal necesitaríamos saber cuántas otras empresas similares tuvieron éxito sin generar primero un alboroto, y cuántas otras generaron un alboroto similar pero no despegaron. Sólo entonces podríamos comenzar a preocuparnos por si el alboroto causó el éxito

---

145 Aunque a veces se realizan experimentos con grupos elegidos de manera aleatoria en el área de las políticas públicas, a menudo para testear los efectos de los incentivos financieros, estos son la excepción a la regla según la cual la mayoría de las leyes y reglamentaciones se sancionan sobre la base de la suposición de que cambiarán el comportamiento, y no de la evidencia real de que lo harán. Para una discusión exhaustiva a este respecto, véase el capítulo 3 de Ayres (2007).

146 Para un análisis detallado de este problema en los libros de negocios véase Rosenzweig (2007).

o si la causalidad en realidad fue en la otra dirección (si el éxito causó el alboroto), o incluso en ambas direcciones a la vez (un círculo). Hay un peligro inherente a convertir la cronología en causalidad. Debido a que percibimos secuencias de acontecimientos, que se ordenan en una línea de tiempo metafórica, en la que uno lleva al siguiente, es difícil ver que casi siempre hay muchas razones o causas interrelacionadas para un único resultado. La naturaleza secuencial del tiempo lleva a las personas a considerar que una decisión o acontecimiento complejo debería tener una causa única. Nos divertimos con los entusiastas de las teorías conspirativas por pensar de esta manera, pero ellos no hacen más que operar bajo una forma extrema de la ilusión de causa que nos afecta a todos. He aquí algunas afirmaciones de Chris Matthews, conductor del programa de noticias *Hardball* de MSNBC, sobre los orígenes de la invasión a Irak por parte de los Estados Unidos en 2003:

- "¿Cuál es *el motivo* de esta guerra?" (4 de febrero de 2003).
- "Querría saber si el 11 de septiembre es *la razón*, porque mucha gente piensa que es una venganza" (6 de febrero de 2003).
- "¿Creen que las armas de destrucción masiva son *la razón* de esta guerra?" (24 de octubre de 2003).
- "*La razón* por la que entramos en guerra con Irak no fue hacer un Irak mejor. Fue matar a los chicos malos" (31 de octubre de 2003).
- "El presidente Bush dice que quiere que la democracia se difunda por todo el Medio Oriente. ¿Esa fue *la verdadera razón* de la guerra en Irak?" (7 de noviembre de 2003).
- "¿Por qué piensan que fuimos a Irak? *La verdadera razón*, no el eslogan de venta" (9 de octubre de 2006).
- "*Su razón* para esta guerra, de la que no se arrepienten, nunca fue *la razón* que nos vendieron" (29 de enero de 2009).

Añadimos el énfasis en cada afirmación para mostrar cómo se presupone que la guerra debe de haber tenido una motivación, razón o causa únicas. En la mente de quien toma una decisión (o quizá de quien decide, en este caso), podría haber sólo una razón para una decisión. Pero, por supuesto, casi todas las decisiones complejas tienen causas múltiples e intrincadas. En este caso, incluso cuando buscó la verdadera razón, Matthews identificó una amplia variedad de posibilidades: armas de destrucción masiva, el apoyo de Irak al terrorismo, el despotismo de Saddam Hussein y el objetivo estratégico de establecer la democracia en los países árabes, por nombrar sólo las más prominentes. Y todas ellas se erigen sobre el telón de fondo de una nueva sensibilidad post-11 de septiembre frente a la posibilidad de que enemigos lancen ataques a los Estados Unidos. Si una o algunas de estas precondiciones no hubieran estado en su lugar, la guerra podría no haberse iniciado. Pero no es posible aislar sólo una de ellas y decir que fue *la razón* de la invasión.[147]

Este tipo de razonamiento falaz sobre la causa y el efecto es tan común en el mundo de los negocios como en el de la política. Sherry Lansing, de quien por mucho tiempo se dijo que era la mujer más poderosa de Hollywood, fue directora ejecutiva de Paramount Pictures entre 1992 y 2004. Gestionó megaéxitos como *Forrest Gump* y *Titanic*, y tres películas de su estudio recibieron premios de la Academia a la mejor película. Según un artículo publicado en el diario *Los Angeles Times*, luego de una serie de proyectos fallidos y descensos en la recaudación de taquilla, no le renovaron el contrato. Renunció un año antes, y en general se decía que la habían echado por los malos resultados obtenidos. Pero así como los éxitos no se debieron solamente a su genio, los fracasos no pudieron haberse debido exclusivamente a sus malas decisiones; cientos de otras personas tienen influencia creativa en cada película y muchísimos factores determinan si una película captura la imaginación (y el dinero) del público. El sucesor de Lansing, Brad Grey, fue encomiado por darle un nuevo impulso al estudio; dos de los primeros filmes lanzados bajo su gestión, *War of the Worlds* [*La guerra de los mundos*] y *The Longest Yard* [*El clan de los rompehuesos*], fueron éxitos de taquilla en 2005. Sin embargo, ambas fueron concebidas y producidas durante la gestión de Lansing. Si hubiera esperado unos meses, se habría atribuido el mérito y podría haber permanecido en su puesto.[148] No hay duda de que un director ejecutivo es oficialmente responsable del rendimiento de su empresa, pero atribuir los éxitos y los fracasos de una empresa a la persona que está en el lugar más alto es una ilustración clásica de la ilusión de causa.

147 Todas las citas de Chris Matthews corresponden a las transcripciones de *Hardball*, provenientes de Lexis Nexis.
148 La historia de Sherry Lansing se trata en Mlodinow (2006). Véase también Eller (2009).

La hipótesis de la vacuna

Volvamos a la historia con que comenzamos este capítulo, sobre la niña de seis años que contrajo sarampión en el encuentro en la iglesia de Indiana, luego de que una misionera que no estaba vacunada regresase de Rumania y esparciese la enfermedad. Nos preguntamos por qué los padres rechazarían una vacuna que ayuda a eliminar una de las enfermedades más contagiosas de la infancia. Ahora que hemos discutido las tres tendencias que subyacen a la ilusión de causa –mecanismos de detección de patrones extremistas, el salto injustificado de la correlación a la causalidad, la atracción intrínseca hacia las narraciones cronológicas–, podemos por fin comenzar a explicar por qué algunas personas eligen no vacunar a sus hijos contra el sarampión. La respuesta es que los padres, los medios, varias personalidades famosas e incluso algunos médicos han caído presa de la ilusión de causa. Más precisamente, han percibido un patrón allí donde en realidad no existe ninguno, y han tomado una coincidencia de tiempo por una relación causal.

El autismo es una enfermedad de desarrollo muy difundida, que en la actualidad afecta a casi uno de cada 150 niños. Los casos han aumentado durante la última década en los Estados Unidos.[149] Sus síntomas incluyen retardo o problemas en el lenguaje y las habilidades sociales. Antes de los dos años de edad, la mayoría de los niños realiza un "juego paralelo": hacen las mismas cosas que los otros cuando juegan, pero no interactúan directamente con ellos. Y muchos no tienen una actividad verbal muy intensa antes de ese momento. Con frecuencia, el autismo se diagnostica durante la edad preescolar, cuando los niños, en pleno desarrollo, empiezan a jugar de manera interactiva, y cuando el desarrollo de su lenguaje se acelera. Muchos padres comienzan a advertir que algo no anda bien con sus hijos cuando estos tienen alrededor de dos años, y en algunos casos bastante infrecuentes, un niño que había tenido un desarrollo normal comienza a retroceder y pierde su capacidad comunicativa. Estos síntomas tienden a ser más notorios para los padres no mucho después de que sus hijos reciben la vacuna triple. En otras palabras, los síntomas más claros de autismo se vuelven mucho más pronunciados luego de las vacunas de la niñez.

A esta altura, el lector debería reconocer a los heraldos de la ilusión de causa. Los padres y científicos que buscaron una causa del aumento de

---

149 Las estadísticas corresponden al Centers for Disease Control (2009).

las tasas de autismo detectaron esta asociación, e infirieron una relación causal. Los padres que no habían visto síntomas antes de las vacunas, los notaron después, un patrón que condice con una narración causal. También se dieron cuenta de que el aumento en las tasas de vacunación coincidía a grandes rasgos con el de los casos de autismo. Los tres factores principales que contribuyen a la ilusión de causa –patrón, correlación y cronología– convergieron en este caso. Por supuesto, el incremento en las tasas de diagnóstico de autismo también coincidió con el aumento de la piratería en las costas de Somalía, pero nadie afirma que el autismo cause la piratería (o viceversa). La asociación debe tener un vínculo causal plausible, una conexión que, en lo superficial y de manera intuitiva, tenga sentido. Debe ser una experiencia que permita decir "¡Ahá!", que resuene con nuestros mecanismos de percepción de patrones y active la ilusión de causa. Necesita algo más que la percepción de un nexo causal intuitivo para convertirse en un movimiento masivo: una autoridad creíble que valide ese vínculo. En el caso de las vacunas y el autismo, necesitó al doctor Andrew Wakefield.[150]

Andrew Wakefield era un médico eminente que trabajaba en Londres y en 1998 anunció el descubrimiento de un vínculo entre el autismo y la vacuna triple. Junto con sus colegas publicó un trabajo en el periódico médico *The Lancet* en el que sugería una relación entre la vacuna triple y varios casos de autismo.[151] En una conferencia de prensa que dieron el día que publicaron su trabajo, Wakefield explicó cómo llegó a esa idea:

> En 1995, recibí la consulta de unos padres –que tenían un buen uso del lenguaje, estaban bien educados y preocupados– que me relataron las historias del deterioro de sus hijos debido al autismo [...]. Sus hijos habían tenido un desarrollo normal durante los primeros quince a dieciocho meses de vida, hasta que recibieron la vacuna triple. Luego de un periodo variable,

---

150 Los detalles sobre Andrew Wakefield y el interés subsiguiente de los medios de comunicación por el supuesto vínculo entre la vacuna triple y el autismo han sido extraídos de un libro exhaustivo de Paul Offit (2008a) en el que documenta la historia de presuntas curas y causas del autismo, y señala cómo los medios han promovido las causas falsas. Es una lectura esencial para aquellas personas cuyos hijos han recibido el diagnóstico de autismo y para quienes tengan dudas sobre los riesgos de las vacunas.

151 Véase Wakefield y otros (1998: 637-641). La mayoría de los coautores de este trabajo, aunque no Wakefield, terminaron publicando una retractación. Véase Murch y otros (2004: 750).

retrocedieron, perdieron el habla, el lenguaje, habilidades sociales y el juego imaginativo, y se sumieron en el autismo. (Citado en Offit, 2008a: 20.)

El anuncio del vínculo entre el autismo y la vacuna triple recibió una
amplia atención en los medios masivos, lo que llevó a algunos padres a
negarse a que sus hijos recibieran la vacuna, y a su vez contribuyó a reducir la inmunidad de la población de Gran Bretaña frente al sarampión.

El informe de Wakefield se basaba en las afirmaciones de los padres
de ocho de los doce niños objeto del estudio, según las cuales sus hijos
habían contraído autismo luego de recibir la vacuna triple. El trabajo
reconocía que el estudio no había demostrado esa asociación. Para hacerlo, hubiera sido necesario realizar un estudio epidemiológico a gran
escala con el fin de examinar las tasas de autismo en niños vacunados y
en niños no vacunados. La promoción de Wakefield de esa asociación
en sus conferencias de prensa llevó a Paul Offit, un profesor de Pediatría de la Universidad de Pennsylvania y reconocido virólogo, a comen-
tar en forma sarcástica en su libro: "Habría sido más preciso si hubiera
dicho que no había aportado *ninguna* evidencia de que la vacuna triple
causaba autismo, y simplemente hubiera informado las creencias de los
padres de ocho niños autistas" (2008a: 55, destacado en el original).
Aunque hubiera realizado un estudio epidemiológico a gran escala
y luego mostrado que los niños vacunados tenían mayores tasas de
autismo, tampoco habría demostrado un vínculo causal. Recuérdese
que para demostrar la causalidad, un experimentador debe hacer una
asignación aleatoria de las diversas condiciones. Para hacer tal inferencia, debería haber realizado una prueba clínica en la que algunos
niños elegidos en forma aleatoria recibieran la vacuna y otros, un
placebo, y luego debería haber medido si las tasas de autismo diferían
en ambos grupos.

No sólo nunca se realizó esa prueba clínica, sino que exhaustivos estudios epidemiológicos con cientos de miles de niños demostraron que
no había absolutamente ninguna asociación entre autismo y vacuna. Las
tasas de autismo no son más altas entre los niños que han sido vacunados que entre los que no. Ese vínculo es ilusorio, no existe en realidad
ningún lazo, y menos uno causal. Las personas perciben un patrón que
se ajusta a sus creencias y expectativas, e infieren una relación causal a
partir de una secuencia de acontecimientos. Sin embargo, la evidencia
anecdótica que aportaron unos pocos pacientes dio lugar a un temor
internacional hacia una vacuna altamente efectiva. Como corolario de

las afirmaciones de Wakefield, el servicio de salud de Japón dejó de usar la vacuna triple.[152]

Como vemos, aun los informes anecdóticos citados como evidencia de un vínculo parecen sospechosos. De acuerdo con investigaciones del periodista Brian Deer (2004 y 2009), el trabajo original de Wakefield no revelaba que parte del financiamiento del estudio había provenido de un abogado especialista en daños y perjuicios, Richard Barr, conocido por entablar demandas a las empresas farmacéuticas. Al parecer, el financiamiento tenía como premisa determinar la existencia de un vínculo entre la vacuna y el autismo que aportase fundamentos para poder demandar a sus fabricantes. Muchos de los pacientes fueron enviados por el propio Barr. Deer también descubrió que los datos originales mismos habían sido modificados y comunicados de manera tergiversada. Aunque se afirmaba que ocho de los doce pacientes habían mostrado síntomas de autismo poco después de recibir la vacuna triple, Deer halló que "sólo en un caso los registros médicos sugieren que esto era verdad, y en muchos de ellos los médicos habían manifestado su preocupación antes de que los niños fuesen vacunados".

Eso que la Madre Teresa, Quentin Tarantino y Jenny McCarthy saben

La evidencia epidemiológica exhaustiva que refuta la existencia de un vínculo entre las vacunas y el autismo, y la falta de experimentos que muestren tal relación establecen que cualquier inferencia de causalidad es una ilusión. Las vacunas no pueden causar autismo si ni siquiera están

---

152 No ha de sorprender que no se registrara un descenso en los casos de autismo en Japón luego de que se dejara de usar la vacuna (véase Honda, Shimizu y Rutter, 2005: 572-579). Un estudio epidemiológico examinó a todos los niños nacidos en Dinamarca entre 1991 y 1998 (más de 500 000) y no halló diferencias entre las tasas de autismo de los vacunados y las de los no vacunados (véase Madsen, Hviid, Vestergard, Schendel, Wohlfahrt, Thorsen, Olsen y Melbye, 2002: 1477-1482). Otros estudios epidemiológicos brindan el mismo resultado: ninguna asociación entre la vacuna y el autismo o entre el momento de la vacunación y el autismo. Para más detalles, véanse Dales, Hammer y Smith (2001: 1183-1185); Farrington, Miller y Taylor (2001: 3632-3635); Fombonne, Zakarian, Bennett, Meng y McLean-Heywood (2006: e139-e150), y Taylor, Miller, Farrington, Petropoulos, Favot-Mayaud, Li y Waight (1999: 2026-2029).

asociadas estadísticamente a esa enfermedad. Dada una evidencia tan incontrovertible, las tasas de vacunación deberían volver a los niveles de eliminación efectiva del sarampión como una enfermedad corriente. La vacuna es segura y efectiva para prevenirlo y no tiene absolutamente ninguna relación con el autismo. Fin del juego, ¿verdad?

Pues bien, no del todo. Como señalan Chip y Dan Heath en su fascinante libro *Made to Stick* [*Pegar y pegar*] (2007), los relatos personales son más memorables y se adhieren a nuestra mente durante más tiempo que los datos abstractos. Los autores citan a la Madre Teresa: "Si miro a la masa, nunca actuaré. Si miro al único, lo haré". Las anécdotas son de por sí más persuasivas que las estadísticas. Precisamente porque sacan provecho del poder de la narración, ejercen una influencia considerable sobre todos nosotros. A partir de la lectura de *Consumer Reports* podemos saber que los Honda y los Toyota tienen una excelente confiabilidad. La Consumer's Union, encargada de publicar *Consumer Reports*, encuesta a miles de dueños de automóviles y compila sus respuestas para generar evaluaciones de confiaza. Pero nuestro amigo que se queja de que su Toyota siempre se para, e insiste en que nunca comprará otro, puede tener más poder que los informes integrados de miles de extraños. Podemos identificarnos con las experiencias de un solo propietario de automóvil –en especial con las que implican sufrimiento–. Pero no podemos identificarnos con las experiencias estadísticas compiladas de miles de ellos. Y para que una historia sea poderosa, persuasiva y memorable, necesitamos poder identificarnos. Quentin Tarantino, director de filmes ultraviolentos, explica la importancia de la empatía de esta forma: "Una decapitación en una película no me hace estremecer. Pero cuando alguien se corta con un papel en una película, decimos: ¡Ay!" (Ansen, 2003).

Puede ser difícil superar una creencia que se ha formado a partir de relatos conmovedores. Piénsese en el experimento en el que las personas recordaban pares de oraciones mejor cuando tenían que inferir una causa que cuando esta aparecía explicitada. Las anécdotas funcionan en gran medida de la misma manera: en forma natural, a partir de un ejemplo, generalizamos a toda la población, y nuestros recuerdos de tales inferencias de por sí quedan fuertemente adheridos a nuestra memoria. Los casos individuales permanecen en nuestra mente; las estadísticas y promedios, no. Y tiene sentido que las anécdotas nos resulten conmovedoras. Nuestro cerebro evolucionó bajo condiciones en las cuales la única evidencia de que disponíamos era lo que experimentábamos nosotros mismos y lo que escuchábamos de otros en quienes confiábamos.

Nuestros ancestros carecían de acceso a grandes conjuntos de información, estadística y métodos experimentales. Por necesidad, aprendimos a partir de ejemplos específicos, no de datos de muchas personas compilados a lo largo de un amplio espectro de situaciones.

V. S. Ramachandran, una eminencia de las neurociencias, usa la siguiente analogía para explicar el poder de los ejemplos:

> Imaginen que llevo un cerdo hasta la sala de estar de su casa y les digo que puede hablar. Me podrían decir: "¡Oh! ¿De veras? Muéstreme". Entonces yo muevo mi mano y el cerdo comienza a hablar. Ustedes podrían responder: "¡Dios mío, esto es sorprendente!". Probablemente no dirían: "¡Ah!, pero es sólo un cerdo. Muéstreme algunos otros y entonces le podremos creer". (Ramachandran y Blakeslee, 1999: XIII.)

Si estamos convencidos de que hemos visto hablar a un cerdo, ninguna prueba científica que demuestre que son incapaces de hacerlo logrará convencernos. En cambio, los científicos deberían probarnos que el cerdo que *nosotros* vimos en realidad no hablaba, que Ramachandran usó humo y espejos para crear la ilusión de que lo hacía. Y cuantas más personas hagan circular historias similares, todas igualmente engañosas, que hacen creer que la magia es real, más deberá luchar la ciencia.

Si un amigo nos dice: "Probé este nuevo suplemento dietario y ahora tengo más energía y menos dolores de cabeza", inferimos que el suplemento dietario fue el causante de esos beneficios. Y puesto que hemos sido nosotros quienes hemos hecho esa inferencia (o que confiamos en el amigo que la hizo), la recordaremos mejor. La historia que una madre cuenta acerca del deterioro de su hijo luego de recibir la vacuna triple y su creencia explícita en que esta le causó autismo son conmovedoras, memorables y difíciles de desechar de nuestros pensamientos. Aun frente a la contundente evidencia científica y a las estadísticas reunidas a partir del estudio de cientos de miles de personas, ese caso único y personalizado ejerce una influencia indebida sobre nosotros. Los padres saben lo que han experimentado, pero en general no conocen la ciencia de esa misma manera. Así como en forma intuitiva pensamos que sabemos cómo funciona un cierre relámpago, aunque nunca pongamos a prueba esa intuición, nada nos obliga a poner a prueba nuestras ideas formadas a partir de anécdotas. Como la ilusión de conocimiento, la de causa sólo puede revelarse mediante el testeo sistemático de nuestra comprensión, la exploración de las bases lógicas de nuestras creencias y el reconocimiento de que las inferencias de causalidad podrían derivar de pruebas que en realidad no pueden confirmarlas. Pocas veces alcanzamos ese nivel de autoexamen.

Ahora presentamos a Jenny McCarthy, ex póster de *Playboy*, estrella de una exitosa serie de MTV, actriz y madre de un niño con diagnóstico de autismo. Con la mejor de las intenciones y un deseo de ayudar a otros niños, también autistas como su hijo, sin querer se convirtió en vocera de una ilusión. Cuando a su hijo Evan le diagnosticaron autismo, ella, al igual que muchos padres, comenzó a buscar una causa. Y a pesar de la arrolladora evidencia científica en contra de la existencia de un vínculo entre las vacunas y el autismo, se ciñó a la falsa pista como la explicación: "Es una infección y/o toxinas y/o hongos que transmite la vacuna lo que empuja a los niños al deterioro neurológico que llamamos autismo". Tan convencida estaba por su experiencia personal que dio una respuesta contundente cuando le preguntaron si los padres deberían vacunar a sus hijos: "Si tuviera otro hijo, no lo haría bajo ningún concepto".[153] Hizo afirmaciones similares en el programa *Ophra Winfrey Show*, donde dio sustento a los temores infundados de una vasta audiencia de padres preocupados por que las vacunas pudieran causar autismo. Por desgracia, su defensa, acompañada por la cobertura mediática frecuente de los vínculos ilusorios, ha sido efectiva. El lamentable resultado es que una menor parte de la población está inmunizada contra enfermedades como el sarampión, lo que hace posible que haya brotes como el que describimos al comienzo del capítulo.

La poderosa historia de una madre convencida de conocer la verdadera razón de la enfermedad de su hijo ejerce una influencia mucho mayor que docenas de estudios con cientos de miles de niños que muestran que esa razón es una patraña. (También hace que la televisión sea más atractiva.) Así como el poderoso testimonio de Jennifer Thompson sobre su violación condujo a la condena de Ronald Cotton, la historia de la experiencia de una madre barre con nuestra posibilidad de sopesar la evidencia de modo adecuado. Apela a la emoción, a nuestra tendencia natural a identificarnos con una persona que sufre y a nuestra inclinación a dar un peso indebido a las anécdotas. Lamentablemente, cuando nos identificamos con las experiencias de alguien, nos volvemos menos

153 Las citas corresponden a una entrevista que le realizaron en el programa *Larry King Live* (McCarthy, 2007). Al describir su proceso inicial de investigación, dijo: "Entré en internet, investigué, escribí primero Google y luego, autismo".

críticos del mensaje que ellas transmiten. También recordamos mejor el mensaje. Esta es la base de muchas campañas publicitarias: si podemos hacer que el espectador se identifique con los actores del comercial, será menos crítico con lo que tenemos para decir. En este caso, las consecuencias han sido catastróficas.

Si las personas deciden no vacunar a sus hijos, su elección es hacer que corran el riesgo de contagiarse una enfermedad que es devastadora en la infancia. Sin embargo, esa elección no se da en el vacío. Al no vacunar a sus propios hijos, exponen a otros al riesgo de un brote. Como experto en virus, Paul Offit (2008b) indicó:

> Hay 500 000 personas en los Estados Unidos que no pueden ser vacunadas. No pueden serlo porque se encuentran en quimioterapia contra el cáncer, o han tenido un trasplante de médula ósea, o un trasplante de un órgano sólido, o están recibiendo esteroides porque sufren de asma severo. Dependen de que quienes los rodean se vacunen.

Cuando estos niños entran en contacto con el sarampión, pueden morir.

La vacunación proporciona una barrera contra la diseminación rápida de la enfermedad al permitir poner de manera efectiva en cuarentena a una pequeña cantidad de personas. Cuantos menos vacunados haya, mayor será la probabilidad de que el contagio de una persona se convierta en una bola de nieve que desemboque en una epidemia. Los niveles relativamente altos de vacunación que aún imperan en los Estados Unidos son la razón por la cual el brote en Indiana fue fácil de frenar. En Gran Bretaña, donde los medios dieron una cobertura exhaustiva a la campaña de publicidad de Wakefield, los brotes generalizados son cada vez más comunes y el sarampión ha vuelto a ser considerado endémico. Eso es lo que sucede cuando los medios dan espacio y peso a afirmaciones anecdóticas de causalidad y no a estudios epidemiológicos adecuados.

En cierta medida, todos debemos confiar en fuentes secundarias. Todos necesitamos creer en expertos y en las historias que ellos relatan. También los científicos están afectados por las anécdotas y la empatía. Tendemos a confiar más en las ideas de las personas cercanas y a desconfiar más de aquellas a quienes no conocemos tan bien. Sin embargo, la ciencia, en su labor, pone freno a las afirmaciones infundadas (¿se las puede reproducir?). Las anécdotas no se acumulan como pueden hacerlo los grandes estudios científicos. Y la formación científica ayuda a determinar en qué fuentes confiar. Pese a sus buenas intenciones, McCarthy dedicó toda su energía, sus recursos y su habilidad a lograr que los medios cubrieran una explicación científicamente desprestigiada del autismo apartando de manera eficaz la atención y los recursos de investigaciones más promisorias sobre esa enfermedad.

La confianza de McCarthy en los relatos, en detrimento del método científico y de análisis estadísticos más rigurosos, también inspiró su creencia en la existencia de curas falsas. Así, ella está convencida de que curó a su hijo gracias a "un suplemento vitamínico libre de gluten y caseína, una desintoxicación de metales y antimicóticos para hongos levaduriformes que plagaban sus intestinos" (McCarthy y Carey, 2008). Pero se sorprendió mucho de que las comunidades médica y científica no se hubieran lanzado a investigar la recuperación milagrosa de su hijo: "Lo que podría sorprenderles a muchos de ustedes es que ni un solo miembro del CDC, de la Academia Estadounidense de Pediatría ni ninguna otra autoridad sanitaria se haya acercado a evaluar y entender cómo Evan se recuperó del autismo".

¿Podría McCarthy estar en lo cierto al afirmar que su dieta especial curó a su hijo? Puede ser. ¿Es probable? No, en absoluto. La cura que propuso es tan sólo la última de una larga lista de curas reivindicadas para el autismo. Dada la impresionante cantidad de evidencias científicas de que el autismo tiene fuertes bases genéticas y de que el desarrollo del cerebro en quienes lo padecen difiere en forma considerable del de los niños normales, es más probable que las mejoras de Evan se hayan debido a una terapia de modificación conductual exhaustiva que sí da buenos resultados en niños con autismo. O tal vez sus síntomas simplemente se volvieron menos pronunciados a medida que maduró. Incluso es posible que Evan no tuviera autismo, sino alguna otra enfermedad con síntomas similares, que pudieron mejorar con la medicación que le daban para las convulsiones.[154]

---

154 Para una historia detallada de supuestas curas del autismo que no han resultado sino pociones milagrosas, véase Offit (2008a). Para un examen de las bases genéticas del autismo, véase Muhle, Trentacoste y Rapin (2004: e472-e486). Para un estudio sobre el desarrollo cerebral diferencial en niños con autismo, véase DiCicco-Bloom, Lord, Zwaigenbaum, Courchesne, Dager, Schmitz, Schultz, Crawley y Young (2006: 6897-6906). Para una compilación de varios estudios que analizan la efectividad de las intervenciones conductuales, véase Campbell (2003: 120-138). Véase también el siguiente informe de la Academia Estadounidense de Pediatría: Myers, Johnson y Council on Children With Disabilities (2007: 1162-1182). La posibilidad de que el hijo de

Aunque el método científico ayude a resolver cuestiones como si las vacunas están o no vinculadas con el autismo, eso no significa que las personas acepten los resultados de los estudios científicos, incluso cuando los datos son abrumadores. Una pista falsa anterior en la búsqueda de una cura para el autismo se centró en la hormona secretina, que actúa en el sistema digestivo. La evidencia anecdótica a partir de un pequeño número de casos sugería que la inyección de secretina obtenida de cerdos llevaba a la eliminación de los síntomas de autismo. No obstante, más de una docena de pequeñas pruebas clínicas mostró que no era más efectiva que una inyección de placebo de agua salada. Y una prueba clínica a gran escala que examinaba dosis múltiples de secretina sintética, patrocinada por una droguería que buscaba la aprobación de la Federal Drug Administration para comercializarla como tratamiento para el autismo, no halló ningún beneficio.[155] Esa es la ciencia en acción: los investigadores ponen a prueba la hipótesis de

McCarthy fuera mal diagnosticado y en realidad nunca haya tenido autismo fue sugerida en una carta al editor de *Neurology Today* por el doctor Daniel Rubin (2008: 3), quien sostiene que Evan podría haber tenido un trastorno convulsivo conocido como síndrome de Landau-Kleffner, que a menudo se confunde con el autismo. Este trastorno se describe en el sitio web del National Institute of Neurological Disorders and Stroke (2009). De manera más general, el autismo es un término descriptivo para una serie de síntomas que pueden tener muchas causas diferentes. El abanico de niños diagnosticados con autismo es amplio: va desde aquellos que no hablan en absoluto y no pueden interactuar con otros hasta personas que se integran con éxito en la sociedad y tienen profesiones y relaciones altamente productivas. Más aún, el espectro de conductas que se manifiestan en el autismo es muy amplio: algunos tienen una conducta antisocial muy agresiva y otros manifiestan una timidez y pasividad extremas. Las terapias conductistas pueden ser efectivas en el tratamiento de los síntomas del autismo para muchos niños, en la medida en que se les enseña a interpretar y comprender las conductas sociales de otros o a eliminar los comportamientos indeseables. Sin embargo, como el cáncer, no consiste en una sola cosa. Puede no haber una cura única para el cáncer porque no es una enfermedad única, y puede no haber una cura única para el autismo porque representa una constelación de anormalidades neurológicas y conductuales que suelen manifestarse en una amplia variedad de formas.

155 La evidencia sobre la secretina proviene de las siguientes fuentes: Armstrong (2004); Sandler, Sutton, DeWeese, Girardi, Sheppard y Bodfish (1999: 1801-1806); Coplan, Souders, Mulberg, Belchic, Wray, Jawad, Gallagher, Mitchell, Gerdes y Levy (2003: 737-739). El tema también se discute en profundidad en Offit (2008a).

que una droga es efectiva aplicando en forma aleatoria a algunos pacientes el tratamiento y a otros un placebo, y luego miden el resultado. El problema aparece cuando las personas deben razonar acerca del resultado: ¿confían en la ciencia o en sus propias intuiciones deficientes? ¿Creen que saben más?

Adrian Sandler y sus colegas condujeron una de estas pruebas clínicas. Dieron a 28 niños elegidos de manera aleatoria una dosis de secretina y a otros 28, un placebo. No es sorprendente (al menos cuando se lo observa en forma retrospectiva) que no hayan descubierto absolutamente ninguna propiedad benéfica en la secretina. Pero el hallazgo más interesante de este estudio provino de las entrevistas que se realizaron luego con los padres: aun después de enterarse de que no producía ningún beneficio, el 69% seguía interesado en tratar a sus hijos con esa hormona. En otro estudio de ceguera doble, se les solicitó a los padres que adivinasen si sus hijos habían recibido la secretina o el placebo. Los padres a menudo creen que pueden detectar efectos que las mediciones más objetivas de los estudios pasan por alto, y usan esa creencia para justificar su fe constante en la eficacia del tratamiento. En este caso, sin embargo, no pudieron ni siquiera adivinar de manera correcta si sus hijos habían recibido la hormona o no –no lo pudieron notar, precisamente, porque la secretina no tenía ningún efecto detectable–.

Un problema central para combatir las anécdotas médicas con datos "duros" es que en cualquier prueba clínica algunas personas que reciben el tratamiento mejoran y otras no. Entonces, tendemos a recordar únicamente los primeros casos y a suponer que el tratamiento fue la causa. Lo que por lo general no hacemos es comparar las tasas de mejoría con y sin este. Si el tratamiento tiene un efecto causal, entonces deberían mejorar en mayor proporción aquellos que lo recibieron que los que no. Si no tiene un efecto causal, es probable que otros factores no controlados hayan conducido a algunas personas a mejorar de todos modos. Así como los autores de libros de negocios raras veces tienen en cuenta a las empresas que fracasaron aunque hayan seguido sus ideas, o cuántas tuvieron éxito con otros abordajes, las personas que piensan en historias de vacunación y autismo no cuentan el número de niños que se vacunaron y no tuvieron autismo, ni los que mostraron síntomas antes de la vacunación o los que presentaron síntomas y no fueron vacunados. Cuando estos números *son* tenidos en cuenta de manera apropiada, se vuelve claro que los niños reciben el diagnóstico de autismo con la misma frecuencia y a la misma edad, al margen de que hayan recibido o no las vacunas.[156] El problema se agrava con la trayectoria de desarrollo típica de la inteligencia y la conducta. Como cualquier padre sabe, el desarrollo no es un proceso gradual y continuo. Cuando los niños crecen físicamente, también lo hacen desde el punto de vista cognitivo. Con los niños con autismo sucede lo mismo. Durante largos periodos, no parecen mostrar ninguna mejoría, y luego hacen un gran cambio en un tiempo muy corto. Si los padres la advierten mientras están probando alguna nueva cura milagrosa, la asociarán en forma inmediata con el tratamiento.[157]

Aceptar que una causa percibida es ilusoria puede ser difícil, y vencer las anécdotas con ciencia y estadísticas puede serlo aún más. Tal vez la mejor explicación del poder que tienen estas hipótesis anecdóticas es las emociones que inspiran. El documentado libro de Offit sobre la falta de vínculos científicos entre el autismo y la vacunación ha recibido de los lectores una calificación de 3,8 puntos en la escala de 1 a 5 que propone Amazon.com. No obstante, en este caso, el promedio no refleja las reseñas reales. De los 85 lectores que escribieron una, hasta el momento de la publicación de la edición en inglés del presente libro, ninguno le dio una ponderación media (tres estrellas), ¡pero 56 le dieron al libro la calificación más alta y 23 le dieron la más baja!

156 Recuérdese el ejemplo del vínculo percibido entre el dolor por artritis y el clima. En ese caso, aun cuando las personas tenían todos los números necesarios para calcular de manera adecuada la correlación, no lo hicieron. En cambio, juzgaron la fuerza de una relación primariamente a partir del número de casos en los que la causa y el efecto no deseado estaban presentes. En el ejemplo del clima y la artritis, cuando el clima era frío y lluvioso y el dolor, mayor. En el caso del autismo, cuando los niños fueron vacunados y luego tuvieron autismo. En ambos, las personas ignoran todos los otros números clave. Este error de razonamiento fue descubierto hace casi cincuenta años por Smedslund (1963: 165-173).

157 Una "cura" reciente para el autismo, promovida por los defensores de la teoría de la vacuna, consiste en grandes dosis de Lupron, que suprime la testosterona. Esa droga suele utilizarse para castrar químicamente a los violadores. Además puede producir una conducta más dócil, cosa que también haría una lobotomía frontal. La diferencia con cambiar la dieta del niño es que administrar Lupron podría tener efectos colaterales negativos importantes, como retraso de la pubertad y problemas cardiacos y óseos, sin mencionar la aplicación de las dolorosas inyecciones. Sus principales promotores no han hecho ninguna prueba clínica ni tienen entrenamiento especial en las especialidades médicas relacionadas con el autismo; además, nunca se ha realizado un estudio específico sobre el uso de la droga para este caso específico. Para más detalles de esta "terapia" y sus promotores, véase Tsouderos (2009).

A pesar de la apabullante evidencia actual de que las vacunas no están en absoluto asociadas con el autismo, el 29% de las personas de nuestra encuesta cree que "las vacunas que se les dan a los niños son en parte responsables del autismo".[158] Es bastante tranquilizador que toda la atención que los medios dedicaron a esta causa ilusoria no haya influido en más personas, pero la ciencia, en el mejor de los casos, sólo puede adjudicarse una victoria parcial. Si el 29% de los padres se deja llevar por estas creencias y no vacuna a sus hijos, la inmunidad de la población podría caer estrepitosamente, lo que puede llevar a brotes generalizados de sarampión. Más aún, continúan apareciendo nuevas "curas" para el autismo, basadas en evidencia anecdótica y no en experimentos cuidados, que llevan a los padres a tomar caminos peligrosos. Esperamos que este capítulo le haya aportado al lector cierta inmunidad a estos intentos de abusar de la ilusión de causa.

Hemos explorado aquí tres formas en las que la ilusión de causa puede afectarnos. Primero, percibimos patrones azarosos a los que interpretamos como predicciones de acontecimientos futuros. Segundo, suponemos que acontecimientos que ocurren juntos tienen una relación causal. Finalmente, tendemos a interpretar acontecimientos que ocurrieron antes como las causas de los que ocurrieron o parecieron ocurrir después. La ilusión de causa tiene raíces profundas. Los seres humanos nos diferenciamos de otros primates por nuestra capacidad para realizar "inferencias causales". Aun los niños pequeños se dan cuenta de que cuando un objeto golpea a otro puede hacer que se mueva. También pueden razonar sobre causas hipotéticas: si un objeto se movió, algo debió de haber hecho que se moviera. Otros primates en general no hacen estas inferencias y, en consecuencia, tienen dificultades para conocer las causas que no pueden ver.[159] En la línea del tiempo de la evolución, por lo tanto, la capacidad para inferir la existencia de causas ocultas es bastante reciente, y los nuevos mecanismos suelen necesitar perfeccionamiento. No tenemos dificultad para inferir causas; el verdadero problema es que a veces somos demasiado buenos para hacerlo según nuestro propio criterio.

---

158 Encuesta nacional representativa realizada por SurveyUSA a pedido de los autores (2009). Véanse las notas del capítulo 1 para más detalles.
159 Para una discusión de tales diferencias véase Penn, Holyoak y Povinelli (2008: 109-178).

6. ¡Hágase inteligente ya!

Antes de la temporada 2007 de la Liga Nacional de Fútbol Americano, como de costumbre, los New York Jets hicieron varios ajustes en el equipo. Algunos novatos se incorporaron al entrenamiento, algunos veteranos dejaron el equipo, otros jugadores tuvieron que competir por un lugar en el plantel titular y se actualizó el libro de pases. Pero hubo un cambio que fue inusual: el entrenador en jefe, Eric Mangini, ordenó que los altoparlantes del estadio pasasen música clásica, específicamente composiciones de Wolfgang Amadeus Mozart, durante los entrenamientos. "La música de Mozart es muy similar a las ondas cerebrales y estimula el aprendizaje", explicó el entrenador, quien era conocido por preparar a su equipo con suma meticulosidad (Cimini, 2007).

Eric Mangini no es el único que cree que escuchar a Mozart puede volvernos más inteligentes. Un empresario llamado Don Campbell convirtió la frase "El efecto Mozart" en una marca registrada, y la usó para comercializar una serie de libros y discos compactos para adultos y niños por igual. Incluso consulta hospitales sobre el diseño óptimo de los sistemas de sonido para maximizar los poderes sanadores de la música (Yun, 2005). En 1998, el gobernador Zell Miller convenció a la legislatura de Georgia para que destinase fondos públicos a la distribución de cintas de música clásica para todos los padres de bebés recién nacidos en el estado. Como parte de su discurso sobre el carácter innovador de su estado, les hizo escuchar "Oda a la alegría" de Beethoven a los legisladores y les preguntó: "¿No se sienten más inteligentes ya?".[160] Un hospital de Eslovaquia les pone auriculares a todos los bebés de la sala de neonatología, a pocas horas de haber nacido, para darles un verdadero buen comienzo en la construcción de su capacidad mental. "La música de Mozart tiene un muy buen efecto en el desarrollo del cociente intelectual", dijo el médico que inició esa costumbre allí (Agence France-Presse, 2005).

---

160 Según *Science* (1998), Zell Miller dio su discurso el 22/6/1998 y solicitó 105 000 dólares de fondos públicos.

Hasta el momento, hemos discutido varias ilusiones cotidianas que dejan al descubierto errores en las concepciones que las personas tienen acerca de su propia mente, y hemos tratado de convencer al lector de que estos pueden tener consecuencias dramáticas para los seres humanos. También hemos sugerido formas de minimizar el impacto que esas ilusiones tienen en nuestra propia vida. Al comprenderlas, hemos descubierto que es posible –aunque no sea fácil– cambiar nuestro modo de pensar de tal manera de reconocer y escapar a las ilusiones al menos algunas veces. Pero sería mucho mejor si hubiese una forma simple de superarlas, una manera de aumentar nuestra inteligencia lo suficiente como para que estas simplemente desaparezcan.

La "ilusión de potencial" nos lleva a pensar que en nuestro cerebro existen vastos reservorios de capacidad mental desaprovechada, que está a la espera de que accedamos a ella tan pronto como sepamos cómo hacerlo. La ilusión combina dos creencias. Primero, que debajo de la superficie, la mente humana y el cerebro albergan el potencial de tener un rendimiento mucho mayor, en una amplia variedad de situaciones y contextos, del que en general tenemos. Segundo, que este potencial puede liberarse con simples técnicas que se implementan de modo fácil y rápido. La historia del efecto Mozart es una perfecta ilustración de cómo esta ilusión puede transformar una afirmación sin casi ningún sostén científico en una leyenda popular que alimenta negocios multimillonarios, de manera que dedicaremos la primera parte de este capítulo a examinarla en detalle.

"El genio mágico de Mozart"

El efecto Mozart se hizo popular en octubre de 1993, cuando *Nature*, una de las dos revistas científicas más importantes del mundo (la otra es *Science*), publicó un artículo de una página de Frances Rauscher, Gordon Shaw y Katherine Ky (1993: 611) bajo el inocuo título de "Music and Spatial Task Performance". Shaw, profesor de física cuyos intereses se habían volcado a las neurociencias, junto con un estudiante llamado Xiaodan Leng, había desarrollado una teoría matemática de cómo cooperan las neuronas en el cerebro. Su entusiasmo por la música clásica le hizo notar algunas similitudes entre la estructura matemática de las piezas clásicas y los patrones que, según su teoría, se hallarían en el comportamiento de las neuronas. Luego de percibir esta similitud, predijo que con el mero hecho de escuchar música, el funcionamiento de nuestro cerebro se optimizaría

–pero sólo si escuchábamos el tipo correcto–.[161] Shaw creía que Mozart había compuesto música que "resonaría de manera óptima con el lenguaje neuronal interno intrínseco", y que tendría un efecto magnífico. Como escribió más tarde: "el genio mágico de Mozart tal vez exhibió en su música un uso supremo del lenguaje cortical intrínseco" (2004: 160).[162]

Para poner a prueba su teoría, contrató a Frances Rauscher, una ex chelista que había dejado la música para dedicarse a la psicología, y juntos realizaron un experimento simple. Cada uno de 36 estudiantes universitarios realizó tres pruebas tomadas de una batería de tests de inteligencia estándares: "análisis de patrones", "razonamiento con matrices" y "doblar y cortar papeles". En el primero, los sujetos construyen objetos a partir de bloques según patrones dados. En el segundo, eligen con qué forma, entre varias, completarían un patrón compuesto por otras figuras abstractas. En el último, miran un dibujo de un diseño estilo origami, con líneas continuas y líneas de puntos que indican dónde debería doblarse y cortarse el patrón. Luego, deben elegir cuál de los varios dibujos muestra con precisión cómo se veía el papel luego de ser desdoblado.

Antes de realizar estos tests, los sujetos escucharon una de las siguientes grabaciones: diez minutos de la "Sonata para dos pianos en re mayor" de Mozart, diez minutos de instrucciones de relajación diseñadas para bajar la presión sanguínea o diez minutos de silencio. La sonata es descrita por el biógrafo de Mozart, Alfred Einstein, como "gallarda de principio a fin [...] una de las composiciones más profundas y maduras de Mozart" (citado en Shaw, 2004: 162). Según el artículo, los sujetos que tuvieron un buen rendimiento en uno de los tests también lo tuvieron en los otros: hubo correlaciones significativas entre los tres, tal como se esperaría de las subpartes de un test de inteligencia o de cualquier otro de capacidad cognitiva general como el SAT. De manera que Rauscher y sus colegas combinaron los tres tests en un único puntaje de lo que llamaron "capacidad de razonamiento abstracto" y lo convirtieron a la escala de puntajes de CI (cociente intelectual), que dio un promedio de 100 puntos para la población general. Luego compararon los puntajes teniendo en cuenta las tres condiciones de escucha.

---

161 Shaw describió esta idea como una "predicción osada" en el informe sobre el efecto Mozart realizado por el Fox Family Channel en su programa *Exploring the Unknown* (emitido en 1999).

162 Tal vez el lector recuerde nuestros comentarios del capítulo 4 sobre la "neurocháchara" cuando lea estos argumentos acerca de la existencia de una relación especial entre la música de Mozart y el funcionamiento del cerebro.

Los que permanecieron en silencio obtuvieron 110, los que escucharon instrucciones de relajación 111 y los que escucharon la sonata de Mozart 119. Así, aparentemente, escuchar a Mozart volvía a los estudiantes unos 8 ó 9 puntos CI más sagaces. Aunque 9 puntos puede parecer poco, no lo es: una persona promedio, que por definición es más inteligente que el 50% del resto de la gente, sería más inteligente que el 70% luego de escuchar la sonata de Mozart. El simple tónico de diez minutos de música clásica, si sus efectos pudieran aprovecharse, haría que un estudiante común superase en un 20% a sus compañeros relajados o que disfrutan del silencio, y que potencialmente pasase de obtener 7 a obtener 10, y de desaprobar a aprobar sus exámenes.

Los medios comunicaron este nuevo hallazgo científico con entusiasmo. "Mozart nos hace más listos", rezaba el título del *Boston Globe*. "Escuchar a Mozart no es sólo un placer de los amantes de la música. Es un tónico para el cerebro", comenzaba el artículo (Knox, 1993). Menos de un año después de que Rauscher, Shaw y Ky publicaran su artículo, las compañías discográficas empezaron a editar nuevos CD para explotar la publicidad, con títulos como *Mozart para su mente*, *Mozart nos hace más listos* y *Sintonice su cerebro con Mozart*. Irónicamente, la mayoría de estos discos no incluían la sonata K.448 que se había usado en el experimento, pero no importaba. Las ventas ascendieron a millones.[163] En su discurso a la legislatura del estado de Georgia, Zell Miller citó el artículo de Rauscher:

> Hay incluso un estudio que muestra que luego de escuchar una sonata de piano durante diez minutos, los coeficientes intelectuales de un grupo de estudiantes universitarios aumentaron en nueve puntos. [...] sin duda escuchar música, especialmente a una edad muy temprana, influye en el razonamiento espacio-temporal que subyace a la matemática, la ingeniería y el ajedrez.[164]

Los informes de investigaciones posteriores realizados por el equipo del efecto Mozart también tuvieron una extensa cobertura mediática. Tal como sucedió con el original, estos nuevos experimentos hallaron

163 De acuerdo con un informe de *NBC Nightly News* de agosto de 1999.
164 Según señaló la propia Rauscher en *Science* (1998), no se ha realizado ningún estudio con infantes.

mejorías sustanciales en el rendimiento de personas que debían realizar tareas mentales inmediatamente luego de escuchar la sonata de Mozart, pero no tras el silencio o la relajación.[165] Entretanto, los psicólogos interesados en la música y la inteligencia comenzaron a examinar este intrigante descubrimiento. Ninguna investigación anterior había mostrado que el simple hecho de escuchar música pudiera tener un efecto tan importante sobre la capacidad mental. El primer grupo de investigación independiente que publicó sus descubrimientos fue encabezado por Con Stough, de la Universidad de Auckland, Nueva Zelanda (Stough, Kerkin, Bates y Mangan, 1994: 695). Usaron la sonata de Mozart y las condiciones de silencio del estudio original, y le agregaron una nueva: música bailable, específicamente, diez minutos de "Fake 88 (House Mix)" y "What can I say to make you love me? (Hateful Club Mix)", de Alexander O'Neal. Treinta sujetos escucharon cada selección y trabajaron en una parte del test de Matrices Progresivas, serie avanzada, de Raven, después de hacerlo. Este test es considerado una excelente medición de la inteligencia general. El equipo de Stough halló que el grupo que había escuchado a Mozart superó a los grupos de control sólo en un punto de CI, lo cual no se acercaba siquiera a los 8-9 proclamados por Rauscher. Una diferencia de un punto es tan pequeña, que fácilmente podría haber surgido de lo azaroso de las mediciones de las capacidades cognitivas o de diferencias accidentales entre los sujetos asignados a Mozart y a los grupos de control. Otros equipos de investigación tuvieron experiencias similares.[166]

Junto con dos de sus estudiantes, Kenneth Steele, un profesor de psicología de la Appalachian State University, en Carolina del Norte, realizó en 1997 un experimento con Mozart. Usaron un test de "lapso de dígitos", que mide la lista más larga de dígitos que puede retenerse en la memoria con la suficiente precisión como para repetirla, ya sea hacia adelante o hacia atrás. Este test está muy asociado con la inteligencia general: cuanto más listo es uno, más números puede repetir hacia atrás. Pero escuchar a Mozart no tiene ningún efecto sobre el lapso de dígitos. Steele volvió a realizar la prueba al año siguiente, esta vez copiando el diseño del estudio de seguimiento de 1995 de Rauscher, que también

---

165 Los estudios de seguimiento de Rauscher y sus colegas incluyeron (entre otros) los siguientes: Rauscher, Robinson y Jens (1998: 427-432), y Rauscher, Shaw y Ky (1995: 44-47).

166 Todos los estudios del efecto Mozart realizados hasta el verano de 1999 se resumen en Chabris (1999: 826-827).

había producido un gran efecto Mozart. Usó el test de doblar y cortar en lugar del lapso de dígitos, pero aun así no encontró los beneficios de Mozart (Steele, Bass y Crook, 1999: 366-369). Al año siguiente, publicaron en la emblemática revista de la American Psychological Society, *Psychological Science*, sus nuevos resultados bajo el título "Mystery of the Mozart effect: Failure to replicate" y la institución emitió un comunicado de prensa titulado: "'Mozart Effect' De-Bunked". Casi de inmediato, el título se cambió por el de "'Mozart Effect' Challenged", luego de que Gordon Shaw amenazara a la APS con hacerle un juicio.[167]

Steele escribió más tarde (2001) que, cuando comenzó sus experimentos, esperaba replicar el efecto Mozart. De hecho, ¡los investigadores no suelen realizar experimentos que creen que van a fracasar! Pero esto puede suceder por muchas razones, aun cuando la teoría que los motivó sea correcta. En este caso, la hipótesis de que escuchar a Mozart aumenta el rendimiento cognitivo podría ser cierta, aunque los experimentos particulares destinados a probarla fracasaron debido a una variedad de errores en el diseño o la ejecución que no tienen nada que ver con lo acertado de la teoría. Pero tras repetidos fracasos en los intentos de encontrar una mejoría cognitiva luego de escuchar a Mozart, Steele acabó por creer que no había ningún efecto Mozart.

Los medios y las repercusiones

Los estudios de Stough, Steele y otros recibieron poca atención, pero las publicaciones de los descubridores originales siguieron influyendo en la percepción del público e incluso en las políticas públicas –Rauscher presentó sus hallazgos ante un comité del Congreso de los Estados Unidos–. Los medios dan mucho peso y cobertura al *primer* estudio publicado sobre un tema, y básicamente ignoran todos los estudios que se realizan luego. Esta tendencia no es sorprendente –la fama es para el descubridor, no para la persona que llegó meses después, o que simplemente hizo un seguimiento del trabajo original–. Pero aun en la ciencia, el juicio de grandeza es un juicio retrospectivo, que sólo la historia puede emitir, y el periodismo no es más que un primer borrador de la historia. Cuando

---

167 Según una comunicación personal entre Chris y Kenneth Steele, el 13 de junio de 2009. Chris tiene copias del comunicado de prensa original y del modificado.

se anuncia un nuevo hallazgo, los periodistas y otros observadores podrían sentirse obligados a decir: "No informaré esta historia hasta que al menos otros dos laboratorios la hayan reproducido". Y la restricción es mucho menos probable cuando el impacto es tan alto como 9 puntos de CI en diez minutos. El primer informe de un nuevo hallazgo científico es análogo a la cobertura en tapa que recibe la condena de un criminal de alto perfil; la noticia de que los resultados no siguen más en pie aparece en las últimas páginas (si es que se la cubre), al lado de la nota sobre la absolución del sospechoso.

A medida que el efecto Mozart crecía se volvió más fantástico todavía. Aunque todos los estudios relevantes se habían realizado con estudiantes universitarios o personas mayores, se difundió la leyenda de que Mozart era bueno para niños, bebés e incluso fetos. Un columnista de un diario chino, Kevin Kwong (2000), comentó: "Según estudios realizados en Occidente, los bebés que escuchan 'Cosi fan tutte' o la 'Misa en do menor' durante la gestación tienen probabilidades de salir del útero más inteligentes que sus pares".

Los psicólogos sociales Adrian Bangerter y Chip Heath midieron la cobertura que los medios dedicaron al estudio inicial de Rauscher y hallaron que en 1993, el año de su publicación, fue muy amplia, pero no mayor que la que recibieron otros estudios de investigación publicados en *Nature* en la misma época. (Estos se referían a la esquizofrenia, la órbita de Plutón, el cáncer de piel e incluso a cuántos compañeros sexuales dicen tener los hombres y las mujeres.) En los ocho años siguientes, sin embargo, el trabajo sobre el efecto Mozart tuvo más de diez veces mayor cobertura que esos estudios. El interés de los medios en los otros disminuyó de manera abrupta luego de los informes iniciales, mientras que el referido al efecto Mozart no hizo más que crecer.[168]

El interés de Chris en el efecto Mozart se despertó a principios de 1998, cuando estaba escribiendo un artículo sobre el concepto de inteligencia. La reacción entusiasta del público frente a este proviene en parte de la forma en la que los medios presentan el concepto de inteligencia.

---

168 Véase Bangerter y Heath (2004: 605-623). Este trabajo sostiene que la cobertura del efecto Mozart apoya la teoría de que los rumores y las leyendas se difunden porque "atienden las necesidades o preocupaciones de los grupos sociales". Estamos de acuerdo y agregamos que la necesidad particular en juego aquí es la de creer que todos nosotros tenemos un potencial mental desaprovechado que puede ser liberado con facilidad. Adrian Bangerter publicó más tarde una versión ampliada de su investigación en francés (2008).

Muchos piensan que los tests de inteligencia son un modo simplista, arbitrario, impreciso e incluso racista de entender la inteligencia humana.[169] ¿Qué mejor medio de desenmascarar los tests de inteligencia que mostrar que escuchar unos minutos de música puede cambiar radicalmente el puntaje? La recepción del efecto Mozart entre los expertos en cognición fue diferente. Chris advirtió que las fallas al intentar reproducir el hallazgo original de Rauscher, Shaw y Ky abundaban, y que casi todas las reproducciones exitosas provenían del equipo original, no de investigadores independientes. En la ciencia, cuando sólo uno o unos pocos laboratorios pueden producir un efecto y otros no logran hacerlo (como en el célebre caso de la fusión en frío), los científicos y los escépticos comienzan a dudar del efecto mismo. ¿El efecto Mozart fue real o no era más que un mito?

Chris decidió realizar un metaanálisis, un procedimiento estadístico que combina todos los datos disponibles de todos los estudios sobre un tema investigado para determinar la mejor respuesta. El valor de este tipo de estudio tal vez pueda comprenderse mejor por analogía con el clásico juego de kermés de adivinar el número de caramelos que hay en un frasco, que mencionamos en el capítulo 3. Si tenemos un gran grupo de personas que quieren hacer su mejor estimación colectiva de una cantidad desconocida, la manera de hacerlo es que cada uno escriba lo que cree en forma independiente, y luego se saque el promedio de todos. Es improbable que la estimación de cada persona sea correcta pero, también, es probable que sea demasiado alta o demasiado baja. Como resultado, si sacamos un promedio de todas las estimaciones independientes, las que son demasiado grandes cancelarán las que son demasiado pequeñas, y obtendremos una estimación más precisa del total real.[170] El mismo principio se aplica a la investigación científica. Cualquier estudio individual podría verse afectado por sesgos o errores inadvertidos que distorsionen los resultados, lo que puede llevar a una estimación imprecisa del verdadero efecto. Al sacar un promedio de una serie de estudios, sin embargo, los errores aleatorios que hayan conducido a sobrestimaciones o subestimaciones de las dimensiones de un efecto (aquí, cuánto aumenta un CI luego de escuchar a Mozart) tenderán a nivelarse, lo que permitirá hacer una mejor estimación de la verdad. Al combinar *todos* los

---

169 La exposición más famosa de este argumento aparece en Gould (1981).
170 Sir Francis Galton (1907: 450-451) realizó este experimento en una feria en Inglaterra. Para más detalles sobre este tema, véanse Sunstein (2006), y Surowiecki (2004).

estudios, los resultados de un metaanálisis no se ven indebidamente influenciados por un único hallazgo memorable o muy publicitado, como el artículo original de Rauscher y Shaw.

Al buscar en publicaciones científicas experimentos como el original, Chris notó que –además del artículo de Steele de 1999– todos los estudios de seguimiento habían sido publicados en revistas de poco prestigio, que la mayoría de los investigadores nunca lee y a las que muchos nunca habían oído nombrar. Escribió a los autores de varios de los artículos para solicitarles los datos o la información adicional que necesitaba para evaluar sus resultados. En total, encontró dieciséis experimentos (incluyendo el original) que pusieron a prueba el efecto Mozart y que fueron publicados en revistas científicas con revisión por pares. Todos usaron la misma sonata y la compararon con el silencio, la relajación o ambos. Para cada uno, Chris calculó el tamaño de la diferencia en rendimiento entre los sujetos que habían escuchado a Mozart y aquellos que no lo habían hecho. En comparación con el silencio, Mozart mejoraba el desempeño en el equivalente a 1,4 puntos CI, sólo un sexto más que el resultado al que había llegado el equipo de Rauscher. Para los que compararon la sonata con la relajación, la ventaja para Mozart resultó ser de 3 puntos CI, casi un tercio más de lo que informó el equipo de Rauscher, pero dos veces mayor que el resultado que arrojó la comparación entre Mozart y el silencio. Puede haber una buena razón que explique este pequeño beneficio: la relajación reduce la ansiedad y la excitación, pero un estado de calma y tranquilidad no es el ideal para resolver problemas difíciles en los tests de CI. Tampoco es lo ideal estar demasiado ansioso, por supuesto –un feliz término medio es lo mejor–. En comparación con la relajación, sentarse en silencio tiene un efecto similar pero más débil –sin estimulación externa, nuestra mente estará a la deriva, y esto provocará que nos encontremos menos preparados para un trabajo arduo–.

Chris concluyó que todo el asunto del "efecto Mozart" podría no tener nada que ver con un efecto positivo de escuchar música. ¡No es tanto que Mozart nos vuelva más inteligentes, sino que sentarse en silencio o relajarse nos vuelve más tontos! Vista de este modo, la música de Mozart es una condición de control que se parece al nivel general de estimulación mental que encontramos durante la vida cotidiana, y el silencio y la relajación son "tratamientos" que reducen el rendimiento cognitivo. En cualquier caso, sin embargo, hay poco o ningún efecto Mozart que explicar.

Varios estudios adicionales no pudieron ser incorporados al metaanálisis de Chris porque no incluían condiciones de control de relajación o silencio. No obstante, revelaron otra explicación posible del beneficio aparente de Mozart. En uno, la investigadora británica Susan Hallam dispuso realizar para la BBC un experimento masivo en *ocho mil* niños pertenecientes a doscientas escuelas de todo el Reino Unido. Los niños escucharon o bien un quinteto de cuerdas de Mozart, o bien una discusión sobre experimentos científicos, o bien tres canciones conocidas ("Country House" de Blur, "Return of the Mack" de Mark Morrison y "Stepping Stone" de PJ & Duncan), y luego realizaron pruebas cognitivas como las que usó Rauscher. Los niños que escucharon música tuvieron un mejor rendimiento, y no hubo diferencia entre quienes escucharon a Mozart y quienes escucharon la discusión. Un artículo sobre este hallazgo llevaba por título, con descaro, "El efecto Blur" (Schellenberg y Hallam, 2005: 202-209). Un segundo estudio de Kristin Nantais y Glenn Schellenberg de la Universidad de Toronto no halló diferencias notables en el rendimiento en la realización de tareas cognitivas luego de escuchar la sonata de Mozart o el cuento "El último peldaño de la escalera" de Stephen King. Pero el rendimiento sí fue mejor cuando escucharon *lo que más les gustaba* (Nantais y Schellenberg, 1999: 370-373). La mejor explicación de este hallazgo, así como la del "efecto Blur", es que nuestro ánimo mejora cuando escuchamos lo que nos gusta, y nos va mejor en los tests de inteligencia cuando estamos de mejor humor. El efecto no tiene nada que ver con incrementar la inteligencia en sí misma.

Chris envió su metaanálisis a *Nature*, la revista que publicó el estudio inicial de Rauscher, Shaw y Ky. No esperaba que se lo publicasen, porque su conclusión –que expresaba que cualquier pequeño beneficio que exista es el resultado del estado de alerta y el buen humor más que de cualquier propiedad especial de la música de Mozart– podía interpretarse como un cuestionamiento a la decisión de la revista de publicar el primer trabajo. Para su sorpresa y alegría, aceptaron el artículo y lo publicaron, junto con otro informe de Kenneth Steele y sus colegas sobre la imposibilidad de reproducir la prueba.

Se le dio a Rauscher espacio para que expusiese su respuesta y *Nature* destacó este intercambio en su boletín de prensa semanal. Los medios, amantes de las buenas peleas, incluso entre académicos, entraron en acción: programas de actualidad de CNN, CBS y NBC entrevistaron a Chris. Rauscher y Steele debatieron en el programa televisivo *Show*, con Matt Lauer como moderador. El trabajo de Chris le valió incluso una breve aparición en un episodio de *Penn and Teller: Bullshit!* titulado "Baby Bullshit".

Recuérdese el análisis que Adrian Bangerter y Chip Heath hicieron de los medios. Descubrieron un pico en la cobertura del efecto Mozart en 1999, en coincidencia con estos artículos en *Nature*, y luego las cosas volvieron a quedar en la nada. ¿El metaanálisis de Chris y los estudios de Steele y Schellenberg finalmente desenmascararon el efecto Mozart? Sí y no. Bangerter y Heath hallaron que los artículos periodísticos que mencionaban el efecto positivo que tenía escuchar a Mozart en los adultos eran cada vez menos frecuentes, ¡pero los artículos que proclamaban falsamente que Mozart volvía a los bebés más perspicaces eran cada vez más habituales! De hecho, esta tendencia comenzó apenas un año después del informe original de Rauscher. Para ser claros, repetimos que ningún estudio ha examinado nunca el efecto en los bebés.[171] Nuestra encuesta nacional a 1500 adultos fue realizada en 2009, diez años después de la publicación del metaanálisis de Chris. Ese estudio halló que el 40% de las personas está de acuerdo con que "escuchar música de Mozart aumenta la inteligencia". Una mayoría no estuvo de acuerdo, pero hay que tener en cuenta que la evidencia

---

171 Además del estudio sobre el "efecto Blur" antes mencionado, otros dos no lograron encontrar el efecto Mozart en niños en edad escolar: Crncec, Wilson y Prior (2006: 305-317), y McKelvie y Low (2002: 241-258). La impresión equivocada de que el efecto Mozart funciona mejor con fetos, que llevó a muchos padres a reproducir música clásica para sus hijos no nacidos envolviendo el vientre con auriculares, podría haber surgido de la publicidad que se le dio a otro hallazgo de Rauscher, publicado en otra revista oscura. Allí se informó haber expuesto a ratas a la mágica sonata de Mozart durante 60 días *in utero* y siete días más luego de su nacimiento, y haber comparado estos animales con un grupo de control para medir su capacidad para correr dentro de un laberinto. Las ratas expuestas a Mozart tuvieron un mejor rendimiento (Rauscher, Robinson y Jens, 1998). La pesadilla de Rauscher, Kenneth Steele (2003: 251-265), señaló más tarde que las limitaciones de la capacidad auditiva de las ratas *les impiden oír* muchas de las notas de la sonata. Sin embargo, Rauscher (2006: 447-453) continuó publicitando sus estudios con ratas y afirmando que la expresión de los genes era diferente en los cerebros de las ratas expuestas a Mozart en comparación con las del grupo de control. Esto no es sorprendente, desde luego: el cerebro procesa la música –no entra por un oído y sale por el otro–, de manera que podría esperarse *cierta* diferencia entre los que son expuestos incluso a unas pocas notas de música y aquellos que lo son a alguna otra cosa. Encontrar una diferencia, ya sea en la expresión de los genes, el flujo sanguíneo, la actividad eléctrica o lo que fuese, es irrelevante para el debate sobre el efecto Mozart, a menos que esta tenga alguna vinculación con un cambio en el rendimiento que sea específico de la música de Mozart, y no simplemente una consecuencia de cambios en el estado anímico o la excitación que podrían resultar de muchos tipos diferentes de estímulos.

científica no apoya en absoluto esa afirmación. Sería mejor si casi todos estuviesen en desacuerdo, como lo estarían con una afirmación del estilo de "en promedio, las mujeres son más altas que los hombres".

Entretanto, el efecto Mozart sigue haciendo eco en muchos. Eric Mangini debe de haber sido un creyente cuando usó la música clásica como la nueva banda de sonido de los entrenamientos de los New York Jets. Hasta que cada uno de nosotros tuvo a su primer hijo, no nos dábamos cuenta de hasta qué punto el mito de "Mozart para bebés" había invadido la industria de productos para niños. Amigos nuestros inteligentes, con un alto nivel de educación, nos enviaban juguetes que incluían –como una cuestión de rutina, no como una característica especial– una programación de "Mozart" que reproducía música clásica. La compañía Baby Einstein fue fundada en un sótano con 5000 dólares de capital inicial en 1997 (siguiendo los pasos de la primera explosión de la publicidad sobre el efecto Mozart) y sus ventas alcanzaron los 25 millones de dólares en 2001, antes que la adquiriese Disney (Mook, 2002). Los nombres de sus DVD –*Baby Mozart, Baby Einstein, Baby Van Gogh*, etc.– sugieren que, al mirarlos, nuestros hijos se parecerán más a un genio que a un bebé común. Los videos, diseñados para ser mirados por bebés, representan en la actualidad un negocio anual de 100 millones de dólares (Strasburger, 2007: 334-336), aunque la American Academy of Pediatrics afirma que los niños de menos de dos años no deben mirar televisión ni videos de ninguna clase.

Un grupo de investigación liderado por Frederick J. Zimmerman, pediatra de la Universidad de Washington, intentó determinar la influencia de los productos inspirados en el efecto Mozart en las capacidades cognitivas de los niños. Los investigadores encargaron una encuesta telefónica a padres de niños de menos de dos años en los estados de Washington y Montana. Cada padre respondió una serie de preguntas sobre cuánto tiempo sus hijos miraban televisión educativa, películas y otros medios, con una categoría "videos/DVD para bebés" separada. Luego, se les preguntaba si sus hijos entendían y/o usaban cada una de las 90 palabras que solían incluir los vocabularios de niños pequeños. Hay listas separadas de vocabulario para infantes (de 8 a 16 meses) y deambuladores (de 17 a 24 meses), de manera que los investigadores examinaron estos grupos de edades por separado. Para los infantes, cada hora adicional por día dedicada a mirar DVD para bebés se asociaba a una *reducción* del 8% en el vocabulario. En los deambuladores, no se halló una relación significativa entre mirar

DVD y el tamaño del vocabulario (Zimmerman, Christakis y Meltzoff, 2007: 364-368).[172]

Si el lector se ha vuelto sensible a la ilusión de causa abordada en el capítulo 5, advertirá que este es simplemente un estudio de correlación. Los investigadores no podrían asignar al azar a algunos bebés a mirar videos y a otros a no hacerlo, de manera que el título "Los DVDs para bebés tienen el efecto de atontar a su hijo" no está justificado. Las familias de infantes que ven más videos podrían fomentar menos la construcción de vocabulario por otras vías. En su modelo estadístico, Zimmerman y sus colegas dieron cuenta de algunos de los factores que era más probable que hicieran que los niños que miraban DVD fueran diferentes, como el grado de educación que tenían sus padres, en qué medida les leían cuentos, con qué otros medios tenían contacto y cuánto tiempo, si los miraban solos o con sus padres, etc. Aun luego de examinar todos estos factores, mirar DVD seguía asociado con la pobreza de vocabulario. Aunque no podemos hacer una fuerte inferencia causal a partir de este estudio, no hay duda de que este no apoya la creencia de que mirar videos o escuchar a Mozart aumenta la inteligencia.

Disney, que recaudaba 200 millones de dólares anuales con la marca Baby Einstein cuando el grupo de Zimmerman publicó su artículo, reaccionó con vehemencia. Su director general, Robert Iger, criticó públicamente el estudio calificándolo de "defectuoso" porque no diferenciaba entre distintos productos de DVD para bebés, con lo cual quería decir que otros DVD podrían acarrear vocabularios pobres, pero no los fabricados por su empresa (Monastersky, 2007). Un vocero de Disney atacó ferozmente una afirmación de uno de los colaboradores de Zimmerman, quien le dijo a un diario que el estudio había hallado que los DVD para bebés perjudicaban el vocabulario de los niños. La empresa tenía un argumento a su favor en este punto: como hemos señalado, el estudio era

172 El CD interactivo da un puntaje en percentiles basado en cuántas de las 90 palabras el niño conoce y dice. La estimación de una reducción del 8% por hora de visualización se basa en una disminución de 17 puntos percentiles. Consideremos a Jane y a Tanya, dos niñas de familias similares y con experiencias similares, que sólo difieren en que Jane nunca mira DVD para bebés mientras que Tanya los mira durante una hora por día. Si Jane tiene un vocabulario promedio para su edad (es decir, se encuentra en el percentil 50), entonces se esperaría que Tanya se encontrase en el percentil 33, y que usase un 8% menos de palabras que Jane. Estudios en menor escala han hallado efectos negativos similares en algunos programas de televisión. Véase Linebarger y Walker (2005: 624-645).

correlacional, no causal, de modo tal que, en rigor, no se había hallado ningún perjuicio.

Por desgracia, el vocero de Disney, Gary Foster, menoscabó su defensa del rigor científico al contraponer un argumento aún más falaz: "Baby Einstein ha tenido una recepción muy buena, y si se lo usa en forma adecuada ejerce una muy buena influencia en la salud y en la felicidad de los bebés" (citado en Pankratz, 2007). En otras palabras, el producto debe de ser bueno para los niños porque ha tenido "una recepción muy buena" (se supone que por parte de los padres, muchos de los cuales podrían estar comprensiblemente agradecidos por que exista algo que acapare la atención de un niño llorón durante algunos minutos). El vocero no ofreció ninguna evidencia, ni correlacional ni causal, que apoyase su afirmación de que usar el DVD "en forma adecuada" sea beneficioso.

Por último, el propio experimento de Eric Mangini con Mozart no tuvo éxito. En 2006, había conducido a su equipo a un puntaje de 10-6 y a una aparición en las eliminatorias. La temporada siguiente, incluyó la música clásica en los entrenamientos y el rendimiento de los Jets fue de 4-12. Mangini duró sólo un año más como entrenador en jefe, luego de lo cual fue despedido.[173]

Eso que subyace

¿Por qué el efecto Mozart encuentra una audiencia tan receptiva? ¿Por qué tantas personas compran los CD de música clásica para sus hijos pequeños y DVD para los de entre un año y medio y dos? ¿Por qué las personas se muestran tan dispuestas a creer que la música y los videos podrían elevar el coeficiente intelectual de sus hijos sin esfuerzo? El efecto Mozart explotó con maestría la ilusión de potencial. A todos nos gustaría ser más inteligentes, y el efecto Mozart nos dijo que podíamos lograrlo sólo con escuchar música clásica. El subtítulo del libro de Don Campbell *The Mozart Effect* apela en forma directa a la ilusión: *Tapping the Power of Music to Heal the Body, Strengthen the Mind, and Unlock the Creative Spirit* [Cómo aprovechar el poder de la música para sanar el cuerpo, fortalecer la mente y liberar el espíritu creativo].

173 La información sobre la carrera de Eric Mangini fue obtenida de Wikipedia (2009). Por supuesto, sería erróneo concluir que el efecto Mozart hizo que el equipo fracasara. ¡Cuidado con la ilusión de causa! Lo más probable es que no haya tenido ninguna influencia.

Hoy, dijimos, el 40% de las personas sigue creyendo en el efecto Mozart a pesar de la evidencia científica que lo refuta. Para que el lector se convenza de que se trata de una creencia estúpida que no tiene verdadera importancia, lo invitamos a considerar algunas de sus implicaciones. Primero, los padres que sostienen esto podrían pensar que sentar a sus hijos delante de un DVD para bebés o hacerlos escuchar música clásica es hacer por ellos tanto como interactuar con ellos, si no más. La moda de que los bebés escuchen a Mozart reemplazará intervenciones mucho mejores, que realmente podrían contribuir al desarrollo social e intelectual de sus hijos. En otras palabras, la creencia en el efecto Mozart podría ser perjudicial para los niños más que otras actividades, como lo sugirió el estudio del grupo de Zimmerman respecto de los DVD para bebés.

Si un número tan grande de personas sigue creyendo en el efecto Mozart a pesar de que se lo ha desenmascarado públicamente, ¿qué sucede con otras creencias en poderes mentales ocultos que no han recibido una sanción pública tan severa como aquel? En nuestra encuesta telefónica nacional, hicimos varias preguntas sobre otras manifestaciones de la ilusión de potencial.

El 61% de los encuestados coincidió en que "la hipnosis es útil para ayudar a los testigos a recordar los detalles de los crímenes con precisión". La idea de que esta puede poner el cerebro en un estado especial, en el que los poderes de la memoria aumentan mucho más que lo normal, refleja la creencia en una forma de potencial que sería fácil de liberar. Pero esto es falso. Las personas hipnotizadas no generan más "recuerdos" que en el estado normal, y los recuerdos durante el trance pueden ser tanto verdaderos como falsos.[174] La hipnosis las conduce a encontrarse con más información, pero esta no es necesariamente más precisa. De hecho, en realidad, podría ser la misma creencia en el poder de la hipnosis lo que las induzca a recordar más cosas: si creen que deberían tener más memoria bajo hipnosis, harán mayores esfuerzos para recuperar más recuerdos cuando estén hipnotizadas. Lamentablemente, no hay forma de saber si los recuerdos que las personas hipnotizadas recuperan son verdaderos o no –a menos, por supuesto, que sepamos con exactitud qué es lo que deberían poder recordar–. ¡Pero si supiéramos eso, entonces no necesitaríamos usar la hipnosis![175]

---

174 Para una discusión sobre los efectos de la hipnosis en la precisión de la memoria (y la confianza) véase Kihlstrom (1997: 1727-1732).

175 Aun cuando las personas no estén bien informadas acerca de la realidad de la hipnosis y la memoria, el sistema legal mira con recelo a los testigos cuya

El 72% de las personas coincidió en que "la mayor parte de la gente usa sólo el 10% de su capacidad cerebral". Esta extraña creencia, un elemento básico de los avisos publicitarios, los libros de autoayuda y las comedias, ha estado vigente desde hace tanto tiempo que algunos psicólogos han realizado investigaciones históricas de sus orígenes.[176] En cierto sentido, es la forma más pura de la ilusión de potencial: si no usamos más que el 10% de nuestro cerebro, debe de haber otro 90% a la espera de ser aprovechado, si es que logramos averiguar cómo. Hay tantos problemas con esta creencia que es difícil saber por dónde comenzar. Así como algunas leyes no pueden aplicarse porque en realidad no tienen sentido, esta afirmación debería declararse "nula por vaguedad". En primer lugar, no hay una forma conocida para medir la "capacidad cerebral" de una persona o para determinar qué cantidad de ella usa. En segundo lugar, cuando el tejido cerebral no realiza ninguna actividad durante un tiempo prolongado, significa que está muerto. Por lo tanto, si sólo usáramos el 10% de nuestro cerebro, no habría posibilidad de aumentar ese porcentaje, a no ser mediante una resurrección milagrosa o un trasplante cerebral. Por último, no hay ninguna razón para sospechar que la evolución –o incluso un diseñador inteligente– nos daría un órgano ineficiente en un 90%. Tener un cerebro grande es ciertamente peligroso para la supervivencia de la especie humana –la enorme cabeza que se necesitaría para contenerlo apenas podría salir por el canal de nacimiento, lo que implicaría un riesgo de muerte durante el parto–. Si sólo usáramos una fracción de nuestro cerebro, la selección natural lo habría encogido hace mucho tiempo.

Este "mito del 10%" salió a la luz mucho antes de que existieran las tecnologías que permiten obtener imágenes del cerebro, como la reso-

---

memoria ha sido potenciada por medio de esta, o que solicitan ser hipnotizados para recordar mejor. Téngase en cuenta a Kenny Conley, el policía de Boston que fue condenado por perjurio y obstrucción de la justicia, cuando testificó que nunca había visto a Michael Cox en el alambrado. La solicitud de un testigo de ser hipnotizado para mejorar su memoria estuvo en el centro del tecnicismo que revirtió su condena –menoscabó la credibilidad del testigo, y el juicio no logró poner esto en conocimiento de la defensa–.

176 Luego de una búsqueda exhaustiva, Barry Beyerstein (1999: 3-24), de la Simon Fraser University, escribió: "Confieso que mis intentos por descubrir la fuente última del mito del 10% se han visto frustrados [...]. No hay muchas dudas de que los propagadores principales (por no mencionar a los beneficiarios) del mito del 10% han sido los promotores e impulsores de la industria del progreso autogestionado, en el pasado y en el presente".

nancia magnética y la tomografía por emisión de positrones, pero las concepciones erróneas de la investigación en neurociencias lo reforzaron. En las imágenes de la actividad cerebral ("pornografía cerebral") que se publican en los informes sobre investigaciones neurocientíficas, grandes áreas del cerebro aparecen oscuras, o no "iluminadas" con color. Sin embargo, las masas de color no indican las áreas "activas" del cerebro, sino las que están *más* activas en una determinada situación o en un particular grupo de personas. La totalidad siempre esta "encendida", con al menos un nivel básico de actividad, y cualquier tarea que realicemos la aumentará en muchas áreas cerebrales. De más está decir que "usar más el cerebro" no ayudará a evitar las ilusiones cotidianas.

Al parecer, el 65% de las personas cree que "si hay alguien detrás de nosotros que nos está mirando, podemos sentir esa mirada". Aunque sería bueno que pudiéramos tocar a alguien con nuestros ojos, estos no emiten ese tipo de rayos, y no hay receptores en la parte posterior de la cabeza que puedan detectar la mirada de alguien. Esta falsa creencia se basa en la idea de que las personas tienen capacidades perceptivas ocultas, no medidas previamente, que funcionan al margen de los cinco sentidos clásicos, y de que este sexto sentido puede ser muy útil. No obstante, esta idea ha sido refutada por completo. Un eminente psicólogo llamado Edgard Titchener escribió en la revista *Science*: "He realizado pruebas de esto […] en una serie de experimentos de laboratorio conducidos con personas que se declaraban especialmente susceptibles a la mirada o especialmente capaces de 'hacer que las personas se dieran vuelta'. […] los experimentos arrojaron invariablemente un resultado negativo" (Titchener, 1898: 895-897). No podemos hacer que las personas se den vuelta con sólo mirarlas, así como no podemos saber cuándo alguien nos está mirando desde atrás, al menos no sin primero darnos vuelta para mirarlo.[177]

¿Por qué la gente llegaría a creer en tal percepción extrasensorial? Tendemos a recordar los casos en los que nos dimos vuelta y vimos a alguien, pero no aquellos en los cuales nos dimos vuelta y no había nadie allí (así como tampoco cuando había alguien y no lo notamos y, menos aún, las "veces" en las que no había nadie y no notamos a nadie). Recuérdese, en función de lo que mencionamos en el capítulo 5, que somos particularmente proclives a inferir un patrón causal cuando la secuencia de

177 Véase Coover (1913: 570-575). El resultado de nuestra encuesta reproduce los estudios de laboratorio realizados por Cottrell, Winer y Smith (1996: 50-61), que muestran que tanto los estudiantes universitarios como los niños creen que pueden sentir las miradas de los otros en la espalda.

acontecimientos coincide con una narración. Si miramos de manera fija a alguien y luego este se da vuelta, la ilusión de causa nos llevaría a la falsa inferencia de que fuimos nosotros quienes hicimos que girara. Y cuando inferimos una causa, es muy probable que la recordemos.

Puesto que para Edward Titchener era absolutamente obvio que las personas en realidad no pueden sentir las miradas de los demás, primero tuvo necesidad de explicar, ante todo, por qué se molestaba en realizar estudios destinados a refutar esa idea: advirtió que los experimentos "tienen como justificación derribar una superstición que posee raíces profundas y difundidas en la conciencia popular". Estaba muy en lo cierto en cuanto al predominio de la creencia en el "sexto sentido". Por desgracia, sus intentos de erradicar esta superstición mediante la experimentación no fueron efectivos.[178] El predominio de la falsa creencia en la posibilidad de sentir las miradas de los demás ha sido notablemente estable a lo largo del tiempo –el estudio de Titchener antes citado fue escrito en 1898–.

Seudociencia subliminal

La falsa creencia más popular que arrojó nuestra encuesta (sostenida por el 76% de los encuestados) fue la de que "los mensajes subliminales en los avisos publicitarios pueden llevar a las personas a comprar cosas". La

178 Algunos promotores de los fenómenos paranormales siguen apoyando la idea de que las personas pueden percibir las miradas de los demás, para lo cual, en general, atribuyen el hecho a efectos misteriosos de la mecánica cuántica. Los métodos suelen ser sospechosos, y ninguno de ellos ha sido publicado en revistas científicas importantes. Como sucedió con el efecto Mozart, los defensores de esta idea con frecuencia apelan a otros estudios que la reproducen, pero esos otros resultados no han sido publicados en revistas de renombre. Para un examen de lo que sostiene un defensor de estos efectos véase Radin (2006: 125-130). Para las críticas a la evidencia por él aportada, véanse Marks y Colwell (2000), y Shermer (2005). No estamos afirmando que lo que se publica en revistas científicas acreditadas sea siempre correcto, ni que aquello que no aparezca en estas sea necesariamente falso. En la ciencia hay modas, y nuestros propios trabajos no siempre son publicados en los lugares más prestigiosos (¡aun cuando deberían serlo!). Pero en lo que respecta a cualquier fenómeno dado, si ninguna revista científica importante lo publica, existen muchas posibilidades de que no esté basado en una evidencia sólida y reproducible.

persuasión subliminal, al igual que la creencia en que podemos sentir cuando alguien nos está mirando, se basa en la idea de que las personas son en extremo sensibles a las señales débiles, señales que podríamos no detectar mediante nuestros mecanismos sensoriales normales. Si podemos cambiar las creencias, actitudes y comportamientos de las personas mediante influencias sutiles y difíciles de detectar, entonces, en principio, podríamos usar esos mismos poderes para conquistar grandes logros liberando capacidades y habilidades que no sabíamos que teníamos. La creencia en el poder de la persuasión subliminal subyace a la idea de que podemos dejar de fumar o aprender un nuevo idioma escuchando grabaciones mientras dormimos, pues eso liberaría el potencial para el cambio sin que sea necesario hacer ningún esfuerzo consciente.

Tal vez el lector haya oído hablar del famoso experimento de la década de 1950 en el que se transmitían mensajes subliminales durante las películas para aumentar las ventas de bebidas gaseosas y pochoclo. Tal vez recuerde también haber leído acerca de cómo los publicistas incorporan palabras e imágenes sexuales en las fotografías para despertar un mayor deseo hacia sus productos. En su exitoso libro de 1973, *Subliminal Seduction* [*Seducción subliminal*], Wilson Bryan Key describió muchos ejemplos de tales "incorporaciones" subliminales y las teorías de la psicología que subyacen a ellos (Key, 1973: 22-23, 29-30). La primera oración del libro de Key dice: "La percepción subliminal es un tema que prácticamente nadie quiere creer que exista y, si existe, apenas creen que tenga una aplicación práctica". Si Key estaba en lo cierto en cuanto al sentimiento público, entonces nuestra encuesta y otras similares muestran que las creencias populares han cambiado de manera drástica en los años posteriores al libro. Las personas ahora creen en forma ferviente en que la información subliminal influye en cómo pensamos y actuamos.

El caso de la película es una de las primeras muestras que ofrece Key para apoyar su argumento de que la publicidad subliminal tiene el gran poder de manipular nuestra mente. Según su descripción, fue realizada en un cine en Fort Lee, Nueva Jersey, en 1957. El experimento duró seis semanas, durante las cuales se transmitieron dos mensajes a los espectadores en días alternados: "¿Tiene hambre? Coma pochoclo" y "Tome Coca-Cola". Estos aparecían durante tres milésimas de segundo, una vez cada cinco segundos. Los resultados fueron un aumento del 58% en las ventas de pochoclo y del 18% en las de Coca-Cola, en comparación, supuestamente con el periodo anterior a la inserción de los mensajes en las películas. Cuando el estudio se dio a conocer a la prensa, la National Association of Broadcasters no tardó en prohibirles a sus miembros el uso de esta técnica, y el Reino Unido y Australia también sancionaron leyes al respecto.

La primera ilustración color del libro de Key hoy es famosa. Muestra un aviso publicitario de gin Gilbey en el que hay una botella abierta cerca de un vaso alto lleno de cubitos de hielo con gin. Parece una imagen común, pero si se la mira detenidamente, en los cubitos de hielo, apenas dibujadas, se pueden ver unas letras distorsionadas que forman la palabra "sexo". Key les mostró esta publicidad a mil estudiantes universitarios y el 62% manifestó sentirse excitado, romántico, entusiasmado y demás. Nada acerca de este estudio demuestra que la palabra "sexo" incorporada haya motivado estas respuestas, porque no hubo un grupo de control de sujetos al que se le hubiera pedido que describiera sus sentimientos sin que se le mostrase el aviso de la bebida alcohólica. Es posible que cualquier tipo de publicidad de bebidas alcohólicas diera lugar a una respuesta similar, o que estos estudiantes universitarios estuviesen constantemente ardientes.

Key informa un experimento mejor diseñado en el que a dos cursos, cada uno con cien estudiantes, se les mostró un aviso publicitario de la revista *Playboy* en el que aparecía un modelo masculino. Se les pidió que calificasen qué tan masculina era la imagen, en una escala de 1 a 5, en la que 1 era "muy masculina" y 5 "muy femenina". Un curso, que simplemente vio la publicidad, dio una calificación promedio de 3,3 en la escala. El otro, que la vio con la palabra "hombre" presentada subliminalmente usando la misma técnica que en el experimento del cine, en promedio le asignó 2,4. Sólo el 3% de los integrantes del primer curso calificaron la imagen con 1 ó 2; pero en el segundo curso, el 61% de los integrantes dieron esa calificación. El simple hecho de poner la imagen junto con una palabra compatible pero imperceptible modificó de modo sustancial las evaluaciones. Por desgracia, este cambio es demasiado radical como para ser creíble.[179]

179 En la página 30 del libro de Key, los datos en bruto de este experimento se presentan en forma de cuadro. Los usamos para calcular que el tamaño de la diferencia entre las condiciones del mensaje de control y el subliminal fuera grande: aproximadamente una desviación estándar. La probabilidad de que esta diferencia pudiera haber surgido sólo debido al azar era sorprendentemente pequeña: 0,0000000001 —en otras palabras, es probable que fuera demasiado buena para ser verdad–. La evidencia científica de la percepción subliminal, en la medida en que reúne estándares rigurosos y puede ser reproducida de manera confiable, muestra en general efectos pequeños, en su mayoría en la velocidad con la cual las personas pueden responder. Y los

¿Qué ocurre con el estudio del pochoclo y la Coca-Cola? Puede ser que haya sido directamente responsable de la creencia pública en el poder de las técnicas de persuasión subliminal. Apenas un año después de su anuncio, una encuesta halló que el 41% de los estadounidenses adultos había oído hablar de la publicidad subliminal. Hacia 1983, este número había aumentado al 81%, y de este, la mayoría creía que funcionaba, tal como sucedía en nuestra encuesta. Wilson Bryan Key no mencionó específicamente que detrás del estudio original, escrito en 1973, había un experto en publicidad llamado James Vicary. Esto podía deberse a que, diez años antes, Vicary había reconocido públicamente que el estudio era un fraude. En una entrevista con *Advertising Age*, dijo que su negocio publicitario no estaba funcionando bien, y que por lo tanto había falsificado el "estudio" para atraer más consumidores. Otros investigadores trataron de reproducir los hallazgos de Vicary, pero ninguno tuvo éxito. Una estación de televisión canadiense mostró las palabras "llame ahora" en forma intermitente y repetida durante uno de sus programas, pero las llamadas telefónicas no aumentaron. Luego se les preguntó a las personas que estaban mirando el programa en ese momento qué creían que habían visto. Nadie dio la respuesta correcta, aunque muchos informaron haber sentido hambre o sed.[180]

Si el lector es de nuestra generación, tal vez haya escuchado hablar de los "resultados" de Vicary por primera vez durante la escuela secundaria o en la universidad, pero nunca se le dijo que estos habían sido fabricados. A esta altura, debería percibir que este patrón mismo contribuye a la persistencia de la creencia en el potencial no explotado: se promueven con mucha insistencia afirmaciones iniciales acerca de alguna nueva forma de penetrar en los misterios de la mente, que entonces adquieren vida propia, mientras que la investigación posterior que refuta esas afirmaciones pasa casi inadvertida. Los científicos han debatido durante más de un siglo si podemos tan siquiera procesar el significado de palabras e imágenes que no vemos de manera consciente.[181] Pero aun si fuera

------

efectos tienden a ser efímeros. Aún se debate, en los escritos científicos, si este tipo de percepción existe en ausencia de conciencia. Para una discusión sobre algunas de las refutaciones relacionadas con la demostración de la percepción subliminal, véase Hannula, Simons y Cohen (2005: 247-255).

180 La mejor descripción de la verdad que subyace al "experimento" de Vicary se encuentra en el artículo de Pratkanis (1992: 260-72).

181 Véase Hannula y otros (2005). El debate se refiere a qué significa decir que algo no fue percibido conscientemente y a los métodos utilizados para evaluar con precisión en qué medida las personas lo notan. La mayoría de los

correcta, esta afirmación sobre el procesamiento subliminal es bastante diferente a decir que la información transmitida en estímulos ultrabreves pueda ser la *causa* de que hagamos cosas que de otro modo no haríamos, como comprar más pochoclo o gaseosa. El libro de Key se basaba en la idea de que la persuasión subliminal podría incluso ser más poderosa que los intentos visibles de convencer, porque si no somos conscientes de un mensaje publicitario, no podemos desecharlo o pensar detenidamente cómo está tratando de influir en nuestro comportamiento. A pesar de la falta de evidencia sobre la persuasión subliminal, las personas, no obstante, siguen creyendo que ese tipo de control mental es posible.[182] Quienes elaboran grabaciones de autoayuda que aseguran reprogramar nuestra mente y eliminar conductas no deseadas como fumar o comer en exceso mediante mensajes subliminales no se detienen ante los estudios

científicos, incluso los que defienden la idea de que la percepción subliminal es un fenómeno sólido, están de acuerdo en que cualquier efecto del significado de un estímulo no visto sobre la cognición tenderá a ser bastante pequeño, y muchos dudan de que los estímulos subliminales puedan persuadirnos de hacer algo que de otro modo no haríamos.

182 Un artículo reciente ha hecho una aseveración aún más fuerte que la realizada por Vicary: el estudio indicó que mostrar en forma intermitente y subliminal la bandera israelí hizo que personas israelíes modificasen de modo radical sus opiniones, firmemente arraigadas, sobre el Estado palestino y sus asentamientos en Gaza. Quienes se oponían en forma rotunda al Estado palestino y quienes estaban a favor de él moderaron sus puntos de vista y ya no se distinguieron. Más sorprendente aún es el hecho de que las banderas subliminales hayan cambiado el voto de los sujetos, en la medida en que, de nuevo, moderaron sus perspectivas, ¡esta vez unas semanas luego del estudio! Para nosotros, este estudio ilustra lo rápido que las personas aceptan afirmaciones fantásticas que se supone liberan un potencial desaprovechado para cambiar sus mentes. El mecanismo propuesto en el trabajo, a saber, que ver una bandera conduciría implícitamente a sostener posiciones más centristas, se ajusta sólo a una explicación, generada luego de ver los resultados. A nosotros nos parece más plausible que, si ver una bandera tiene algún efecto, este debería ser el de extremar los puntos de vista. La mayoría de las personas se consideran patriotas, y ver una bandera no debería más que fortalecer ideas preexistentes, no volverlos más moderados. Aunque el resultado podría ser legítimo y reproducible, dada la facilidad con que podemos sucumbir a la ilusión de potencial no aprovechado, pensamos que el escepticismo ante tan asombroso descubrimiento está justificado. Es difícil imaginar que una experiencia tan mínima modifique de modo tan radical los puntos de vista fuertemente arraigados en una persona, cuando esta está expuesta a tantos otros intentos de persuasión mucho más directos. Para el estudio original, véase Hassin, Ferguson, Shidlovski y Gross (2007: 19757-19761).

de ceguera doble controlados que no encuentran ningún beneficio en ellas.[183]

Esta creencia en los efectos poderosos de las influencias sutiles es una parte fundamental de la ilusión de potencial. Durante la campaña para la elección presidencial de 1984, el presentador de *ABC News*, Peter Jennings, sonreía más cuando hablaba de Ronald Reagan, el republicano, que cuando se refería a Walter Mondale, el demócrata. (Los presentadores de NBC y CBS sonreían casi con la misma frecuencia al referirse a cada candidato.) Según una pequeña encuesta, los telespectadores de ABC en Cleveland estaban el 13% más dispuestos a votar a Reagan que los de NBC y CBS. En Willamstown, Massachusetts, la diferencia fue del 21%, y en Erie, Pennsylvania, fue de un sorprendente 24% (Mullen y otros, 1986: 291-295). ¿El patrón de sonrisas de Jennings hizo que los telespectadores prefirieran a Reagan? Los investigadores que realizaron este estudio pensaron eso, al igual que Malcolm Gladwell (2000) cuando describió los resultados en su exitoso libro *The Tipping Point [La clave del éxito]*:

> No es que las sonrisas y los movimientos afirmativos con la cabeza sean mensajes subliminales. Son acciones directas que están en la superficie. Es sólo que son increíblemente sutiles. [...] los telespectadores de ABC que votaron a Reagan nunca, en mil años, nos dirían que votaron así porque Peter Jennings sonreía cada vez que mencionaba al Presidente.

Pero el programa de Peter Jennings fue sólo un pequeño componente de la cobertura de la elección que vivieron los votantes estadounidenses, y la manera en la que la prensa cubrió la elección fue apenas uno de los muchos factores que influyeron en los votos de la gente.

Pensemos qué es realmente más probable: que los músculos faciales de Peter Jennings hicieran que entre un 13% y un 24% corriera a votar a Ronald Reagan, o que las personas que veían *ABC News* tuvieran ciertas

---

183 Véase Greenwald, Spangenberg, Pratkanis y Eskenazi (1991: 119-122). Según el estudio riguroso de estos cuatro psicólogos dedicados a la investigación, esas grabaciones parecen inducir efectos placebo no específicos, porque quienes las escuchan las usan con un deseo y una expectativa de mejorar sus funciones mentales. En algunos de sus usuarios también alimentan la ilusión de haber recibido los beneficios específicos buscados, aun cuando no hubiera sido así.

características preexistentes que las llevaran a preferir ese programa a los otros y que las hicieran más proclives a votar a Reagan. Para nosotros, es mucho más lógico pensar que las tres redes televisivas atraían diferentes tipos de telespectadores porque transmiten diferentes programas, y que los de ABC eran más conservadores que los que miraban CBS y NBC. Otra explicación plausible es que estas diferencias porcentuales no fueran más que irregularidades momentáneas en las estadísticas, surgidas de la pequeña población que abarcaron las encuestas, que incluyeron sólo cerca de un décimo de los votantes de las encuestas políticas de la era moderna. Una razón por la cual muchas personas, quizás incluyendo el equipo de investigación que llevó a cabo el estudio, prefieren la explicación causal es que, como las aseveraciones de Wilson Bryan Key acerca de la publicidad exitosa, esta invoca el misterioso poder de las potenciales influencias mentales que se encuentra fuera de nuestra conciencia.[184]

¿Entrenar nuestro cerebro?

Si no podemos liberar nuestros poderes mentales no aprovechados mediante mensajes subliminales o hipnosis, tal vez haya otras formas de aumentar nuestras capacidades con relativamente poco dolor. A menos que el lector haya vivido en una cueva durante los últimos años, debe haber oído o visto avisos publicitarios como el siguiente comercial de televisión del programa Brain Age de Nintendo:[185]

---

184 Véanse las páginas 74-80 de Gladwell (2000). También vale la pena mencionar que la evidencia del estudio original que apoya la existencia de una asociación entre mirar las noticias en televisión y votar fue bastante escaso. Los porcentajes se basaron en datos de menos de 40 personas por ciudad, y en algunos casos sólo un puñado de ellas miraban ABC. Si sólo cinco personas miraban ABC, entonces un cambio del 20% representa sólo a un espectador. En un reanálisis de los datos del estudio original que usó un test estadístico estándar conocido como "chi cuadrado", encontramos que ninguna de las diferencias en los patrones de votación era estadísticamente significativa. En otras palabras, es posible que no haya habido ni siquiera una asociación confiable entre preferencias de noticieros y patrones de votación, lo que vuelve aún menos probable la afirmación causal de que Peter Jennings influyó en la votación sólo con su sonrisa. En la era moderna de las votaciones, los tamaños de las muestras que permiten hacer este tipo de afirmaciones en un trabajo deben ser al menos de mayor magnitud.

185 Transcripción de una versión en Flash de la publicidad obtenida del sitio web de Brain Age (2009).

Personaje 1: ¡Tanto tiempo! [abraza a su amigo y luego se
dirige a su esposa] Cariño, este es mi viejo amigo David.
Fuimos juntos a la escuela secundaria.
David: [se dirige a su esposa] Cariño, este es... ehh... ehh...
ehhh...
Locutor: ¿Alguna vez le pasó esto? Ejercite su mente con Brain
Age. Entrene su cerebro unos minutos por día. Realizando
unos pocos ejercicios y acertijos estimulantes, puede lograr
que su mente se mantenga despierta.

El entrenamiento cognitivo es una industria creciente que saca partido
del temor que tiene la mayoría de la gente de que su capacidad cognitiva se deteriore con la edad. Brain Age y su continuación, Brain Age 2,
han vendido, juntos, 31 millones de ejemplares desde su aparición, en
2005.[186] Han surgido muchos otros programas de entrenamiento cognitivo, cuya promoción a menudo consiste en asegurar que ayudarán a
superar los efectos negativos del envejecimiento de la memoria con tan
sólo unos pocos minutos de trabajo diario. El sitio web de Brain Trainer,
de Mindscape, asegura que "dedicar de 10 a 15 minutos diarios al entrenamiento mental mediante la realización de ejercicios y acertijos sencillos puede mejorar las habilidades necesarias para lograr un mayor éxito
académico y en la vida cotidiana".[187]

Ahora que ha leído acerca del efecto Mozart, el mito del 10% y la
persuasión subliminal puede entender por qué estas publicidades son
tan efectivas, y puede comenzar a inocularse contra su poder. Funcionan
activando nuestro deseo de que exista una reparación rápida, una panacea que solucione todos nuestros problemas. Con sólo jugar apenas unos
minutos por día, seremos más capaces de largar esa palabra o ese nombre que tenemos en la punta de la lengua, superaremos los límites de

---

186 Del estado financiero consolidado de Nintendo, del 7/5/2009.

187 Brain Trainer (2009). Inmediatamente luego de esta afirmación, el sitio web
incluye una nota al pie con un descargo de responsabilidad que dice: "Focus
Multimedia y Mindscape no están habilitados para ofrecer asesoramiento
médico. Estos ejercicios han sido diseñados exclusivamente con fines recrea-
tivos. Estos ejercicios no tienen pretensiones médicas explícitas ni implícitas".
En esencia, el sitio niega decir lo que acaba de afirmar. Esta táctica no es en
absoluto inusual cuando se trata de contenidos que promocionan *softwares*
para el entrenamiento cerebral. Hace poco, la organización de consumidores
británica Which? (2009) examinó una serie de programas de entrenamiento
cerebral y evaluó sus afirmaciones.

nuestra memoria y volveremos a una edad cerebral más joven. Así como las promociones que pregonan la utilidad de escuchar a Mozart como un potenciador de la inteligencia apelan al deseo de los padres de ayudar a que sus hijos tengan éxito, los juegos de entrenamiento cognitivo sacan provecho de nuestro deseo de mejorar nuestra propia mente. En cierto sentido, estas promesas son aún más poderosas, porque aseguran una fuente de juventud mental que puede hacer que nuestro cerebro regrese a un estado en el que tenía mejor memoria y poderes de pensamiento más eficientes.[188] Ya estamos familiarizados con la "capacidad potencial" que estos juegos aseguran liberar, porque sabemos que en cierto momento de nuestras vidas esta capacidad fue más real que potencial.

Estas empresas tienen motivos para poner el acento en el envejecimiento. La mayoría de los aspectos relacionados con la inteligencia, incluyendo la memoria, la atención, la velocidad de procesamiento y la capacidad de pasar de una tarea a la otra, disminuyen con la edad.[189] Estos cambios son patentes y frustrantes. Cuanto más luchamos por recordar el nombre de un amigo y por olvidar las conversaciones que hemos tenido con nuestra pareja, más añoramos recuperar nuestras capacidades y habilidades perdidas. Así como los atletas competitivos suelen experimentar una disminución de sus habilidades a medida que se acercan a los cuarenta, el resto de nosotros advierte que muchas de las capacidades mentales se deterioran en la edad madura. Incluso en juegos como el ajedrez, en el que los expertos construyen una base de datos mental de patrones y situaciones con los años de práctica, los niveles de elite están dominados por los jóvenes; en la actualidad, sólo tres de los mejores cincuenta jugadores del mundo tienen más de cuarenta años, y alrededor de dos tercios ronda los veinte.[190]

Sin embargo, no todos los aspectos del pensamiento disminuyen de la misma manera, y algunos no lo hacen en absoluto. Los aspectos de la cognición basados en el conocimiento y la experiencia acumulados se preservan bastante con la edad e incluso pueden mejorar, en especial

188 Como ejemplo, el sitio web de Real Age (2009) asegura que es posible cuantificar la edad cerebral de una persona y que, con las actividades adecuadas, se puede hacer que el reloj regrese un número mensurable de años atrás. Sin embargo, no es posible siquiera poner a prueba ninguna de estas afirmaciones.
189 Por ejemplo, véase Salthouse (1996: 403-428).
190 Estas estadísticas han sido extraídas de los registros oficiales de la Federación Internacional de Ajedrez (FIDE, 2009).

cuando la velocidad del procesamiento no es crucial. Un especialista en diagnósticos como el doctor Keating, el "House" pediatra presentado en el capítulo 3, no hace más que mejorar con la edad: cuanto más inusuales son los pacientes con los que se encuentra, más capaz es de detectar similitudes con su cada vez mayor base de datos mental de casos. Dicho esto, un médico de alrededor de setenta años, aun cuando sea más capaz de identificar una enfermedad, podría tener problemas para recordar su nombre y tardaría mucho más en aprender los últimos procedimientos para tratarla de lo que le llevaría a un médico de treinta años. Los zorros viejos *pueden* aprender mañas nuevas, sólo que les resulta un poco más difícil y les lleva un poco más de tiempo.

Puesto que los programas de entrenamiento cognitivo apelan en forma directa a la ilusión de potencial, en este punto el lector podría sentirse inclinado a desecharlos de plano. Pero eso no sería acertado. Que alguien sea paranoico no quiere decir que no lo persigan. Deberíamos sospechar de cualquier cura simple para un problema complejo, y de las promesas de que podemos adquirir habilidades sin ningún esfuerzo. Pero podría haber cierta verdad en el adagio que dice "tómalo o déjalo". Entonces, ¿qué ofrecen exactamente estos programas?

La mayoría proporciona una serie de tareas cognitivas básicas, como aritmética (con un límite de tiempo), búsqueda de palabras y Sudoku. Están elegidos para enfatizar nuestra capacidad de razonamiento y memoria, y pueden ser divertidos y estimulantes. Muestran cómo nuestro rendimiento en cada tarea mejora con el tiempo y, en algunos casos, ofrecen un puntaje compuesto de "aptitud mental". Si jugamos de manera asidua, nuestro desempeño en ellos mejorará, más allá de nuestra edad. Practicar algo con el suficiente ahínco hará que mejoremos, y muchos de los programas justifican sus promesas de entrenamiento mental señalando que las personas pueden progresar mucho con estas tareas simples.

Sin embargo, el objetivo de cualquier régimen de entrenamiento no es mejorar el rendimiento en la tarea que debemos realizar. Así como no levantamos pesas para poder levantar mayores pesos, no practicamos juegos de entrenamiento mental para mejorar en ellos. Al menos según quienes comercializan estos programas, lo hacemos para mejorar nuestra capacidad de pensar y de recordar en nuestras actividades diarias. Se supone que Brain Age nos ayuda a recordar los nombres de nuestros amigos, no a obtener puntajes más altos en el Sudoku.

Se han examinado pocos estudios para determinar si el entrenamiento en tareas simples de percepción y memoria tiene alguna consecuencia para la memoria y la atención en el mundo real. Aunque muchas investigaciones han mostrado que las personas más activas en su juventud desde el punto de vista cognitivo conservan mejor sus capacidades con la edad, estos estudios son correlacionales.[191] Pensar en la ilusión de causa nos recuerda que puede producirse una asociación entre dos factores aunque ninguno de ellos cause al otro. La única manera de estudiar los efectos del entrenamiento mental sobre la cognición diaria es realizar un experimento en el que, de manera aleatoria, se asigne a algunas personas a condiciones de entrenamiento y a otras a condiciones de control, y luego se midan los resultados del entrenamiento. A lo largo de la última década, varias pruebas clínicas lo han hecho.

El mayor experimento hasta la fecha comenzó en 1998 y asignó de modo aleatorio a 2832 adultos a uno de cuatro grupos: entrenamiento de memoria verbal, resolución de problemas, velocidad de procesamiento o un grupo de control que no realizó ningún entrenamiento cognitivo.[192] Este estudio es una prueba clínica masiva realizada por investigadores de muchas universidades, hospitales e institutos de investigación. Es conocido como ACTIVE –Advanced Cognitive Training for Independent and Vital Elderly [entrenamiento cognitivo avanzado para personas mayores independientes y vitales]– y es financiado por el National Institutes of Health. En el experimento, cada grupo practicó su tarea en diez sesiones de una hora de duración durante alrededor de seis semanas y, luego del entrenamiento, se testeó su rendimiento tanto en esas tareas básicas de laboratorio como en actividades de la vida real. La esperanza era que el entrenamiento en las tareas cognitivas ayudara a mantener la mente afilada, y que esto condujese a mejorar el rendimiento en otras tareas cognitivas y en el funcionamiento en el mundo real.

No resulta sorprendente que, si realizamos una búsqueda visual durante diez horas, mejoraremos nuestra capacidad de búsqueda visual. Y si hacemos una tarea de memoria verbal durante diez horas, mejoraremos nuestra capacidad de memoria verbal. Muchos de los sujetos, en especial los que participaron en el entrenamiento de velocidad de proce-

---

191 Para una reseña reciente de intervenciones en entrenamiento cognitivo y otros estudios correlacionales, véase Hertzog, Kramer, Wilson y Lindenberger (2009: 1-65).

192 Los resultados de este estudio y los análisis posteriores de seguimiento y estudios longitudinales se informan en los siguientes artículos: Ball y otros (2002: 2271-2281); Willis y otros (2006: 2805-2814), y Wolinsky, Unverzagt, Smith, Jones, Stoddard y Tennstedt (2006: 1324-1329).

samiento, mostraron una mejora inmediata, después del entrenamiento que duró años. Sin embargo, sólo mejoraron en las tareas específicas realizadas. Entrenar la memoria verbal no tiene casi ningún efecto en la velocidad de procesamiento, y viceversa.

Las encuestas posteriores de seguimiento que se le hicieron a las personas que participaron en el estudio ACTIVE mostraron cierta evidencia de transferencia al rendimiento en la vida real. Los que participaron en los grupos de entrenamiento informaron menos problemas con las actividades diarias que los del grupo de control, que no lo habían hecho. Desde luego, en este caso, los participantes sabían que estaban en un grupo de entrenamiento y que se esperaba que mejorasen, de manera que algunos de los beneficios que informaron podrían haberse debido a efectos placebo.

Lamentablemente, los resultados del estudio ACTIVE parecen ser bastante generales. El entrenamiento tiende a ser específico en la tarea en la que uno se entrena. Si jugamos Brain Age, mejoraremos nuestro rendimiento en las tareas específicas incluidas en este *software*, pero nuestras nuevas habilidades no se transferirán a actividades de otro tipo. De hecho, en las actuales y numerosas publicaciones sobre entrenamiento cognitivo, casi ninguno de los estudios documenta transferencia alguna a tareas fuera del laboratorio, y la mayoría muestra sólo una pequeña transferencia a aquellas que son muy similares a las aprendidas.[193] Si queremos mejorar en el Sudoku, y especialmente si nos gusta jugar, sin duda lo que tenemos que hacer es jugar más al Sudoku. Si pensamos que hacerlo mantendrá nuestra mente alerta y evitará que perdamos las llaves o que olvidemos tomar la medicación, es probable que sucumbamos a la ilusión de potencial. Lo mismo vale cuando se trata de resolver palabras cruzadas, una recomendación favorita de quienes creen que este tipo de ejercicios puede mantener la mente afilada e impedir la demencia y los

---

193 Una excepción a esta limitación de transferencia proviene de una técnica de entrenamiento específica conocida como "entrenamiento de prioridad variable". En esencia, este se centra menos en enriquecer los componentes individuales de tareas múltiples que en mejorar nuestra capacidad de asignar recursos a cada una de ellas de manera efectiva –entrena nuestra capacidad de realizar varias tareas–. Aunque en la mayoría de los casos la transferencia sigue siendo limitada a otras tareas de laboratorio, las capacidades entrenadas son más generales que la tarea específica aprendida. Para un análisis de este y otros métodos de entrenamiento véanse Kramer, Larish, Weber y Bardell (1999: 617-652), y Hertzog, Kramer, Wilson y Lindenberger (2009: 1-65).

efectos cognitivos del envejecimiento: por desgracia, quienes hacen muchas palabras cruzadas sufren el mismo deterioro mental que aquellos que no lo hacen (Salthouse, 2006: 68-87). La práctica mejora habilidades específicas, pero no capacidades generales.

La verdadera manera de liberar nuestro potencial

Por favor, que el lector no nos malentienda. No estamos tratando de decir que literalmente no existe ningún potencial para aumentar nuestras capacidades mentales. Estas nunca están fijas en un lugar. Todos tenemos un tremendo potencial para aprender habilidades nuevas y para mejorar las que ya tenemos. De hecho, la plasticidad del cerebro en la adultez – su capacidad para cambiar su estructura en respuesta al entrenamiento, las lesiones y otros hechos– es mucho mayor de lo que se creía antes. La ilusión es que es *fácil* hacerlo, que puede ser descubierto en su totalidad de una vez, o que puede ser liberado con un esfuerzo mínimo. El potencial de adquirir capacidades mentales extraordinarias está allí, en todos. La mayoría de las personas, sin ningún entrenamiento, puede recordar una lista de alrededor de siete números luego de escucharla una sola vez. Sin embargo, un estudiante universitario se entrenó para poder recordar hasta 79.[194] Su hazaña extraordinaria reveló un potencial latente de una memoria excepcional para recordar dígitos, y le llevó cientos de horas de práctica y ejercitación. En principio, cualquiera tiene la misma capacidad potencial, y podría hacer lo mismo con la suficiente práctica.

El genio no nace del todo formado; le lleva años desarrollarse y sigue una trayectoria predecible. Las primeras composiciones de Mozart no fueron obras maestras, y Bobby Fischer cometió muchos errores cuando estaba aprendiendo a jugar al ajedrez. Ambos poseían un talento excepcional a desarrollar, pero no se volvieron grandes sin entrenamiento y práctica. Y su grandeza estaba limitada a las áreas en las que se entrenaron. Ejercitar nuestra memoria para recordar dígitos no nos ayudará a recordar nombres. Sin embargo, la experiencia en un área sí mejora muchas otras capacidades *dentro de esa área* que no estaban entrenadas específicamente.

---

194 El estudiante se entrenó durante más de 20 meses y 200 horas. Su lapso de dígitos original era el típico de siete. Los resultados fueron informados en Ericsson, Chase y Faloon (1980: 1181-1182).

Una serie de experimentos clásicos realizados por los pioneros en psicología cognitiva Adriaan de Groot, William Chase y Herbert Simon demostraron que los maestros del ajedrez pueden recordar mucho más que siete ítems cuando están dentro del área de su especialidad (Chase y Simon, 1973a: 55-81; Chase y Simon, 1973b: 215-281; De Groot, 1946). Repetimos sus estudios examinando al amigo de Chris, Patrick Wolff, un gran maestro que a los 29 años había ganado el campeonato de los Estados Unidos por segunda vez. Lo invitamos al laboratorio y le mostramos el diagrama de una posición de ajedrez de una partida de máster poco conocida durante sólo cinco segundos. Luego le dimos un tablero de ajedrez vacío y unas piezas y le pedimos que recreara la posición de memoria. Notablemente, pudo reconstruir la posición con casi el 100% de precisión, aun cuando incluía 25 ó 30 piezas, mucho más que el límite típico de siete ítems para la memoria a corto plazo.

Luego de observarlo realizar su hazaña algunas veces, le pedimos que nos explicara cómo lo hacía. Él señaló que el entrenamiento de un gran maestro de ajedrez no incluye practicar la reubicación de las piezas luego de verlas durante algunos segundos. Dijo que pudo entender rápidamente la posición y combinar las piezas en grupos basándose en las relaciones entre ellas. En esencia, al reconocer patrones familiares, pudo poner no una sino varias piezas en cada una de sus ranuras de memoria. Cuando se convirtió en un experto, desarrolló otras habilidades que lo ayudan a jugar bien al ajedrez –imágenes mentales, razonamiento espacial, memoria visual– y que también le permiten realizar esta prueba mejor que otras personas. No obstante, ser experto en ajedrez no lo convirtió en un experto en memoria en general. De hecho, cuando le mostramos la misma cantidad de piezas pero dispuestas al azar, su memoria no superó la de un principiante, porque su experiencia en ajedrez y su base de datos en patrones fueron de poca ayuda en este caso. El mismo principio se aplica al estudiante que aumentó su lapso de memoria a 79 dígitos –su nueva capacidad de memoria correspondía específicamente a combinaciones de números, de manera que luego de varios meses de entrenamiento, cuando la prueba se realizó con letras, sólo logró retener seis ítems– (Ericsson y otros, ob. cit., 1980). En otras palabras, entrenó su capacidad potencial para recordar números, pero esto no se transfirió a otras habilidades.

Los grandes maestros de ajedrez pueden aplicar su experiencia a una amplia variedad de tareas de ajedrez con un esfuerzo mínimo, incluso cuando nunca hayan realizado esas tareas antes. Uno de los ejemplos más sorprendentes es el ajedrez con los ojos vendados. Los mejores jugado-

250 El gorila invisible

res pueden jugar una partida entera con los ojos cerrados, sin mirar el tablero ni una sola vez –se les dice (en notación de ajedrez) qué movida ha hecho su contrincante, y ellos anuncian la que les gustaría hacer como respuesta–. Los jugadores de nivel gran maestro pueden jugar dos o más partidas simultáneas con los ojos vendados, aun sin haberlo hecho antes. La excepcional capacidad de memoria e imaginación necesarias para realizar esta hazaña aumenta más o menos de manera automática cuando los jugadores se vuelven expertos.

Chris, en colaboración con Eliot Hearst (otro profesor de Psicología que era maestro de ajedrez), condujo un estudio para determinar en qué medida el rendimiento de los grandes maestros de ajedrez disminuía cuando no podían ver el tablero y las piezas.[195] El lector podría pensar que cometen más errores debido a la carga adicional de memoria requerida para recordar dónde estaba cada pieza. Sin embargo, cuando juegan contra aficionados, cometer un par de errores extra no tiene importancia –por lo general, ganan igual debido a su gran superioridad–. (Tiger Woods puede ganar al golf aun en su peor día.) Para medir si la habilidad realmente disminuía, Chris aprovechó un torneo único de ajedrez que desde 1992 se realiza todos los años en Mónaco. Allí, doce de los mejores jugadores del mundo, incluyendo a muchos candidatos a ganador del campeonato mundial, juegan entre sí dos veces: una vez bajo condiciones normales y otra con los ojos vendados. Puesto que quienes participan en las partidas normales y a ciegas son exactamente los mismos, cualquier diferencia en la cantidad de errores debe de explicarse por las condiciones, no por los competidores. Pero ¿cómo encontrar los errores?

En total, entre 1993 y 1998, hubo alrededor de 800 partidas normales y a ciegas en el torneo, cada una de las cuales duró un promedio de 45 movidas por parte de cada jugador. Chris usó un programa de ajedrez llamado Fritz, que es considerado uno de los mejores, para encontrar todos los errores graves que cometían los jugadores. Sin duda, Fritz pasaba por alto algunos de los más sutiles, pero los más gruesos y significativos para los mejores jugadores eran fáciles de detectar.

En condiciones normales, los grandes maestros cometen un promedio de dos errores cada tres partidas. Recuérdese que estos son errores groseros, que podrían costarles una partida contra un contrincante de

195 Véase Chabris y Hearst (2003: 637-648). Eliot Hearst escribió junto con John Knott el libro definitivo sobre todos los aspectos del ajedrez a ciegas (Hearst y Knott, 2009).

primer nivel. La sorpresa aún mayor, sin embargo, fue que ¡la tasa de errores en las partidas a ciegas fue exactamente la misma! Habían entrenado su potencial tan bien que podían realizar su arte sin siquiera mirar los elementos. Esa, desde luego, es la buena noticia. La mala es que no se convirtieron en grandes maestros de ajedrez escuchando la música adecuada o leyendo los libros de autoayuda adecuados, sino mediante un estudio y una práctica intensos durante un periodo de al menos diez años. El potencial es vasto, y por supuesto es posible aprovecharlo, pero requiere tiempo y esfuerzo.

Poner la cabeza en el juego

Practicar juegos como el ajedrez aumenta nuestra capacidad para realizar tareas relacionadas con el ajedrez, pero la transferencia es bastante limitada. Los que impulsan la idea de incluir este juego en el currículo escolar argumentan que "el ajedrez nos vuelve más inteligentes"; sin embargo, no hay experimentos a gran escala adecuadamente controlados que brinden evidencias sólidas sobre esta afirmación.[196] ¿Hay alguna evidencia de que se lleve a cabo una transferencia amplia de esta habilidad a tareas y áreas diferentes de aquellas en las que se la practica?

A raíz de una serie de experimentos publicados por Shawn Green y Daphne Bavelier (2003: 534-537), de la Universidad de Rochester, los psicólogos cognitivistas se vieron llevados, con gran consternación, a repensar los límites de la transferencia. El punto central de estos estudios era que jugar videojuegos puede mejorar la capacidad en una diversidad de tareas cognitivas básicas que, al menos en su superficie, no tienen relación con el videojuego. Sus cuatro primeros experimentos mostraban que los jugadores expertos, definidos como personas que habían jugado al menos cuatro horas por semana durante los últimos seis meses,

196 Hay algunos estudios correlacionales que muestran que los niños que juegan ajedrez tienen un mejor rendimiento académico que los que no lo hacen, pero eso no demuestra que aprender ajedrez sea la causa del mejor rendimiento en otras áreas. (Quizá se deba a que los niños más inteligentes se interesan por el ajedrez.) Para un ejemplo, véase Van Delft (1992). No se han publicado estudios experimentales sobre este punto en revistas prestigiosas. El mejor de ellos tal vez sea el de Christiaen (1976), quien asignó, en forma aleatoria, a 20 sujetos de quinto grado a una instrucción de ajedrez y a 20 a un grupo de control, y halló que el grupo que había aprendido ajedrez tuvo un mejor rendimiento en algunos tests de desarrollo cognitivo.

tenían un mejor rendimiento que los novatos en lo referente a la atención y la percepción. Aunque este tipo de comparación es interesante y provocativa, como señalamos en el capítulo 5, correlación no implica causalidad. Es muy posible que sólo quienes tienen capacidades atencionales y perceptivas superiores se conviertan en adictos a los videojuegos; esta y otras divergencias entre expertos y novatos podrían contribuir a las diferencias en el rendimiento cognitivo. Walter Boot, un colega de Dan que es profesor de Psicología en la Florida State University, identifica un factor de esta índole: "Las personas que pueden seguir sus estudios universitarios mientras dedican también mucho tiempo a los videojuegos son diferentes de las que necesitan pasar más tiempo estudiando".[197] La única manera de resolver estos problemas es realizar un estudio en el que los experimentadores tomen a jugadores novatos y los entrenen en la práctica de un videojuego.

Eso es exactamente lo que hicieron Green y Bavelier en su experimento final. Reclutaron a jugadores novatos, definidos como personas que habían pasado poco o ningún tiempo jugando en los últimos seis meses, y los colocaron en forma aleatoria en uno de dos grupos: en uno, pasaban una hora por día durante diez días jugando al Medal of Honor, un juego rápido en el que el jugador dispara, y visualiza y monitorea su entorno como si estuviera mirando a través de los ojos del personaje que adoptó en el mundo del juego. Un segundo grupo jugó al Tetris, un rompecabezas de dos dimensiones, durante la misma cantidad de tiempo. Antes de esta práctica, cada uno realizó una batería de tareas básicas de cognición, percepción y atención, y luego del entrenamiento la repitieron. Por ejemplo, en una de ellas conocida como *Useful Field of View* [campo visual útil], un objeto simple aparecía durante apenas unos milisegundos justo donde estaban mirando los sujetos, y ellos debían hacer un juicio acerca de él. En el mismo momento, aparecía otro objeto a la misma distancia de donde estaban mirando y tenían que determinar dónde había aparecido ese objeto periférico. El ejercicio mide en qué medida las personas pueden centrar su atención en un objeto central mientras dedican cierta atención a la periferia.

La hipótesis de Green y Bavelier planteaba que los videojuegos de acción llevarían a un mejor rendimiento en este tipo de tareas de visualización, porque los sujetos deben centrarse en un amplio campo visual para tener un buen rendimiento. En cambio, el Tetris no sería tan bene-

---

197 Entrevista realizada por Dan a Walter Boot (2009).

ficioso porque no requiere que la atención sea distribuida de manera tan amplia. Los resultados confirmaron su predicción: quienes practicaron Medal of Honor mostraron avances impresionantes en una serie de tareas de atención y percepción y el grupo que practicó Tetris no presentó ninguno. Luego de entrenarse en Medal of Honor, los sujetos fueron más de dos veces más precisos que antes: en los primeros tests informaban correctamente la ubicación de casi el 25% de los blancos periféricos, pero luego del entrenamiento obtuvieron en promedio más del 50% de respuestas correctas.

El hallazgo fue muy sorprendente, y condujo a una publicación en la prestigiosa revista *Nature*, porque parecía romper la pared que separaba dos maneras en las que la práctica puede mejorar nuestras capacidades mentales. Supongamos que trabajamos duramente para convertirnos en expertos en Sudoku, y no dedicamos nuestro tiempo libre a ninguna otra actividad que no sea esa. Por supuesto, adquiriremos más velocidad y precisión para jugar al Sudoku. Más aún, también podríamos descubrir que nuestra capacidad para resolver rompecabezas Ken Ken –una nueva variante del Sudoku– también ha mejorado en cierta medida, aunque no hayamos jugado a este mientras practicábamos Sudoku. Este progreso en el Ken Ken sería un ejemplo de "transferencia estrecha", en la que la mejora en una habilidad mental se transfiere a otras muy similares. Sería más sorprendente descubrir que practicar Sudoku mejoró nuestra capacidad para calcular propinas mentalmente, preparar impuestos a las ganancias o recordar números telefónicos.

Lograr esas habilidades demostraría una "transferencia amplia", porque en apariencia esas actividades tienen pocas semejanzas con el Sudoku. Jugar al Medal of Honor para mejorar nuestra capacidad de encontrar blancos en un videojuego similar sería un ejemplo de transferencia estrecha. Jugar a ese videojuego para mejorar nuestra capacidad de prestar atención a nuestro entorno mientras manejamos un auto de verdad es como resolver Sudoku para recordar mejor los números telefónicos. Es un ejemplo de transferencia valioso, no sólo porque mejora ciertos aspectos de la inteligencia que no estaban específicamente entrenados, sino también porque tenemos muchas más probabilidades de seguir practicando si algo nos resulta divertido y atrapante y no monótono y tedioso.

Este experimento sugiere que el entrenamiento con videojuegos podría realmente permitirles a las personas liberar cierto potencial no aprovechado para habilidades más amplias, sin tener que esforzarse practicándolas. Dista mucho de ser obvio por qué escuchar en forma pasiva a Mozart durante diez minutos debería cambiar una capacidad cognitiva (razonamiento espacial) que tiene poco o nada que ver con la música o incluso con la audición. Pero los videojuegos requieren que una variedad de habilidades cognitivas sea utilizada en forma activa, y no es improbable que diez horas de entrenamiento con un juego que requiere atención a un amplio campo visual pueda mejorar el rendimiento en una tarea que demanda que los sujetos se centren en una visualización amplia, aunque ambos sean diferentes en muchos sentidos.

Tal vez el aspecto más sorprendente de este experimento haya sido que *sólo diez horas de entrenamiento* fueran suficientes. Piénsese en las implicaciones que esto tiene: pasamos gran parte de la vida centrando nuestra atención en el entorno desde la perspectiva de la primera persona, tomando decisiones rápidas y actuando en función de ellas. Las actividades diarias, como conducir, requieren que nos focalicemos en un campo visual amplio −necesitamos prestar atención tanto al camino que tenemos delante como a las calles laterales−. Y es muy probable que hayamos conducido durante mucho más que diez horas en los últimos seis meses. Aun cuando no lo hayamos hecho, es posible que hayamos realizado otras actividades que requieren habilidades similares −para practicar algún deporte o incluso para caminar por una calle abarrotada debemos tomar decisiones rápidas similares y tener conciencia de nuestro entorno−. ¿Por qué, entonces, jugar diez horas a un videojuego debería tener un efecto tan grande en nuestras habilidades cognitivas básicas?

De las muchas respuestas posibles a esta pregunta, dos son relevantes aquí: la primera, y más interesante, es que algo como jugar un videojuego de acción en primera persona libera de manera efectiva un potencial no aprovechado con un mínimo de esfuerzo. Los videojuegos pueden ser más atrapantes e intensos que muchas de nuestras otras actividades en las que se basan en las mismas capacidades cognitivas, de manera que podrían aportar un entrenamiento productivo y eficiente que se extienda más allá del juego mismo. Esta conclusión sería notable si se considerara la abundante evidencia de que raras veces el entrenamiento se transfiere más allá de la tarea específica practicada. La otra posibilidad es que, como sucedió con el efecto Mozart, este primer resultado sea atípico, y que estudios adicionales descubran que el entrenamiento con videojuegos no es tan potente como en un principio se creyó

Más recientemente, Bavelier y sus colegas han usado un entrenamiento mucho más intensivo, a menudo durante 30 a 50 horas, para descubrir otros beneficios de los videojuegos sobre la inteligencia. Estos estudios han mostrado una transferencia a varias capacidades perceptuales básicas diferentes. Por ejemplo, uno de ellos mostró que el entrenamiento con videojuegos mejoraba la sensibilidad al contraste que, en esencia, es la capacidad para detectar una forma que tiene un brillo similar al del fondo, como una persona con ropa oscura que camina por una calle mal iluminada.[198] Otro mostró que el entrenamiento con videojuegos de acción amplifica la capacidad para identificar letras colocadas juntas en la periferia del campo visual, lo que en esencia mejora la resolución espacial de la atención.[199] Dado lo básicas y fundamentales que son estas habilidades para todos los aspectos de la percepción, estos hallazgos son aún más sorprendentes que los primeros resultados.[200] Metafóricamente, sugieren que practicar videojuegos es comparable a ponerse anteojos –mejora todos los aspectos de la percepción visual–. Por ejemplo, conducir de noche debería ser más fácil si se poseyera mayor sensibilidad al contraste. Aunque estos estudios de seguimiento incluyeron fundamentalmente más entrenamiento, muestran una transferencia amplia a capacidades que deberían influir en muchas habilidades del mundo real. Dicho esto, ninguno de estos trabajos ha estudiado la transferencia al rendimiento en tareas del mundo real, y dada la falta de evidencia directa, los autores han tenido el cuidado suficiente de no afirmar que exista una transferencia más allá del laboratorio.

198 Véase Li, Polat, Makous y Bavelier (2009: 549-551). Como en el estudio original, el grupo de control de este experimento (esta vez, con el juego Sims) no mostró ninguna mejora la segunda vez que fue testeado. En este caso, esto no es muy sorprendente, porque la tarea mide un aspecto básico del procesamiento visual. Es notable que las ventajas de la sensibilidad al contraste persistieran aun meses después del entrenamiento. Cuando los estudios originales se centraron en beneficios cognitivos de mayor nivel, algunos de los cuales podrían atribuirse a estrategias aprendidas más que a cambios en las capacidades básicas, estos nuevos estudios se centraron en propiedades básicas del sistema visual. Es más difícil determinar cómo las estrategias podrían influenciar en estas mediciones.

199 Véase Green y Bavelier (2007: 88-94). De nuevo, el grupo de control no mostró absolutamente ningún progreso cuando se lo volvió a examinar.

200 Un peligro potencial, toda vez que un estudio se realiza usando una gran cantidad de tareas cognitivas, es que demuestre ser estadísticamente significativo por mera casualidad. Estos experimentos adicionales informan sólo una o dos mediciones de resultados testeados antes y después de 30 horas o más de entrenamiento. No resulta claro si se probaron otras mediciones que no mostraron diferencias, de manera que es necesario hacer otras replicaciones adicionales.

Al igual que con el efecto Mozart, un aspecto preocupante de los resultados de los estudios con videojuegos es que la mayor parte de la evidencia proviene de un único grupo de investigadores. Pero a diferencia de lo que sucedió con aquel, estos aparecen regularmente en publicaciones de primer nivel, con revisión por pares, y no en oscuros sitios científicos. Un problema importante, sin embargo, es que los estudios sobre el entrenamiento no son fáciles de reproducir. Los que se han ocupado del efecto Mozart son sencillos de realizar –se convoca a gente al laboratorio durante una hora, se les hace escuchar a Mozart y se les da una serie de tests cognitivos–. Todo lo que se necesita, en realidad, es un reproductor de CD y algunos lápices. Los experimentos sobre el entrenamiento con juegos son a escala mucho mayor. Cada participante debe entrenarse durante muchas horas bajo supervisión directa del equipo del laboratorio. Esto requiere personal de investigación de tiempo completo, más computadoras, mucho más dinero para pagarles a los sujetos por su tiempo y el espacio suficiente como para desarrollar cientos de horas de pruebas. Pocos laboratorios se dedican a realizar este tipo de investigaciones, y aquellos que no lo hacen por lo general no disponen de los fondos o los recursos necesarios para intentar reproducirlas.

Hasta donde sabemos, sólo hay un estudio publicado, de un laboratorio no relacionado con los investigadores originales, que ha reproducido el resultado central del artículo de Green y Bavelier. En ese estudio, Jing Feng, Ian Spence y Jay Pratt (2007: 850-855), de la Universidad de Toronto, mostraron que jugar a un videojuego de acción durante diez horas mejoraba la capacidad de imaginar la rotación de formas simples así como la de prestar atención a objetos que los sujetos no estaban mirando en forma directa. También hallaron que las mujeres, que en promedio no tienen un rendimiento tan alto como el de los varones en estas tareas espaciales, mejoraron el suyo.[201]

Otro estudio mostró un efecto positivo de la práctica de videojuegos usando un juego diferente y una población de sujetos distinta: personas mayores (Basak, Boot, Voss y Kramer, 2008: 765-777). No fue una reproducción directa del estudio original, pero abordó directamente una de las motivaciones principales para el entrenamiento mental: ayudar a conservar y mejorar el funcionamiento cognitivo con la edad.

---

201 Las diferencias de género se basaron sólo en siete mujeres y tres varones en cada grupo de entrenamiento, de manera que sería importante reproducir este hallazgo con una muestra mayor.

En el experimento, la experta en neurociencias cognitivas Chandramallika Basak y sus colegas dispusieron en forma aleatoria que un grupo de personas mayores jugara al Rise of Nations y tomaron a otro como grupo de control que no realizaba ningún entrenamiento. Rise of Nations es un juego de estrategia de ritmo lento que requiere que los jugadores lleven registro de mucha información mientras retroceden y adelantan diferentes elementos estratégicos. La hipótesis planteaba que el entrenamiento en este tipo de juegos de estrategia mejoraría el funcionamiento ejecutivo, es decir, la capacidad de distribuir recursos cognitivos de manera efectiva entre múltiples tareas y objetivos. El estudio halló una importante transferencia desde el videojuego a una variedad de mediciones de laboratorio de funcionamiento ejecutivo. Esto tiene sentido, teniendo en cuenta las exigencias del juego; pero puesto que el experimento no incluyó otros juegos como punto de comparación, también es posible que los beneficios no tuvieran nada que ver con el entrenamiento mismo. Las personas mayores del grupo que lo realizaba simplemente podrían haber estado más motivadas, y esa motivación pudo haberlas conducido a lograr grandes avances en tareas en las que solían tener desventajas.[202]

Sin embargo, más importante que estas cuestiones relativas a la interpretación, fue la imposibilidad del investigador de videojuegos Walter Boot de reproducir a gran escala el resultado original de Green y Bavelier (Boot, Kramer, Simons, Fabiani y Gratton, 2008: 387-398). Dan fue uno de los coautores del trabajo de Boot y participó en el diseño del estudio. El experimento del grupo de Feng y el original de Green y Bavelier tenían un alcance bastante pequeño: diez sujetos o menos habían participado en cada grupo, y su entrenamiento había durado sólo alrededor de diez horas. El de Boot fue con más del doble de los sujetos en cada grupo, a los que se les impartió más del doble de entrenamiento, es decir, más de veinte horas en cada juego. También usó una batería mayor de tareas cognitivas, que incluía todas las usadas por Green y Bavelier más cerca de otras veinte. Completar la batería misma llevaba hasta dos horas, y cada participante hacía todas las tareas antes y después del entrenamiento y una vez también en la mitad. Boot usó los mismos juegos que los investigadores anteriores: Tetris, Medal of Honor y Rise of Nations. Como Basak, tenía la idea de que el entrenamiento con este

---

202 Es interesante señalar que en el estudio de Boot en el que participaron estudiantes universitarios, el entrenamiento con Rise of Nations no condujo a mejoras diferenciales.

tipo de juegos de estrategia no aumentaría la atención y la percepción, pero en cambio mejoraría el rendimiento en las mediciones de resolución de problemas, razonamiento y, posiblemente, memoria. Boot incluyó también un grupo que no recibió ningún entrenamiento con el fin de proporcionar una estimación clara de cuántas personas podrían mejorar con sólo repetir las tareas cognitivas antes y después de la práctica. Así este estudio fue diseñado para dar cuenta de todas las explicaciones alternativas de los hallazgos positivos –además del hecho de que el entrenamiento con juegos liberase el potencial no aprovechado– que los estudios anteriores no habían abordado.

Un resultado extraño de todos los experimentos que mostraron evidencia positiva acerca del entrenamiento con videojuegos es que el grupo de control no obtuvo ningún beneficio al repetir las tareas cognitivas. En el estudio de Green y Bavelier, aquellos que jugaron Tetris (un videojuego, pero no de ritmo rápido, ni de "acción" en primera persona) no mostraron ninguna mejora cuando realizaron las tareas cognitivas por segunda vez, luego de finalizar su entrenamiento. Lo mismo ocurrió en la reproducción de Feng y sus colegas: los sujetos del grupo de control no tuvieron un mejor rendimiento cuando repitieron las tareas cognitivas. Esto también fue válido para la mayoría de los efectos positivos del estudio de Basak y para los estudios subsiguientes realizados por Bavelier y sus colegas. Si tenemos en cuenta lo que sabemos sobre la práctica y el aprendizaje, este hallazgo es difícil de explicar: las personas deberían mejorar cuando realizan una tarea por segunda vez. Tales mejoras son habituales en el tipo de tareas realizadas en el *software* de Brain Age y en la mayoría de las incluidas en el entrenamiento mental. De hecho, son los efectos de la práctica lo que esos programas usan como prueba para aseverar que el cerebro está "mejorando".

¿Por qué es importante la ausencia de mejora en el grupo de control? Porque la evidencia de efectos positivos del entrenamiento con videojuegos se basa en una comparación con estos grupos de control. Para apoyar la afirmación de que los videojuegos mejoran la cognición, un experimento debe mostrar que las personas entrenadas con videojuegos mejoran más que las que reciben otro entrenamiento o que las que no reciben ninguno. Es mucho más fácil mostrar una mejora respecto de un grupo de control si este último no muestra ninguna en absoluto. Si estos hubieran mejorado según lo esperado, los beneficios inferidos de los videojuegos se habrían reducido.

Si los efectos del entrenamiento con videojuegos son sólidos, deberían fortalecerse mediante más práctica, y por lo tanto tendrían que ser aún más confiables en el experimento de Boot. Este usó más entrenamiento, un mayor número de sujetos y grupos de control adicionales para dar cuenta del efecto de este sobre las tareas cognitivas. Por desgracia, la idea inicialmente promisoria de que sólo diez horas de entrenamiento podrían modificar en forma sustancial la cognición no parece sostenerse. En el estudio de Boot, jugar videojuegos de acción no condujo a mejoras significativas en la realización de tareas cognitivas por sobre y por debajo del nivel de mejora mostrado por el grupo que no había recibido ningún entrenamiento.[203] Es posible que algunas diferencias en los métodos usados por estos estudios permita explicar por qué los resultados fueron distintos, pero aun en ese caso, la imposibilidad de reproducirlos muestra que es muy probable que el entrenamiento con videojuegos no sea una panacea para el deterioro cognitivo.[204]

Recuérdese que los primeros cuatro experimentos en el trabajo de Green y Bavelier mostraban que los expertos en videojuegos tenían regularmente un mejor rendimiento que los novatos en las mismas tareas que se beneficiaban con el entrenamiento en su experimento. Dado que los efectos parecen ser algo tenues, el lector podría preguntarse ahora por qué los expertos suelen tener un mejor rendimiento que los novatos. Una explicación es que las diferencias entre ambos podrían requerir mucho más que 10 o incluso 50 horas de entrenamiento. ¡En estos estudios, los expertos suelen jugar más de 20 horas en una semana! Si en efecto requiere tanto esfuerzo transferir habilidades desde los videojuegos a la visión general, ¿el entrenamiento con estos realmente valdría la pena (si no jugaba ya desde antes)? El beneficio de ser un poco más rápido en una tarea de atención selectiva probablemente sea superado por los cientos de horas que se dedicarían a lograr cualquier beneficio –sería mejor entrenar las habilidades específicas que se están tratando de mejorar–. Dada la falta de evidencia directa que muestre que el entrenamiento con videojuegos tiene consecuencias en nuestra vida cotidiana –por ejemplo, al

---

203 El estudio de Boot mostró una cantidad de mejoras comparables a la que mostraron Green y Bavelier en cuanto a dos de las tareas de transferencia (el parpadeo de atención y el campo de visión funcional), pero no halló ninguna significativa en ninguno de los grupos en lo referente a la tarea de enumeración, mientras que el de aquellos obtuvo mejoras sólo en el grupo entrenado.

204 Al menos otro estudio reciente no logró reproducir parte del resultado original, aunque no el componente de entrenamiento. El siguiente trabajo no halló diferencias entre los jugadores de videojuegos expertos y los novatos: Murphy y Spencer (2009).

hacer que conduzcamos de manera más segura–, los beneficios potenciales del entrenamiento son aún más inciertos.

Un problema más sutil sería que los expertos no fueran realmente mejores en la realización de estas tareas cognitivas, aun cuando tuvieran un mejor rendimiento en el laboratorio. ¿Cómo podría ser eso? Algún otro factor no relacionado con las capacidades cognitivas podría aumentar su desempeño. Dan habló con Walter Boot sobre las razones de las diferencias cognitivas entre jugadores de videojuegos expertos y novatos, y planteó una posibilidad pocas veces discutida en la bibliografía:

> Los expertos en videojuegos podrían tener un mejor rendimiento porque saben que han sido seleccionados para participar en el estudio sobre la base de su experiencia. Los participantes reclutados mediante avisos publicitarios o volantes dirigidos a jugadores saben que se los selecciona porque son expertos, porque son especiales, y podrían estar más motivados, más atentos, y. tener la expectativa de mostrar un buen rendimiento. Debido a toda la cobertura de los medios, especialmente en blogs frecuentados por jugadores, saben que se espera que rindan mejor. Y los no expertos tal vez ni siquiera sepan que están en un estudio sobre videojuegos.[205]

En otras palabras, los expertos podrían tener un mejor rendimiento que los novatos no porque sean intrínsecamente mejores o porque tengan miles de horas de práctica, sino porque saben que el estudio se refiere a la experiencia y la habilidad en videojuegos y que se espera que les vaya mejor que a los novatos. Una forma de resolver este problema sería reclutar sujetos sin mencionarles los videojuegos y medir su experiencia y su habilidad en ellos una vez finalizadas las tareas cognitivas. Así, no tendrían forma de saber que el estudio se refiere a la experiencia y la habilidad en videojuegos. Lamentablemente, es una manera poco eficiente de conducir un estudio, porque podría ser necesario estudiar a muchos más sujetos, con el fin de tener suficientes que reúnan los criterios de novatos y expertos. Al margen de cómo se los reclute, es peligroso extraer conclusiones causales sobre el papel de los videojuegos en la cognición a partir de las diferencias entre jugadores expertos y novatos –los experimentos de

---

205 La cita corresponde a la entrevista que Dan le realizó a Walter Boot (2009).

entrenamiento son esenciales para hacer cualquier tipo de inferencia sobre la causa–.[206] Es preciso tener cuidado con la comunicación inadecuada de tales efectos de la experiencia y la habilidad en los medios –los periodistas suelen afirmar que los videojuegos producen mejoras cuando los estudios muestran apenas una leve diferencia entre jugadores de videojuegos expertos y novatos–. Algunos escritores han promovido la idea de que los videojuegos tienen beneficios que se extienden más allá del incremento de las capacidades de atención y percepción –por ejemplo, el aumento de la inteligencia general, las habilidades sociales, la confianza y el pensamiento lógico– pero tienen aún menos evidencia para hacer tales afirmaciones.[207]

Dele a su cerebro una verdadera ejercitación

Al promocionar Brain Age, el sitio web de Nintendo (2009) afirma lo siguiente acerca de cómo sus programas mejorarían el funcionamiento mental.

206 La misma advertencia se aplica a los estudios referidos a un tema relacionado con el efecto Mozart: la idea de que los músicos tienen mayores habilidades cognitivas (como mayor memoria verbal) que los no músicos. Esta diferencia suele atribuirse a su entrenamiento musical, pero podría ser un "efecto Hawthorne", por llamarlo así –la simple consecuencia de saber que a uno lo han seleccionado y que por eso se espera que tenga un mejor rendimiento–. O podría ser el resultado de cierta diferencia entre los músicos y los no músicos que estaba presente antes de que comenzara el entrenamiento musical.

207 Para una presentación fascinante de esta idea véase Johnson (2005), quien afirma con vehemencia que los programas de televisión y videojuegos actuales son mucho más complejos, y que su procesamiento requiere mayores niveles de esfuerzo mental que los de las décadas de 1970 y 1980. No obstante, no ofrece casi ninguna evidencia de su provocadora tesis, que plantea que la mayor complejidad de la televisión y los videojuegos *causa* un incremento en la inteligencia o la capacidad social. Para apoyarla, cita el "efecto Flynn", un gran aumento mundial de la capacidad cognitiva general ocurrido durante el siglo XX; pero esta tendencia ascendente comenzó mucho antes de que se inventaran los videojuegos, y en cualquier caso –lamentamos sonar como un disco rayado en este punto–, una correlación o conexión cronológica no demuestra causalidad. Muchas otras cosas de la sociedad y la vida cotidiana han cambiado durante las últimas décadas además de la invención de las novelas de HBO, los *reality shows* y los videojuegos *online* con jugadores múltiples.

Todos saben que es posible prevenir la pérdida de músculo con ejercicios, y usar esas actividades para, con el tiempo, mejorar nuestro cuerpo. Y lo mismo podría decirse de nuestro cerebro. El diseño de Brain Age se basa en la premisa de que el ejercicio cognitivo puede mejorar el flujo sanguíneo cerebral. Todo lo que se necesita son apenas unos pocos minutos de juego por día. Para todos aquellos que pasan su tiempo recreativo en el gimnasio, trabajando los principales grupos musculares, no lo olviden: su cerebro también es un músculo. Y ansía ejercitarse.

Sucede que la última oración es correcta, pero no en el sentido que Nintendo le da. Deja entrever que el ejercicio cognitivo es necesario para el buen funcionamiento del cerebro. En realidad, el ejercicio físico aeróbico probablemente sea mucho mejor (véase Hertzog y otros, 2009). El experto en neurociencias cognitivas Arthur Kramer, colega de Dan en la Universidad de Illinois, realizó uno de los estudios más conocidos acerca de los efectos de mejorar el estado físico sobre la cognición y el envejecimiento (Kramer y otros, 1999: 418-419). Su experimento, publicado en *Nature*, asignó en forma aleatoria a 124 personas mayores, sedentarias pero sanas, a una de dos condiciones de entrenamiento que se extendió a lo largo de un total de seis meses: ejercicios aeróbicos, en los cuales los sujetos pasaron casi tres horas por semana caminando, y ejercicios anaeróbicos, en los que los sujetos dedicaron el mismo tiempo a realizar prácticas de elongación y tonificación. Aunque ambas formas son buenas para el cuerpo y conducen a mejorar el estado físico general, el ejercicio aeróbico aumenta de manera más efectiva el flujo sanguíneo cerebral y mejora la salud del corazón.

No es sorprendente que ambos grupos de entrenamiento experimentaran los beneficios esperados de su estado físico. Lo asombroso fue que caminar apenas unas pocas horas por semana condujera a una gran mejoría en la realización de tareas cognitivas, especialmente en aquellas que favorecen "funciones ejecutivas", como planificación y realización de tareas múltiples. Los ejercicios de elongación y tonificación no tuvieron efectos cognitivos. El grupo de Kramer condujo recientemente un metaanálisis de todas las pruebas clínicas que estudiaron los efectos de la ejercitación aeróbica sobre la cognición durante 2001 y confirmó que el entrenamiento físico tiene un considerable beneficio sobre la cognición (Colcombe y Kramer, 2003: 125-130. Véase también Kramer y Erickson, 2007: 342-348).

Los beneficios del ejercicio no se limitan a la conducta y la cognición. Con la edad, la mayoría de los adultos comienza a perder algo de la materia gris del cerebro. (Esto podría ser parte de la razón del deterioro cognitivo concomitante.) En una notable prueba clínica, el grupo de Kramer asignó aleatoriamente a personas mayores el mismo tipo de regímenes de entrenamiento de seis meses antes descritos, excepto que, esta vez, primero realizaron una resonancia magnética para tener una idea completa del cerebro de cada sujeto antes y después del entrenamiento (Colcombe y otros, 2006: 1166-1170). El resultado fue sorprendente: en las personas mayores que habían caminado sólo cuarenta y cinco minutos por día durante tres días por semana se observó una conservación mucho mayor de materia gris en las regiones frontales del cerebro que en el caso de los grupos que habían realizado ejercicios de elongación y tonificación. El ejercicio aeróbico literalmente mantuvo el cerebro más saludable y joven.

Quizá no parezca muy intuitivo, pero lo mejor que podemos hacer para conservar y mantener nuestro funcionamiento cognitivo tal vez tenga poco que ver con la cognición. Entrenar en forma directa el cerebro podría provocar un efecto menor que ejercitar el cuerpo, en especial si lo hacemos de forma tal de mantener nuestra capacidad aeróbica. No es necesario, siquiera, que el ejercicio sea demasiado cansador. No hace falta competir en triatlón; con sólo caminar a una velocidad razonable durante 30 minutos o más algunas veces por semana obtendremos un mejor control cognitivo y un cerebro más saludable. El ejercicio mejora en gran medida la cognición al aumentar la capacidad cerebral. A pesar de que Nintendo afirme que necesitamos ejercitar nuestro cerebro, parece que sentarse en una silla y hacer rompecabezas cognitivos es mucho menos benéfico que dar algunas vueltas a la manzana. Y hacer rompecabezas no hace nada por nuestra longevidad, nuestra salud o nuestro aspecto.

El mito de la intuición
Conclusión

    ¿Qué aprendemos cuando leemos el perfil del director ejecutivo de una empresa? Esperamos encontrar qué hace que esa persona sea especial: cómo llegó a su puesto actual, qué lo inspiró para tomar las decisiones que tomó, por qué su estilo de gerenciamiento lo lleva al éxito. Y, lo más importante, ¿vale la pena emular su modo de proceder?

Como señalamos en el capítulo 4, la única forma de asegurarnos de que comprendemos algo es poner a prueba nuestro conocimiento. Probémoslo ahora. Invitamos al lector a que aplique lo que ha aprendido acerca de las ilusiones cotidianas al perfil del líder empresarial Larry Taylor. Algunas de las ilusiones se apreciarán claramente, pero otras serán más sutiles. ¿Podrá detectarlas en acción?

* * *

Larry Taylor se dirige hacia su trabajo. Robusto, con un corte de pelo estilo militar y ojos azules intensos, se sienta erguido detrás del volante. A pesar de ser el director ejecutivo de Chimera Information Systems, una empresa privada cuyas ventas anuales ascienden a los 900 millones de dólares, no tiene chofer. Sería embarazoso tener un chofer cuando uno tiene sólo un Toyota Camry con asientos de tela, y no un Mercedes o un Lexus con interior de cuero y detalles de madera. Taylor viaja 40 minutos de ida y vuelta todos los días. En la ruta, antes de llegar a la oficina, habla por teléfono con varios de sus principales gerentes, se pone al tanto de los proyectos de desarrollo de *software*, los planes de marketing y las progresiones de ventas.

Sólo se necesita seguir a Taylor durante unas horas y ver por qué los ingresos de su empresa crecen a una tasa anual del 45%, y por qué el último año fue elegido el ejecutivo más innovador y efectivo del medio oeste de los Estados Unidos. Según analistas de la industria, su llegada en 2003 es *la* razón por la cual Chimera pasó de ser una anticuada vendedora de *softwares* para la administración de inventarios a una desarrolladora líder en la industria del *software* intermedio para Web 2.0 –aplicaciones que se ubican entre el sitio web de una empresa y almacenes de datos, y que manejan la comunicación entre ambos–. El siguiente movimiento de Taylor será crear un *software* que les permita incluso a los minoristas de internet más pequeños –las cientos de miles de tiendas del mundo dedicadas a la venta por EdsArgyleSocks.coms y eBay– administrar sus cadenas de abastecimiento con la sofisticación de un Amazon o un Wal-Mart. Según Taylor, es una oportunidad de mercado de dos mil millones de dólares que está absolutamente abierta.

Hoy, Taylor está charlando con su gerente financiero, Jane Flynt, sobre la publicación de las ganancias trimestrales de Chimera, que debe hacerse dentro de una semana. Taylor habla con el ligero acento texano que adquirió durante su infancia en San Antonio. Se produce una pausa en la conversación cuando Flynt se aparta del teléfono para pedirle a un asistente que haga unos análisis nuevos que sugirió Taylor. En ese momento, Taylor pone su teléfono en silencioso para explicar la verdadera razón por la que contrató a Flynt, quien nunca se había desempeñado como gerente financiero de una gran empresa, frente a otros candidatos que venían de la "liga Ivy"[*] y tenían mucha más experiencia.

"Fue hace casi dos años, pero lo recuerdo como si hubiera sido ayer", dice Taylor. "Fue un momento de mucha locura […] necesitábamos tener un nuevo gerente financiero para la siguiente reunión de directorio, cuya fecha se aproximaba; pero en esa época yo estaba viajando para ver a algunos clientes casi todos los días de la semana. Entonces los hice venir un domingo por la mañana." Los cuatro candidatos de la corta lista acudieron puntualmente a las nueve de la mañana con sus mejores trajes. Como "prueba" final de la entrevista, Taylor les entregó *laptops* con PowerPoint instalado y le pidió a cada uno que preparase y entregase una presentación de cinco minutos en la que explicara por qué debería ser elegido como gerente financiero de Chimera. Y les dijo que debían entregarle sus presentaciones a él y a los otros candidatos en la sala de reuniones de la empresa. "Cuando dije eso, se quedaron con la boca abierta", recordó Taylor. "Debían de estar más nerviosos que un puñado de gatos en una sala llena de mecedoras." Les dio sólo diez minutos con las computadoras para que preparasen sus diapositivas. "Elegí a Flynt para que pasara primero, y pensé que se moriría de nervios. Pero no fue así. Dio uno de los mejores discursos que he escuchado en mi vida. Lo que pensé todo el tiempo fue lo segura que estaba a pesar de toda la presión de la situación que yo había creado.

[*] Asociación de universidades muy prestigiosas en los Estados Unidos. [N. de la T.]

Dejé que los otros hicieran su presentación, pero sabía muy bien que quería a Jane, y cuando terminé con las entrevistas la contraté de inmediato."

Taylor es conocido en Chimera por la rapidez con la que capta ideas e información complejas. "Sólo necesito leer un documento una vez, y prácticamente lo entiendo por completo, y recordaré todos los detalles también", nos dice. Un perfil reciente de Taylor en *Inventory World* decía: "Afirma que sabe todo acerca de cómo funcionan los productos de Chimera, a menudo más aún que sus propios desarrolladores, a quienes a veces pone en aprietos con preguntas difíciles sobre la arquitectura y los estándares del *software*".

Es un lector voraz –no sólo de informes de la empresa, revistas de marketing y libros de negocios, sino también de los últimos desarrollos de la ciencia y de historia, e incluso de algunas novelas de vampiros, para mantenerse al corriente de la obsesión de sus hijas adolescentes–. De sus lecturas sobre negocios y ciencia ha recogido decenas de ideas que ha implementado en Chimera. Para incentivar la inventiva y productividad de sus ingenieros de *software*, les ordenó a sus gerentes que pasaran música clásica mediante el sistema de altoparlantes durante treinta minutos por día; detrás de la música, mensajes subliminales exhortan a los empleados a dar lo mejor de sí.

Taylor aprendió a jugar al póker en la escuela secundaria, y en la universidad demostró tener talento para ese juego al convertirse rápidamente en el mayor ganador de su fraternidad. Luego de graduarse, durante un par de años fue jugador profesional en el circuito de torneos y de partidas por dinero. En la actualidad, las apuestas altas las realiza en la sala de reuniones más que en el casino, pero aún juega póker en forma ocasional por internet, donde usa el apodo "royalflushCEO". ¿Su experiencia en el juego influye en el enfoque que tiene de la estrategia de negocios? ¿Subir la apuesta sin saber qué posibilidades tiene de ganar para convencer a un adversario de retirarse es el equivalente de hacer una inversión riesgosa, pero en potencia beneficiosa, en una tecnología o un mercado desconocidos? "No es así como funciona", dice Taylor, y agrega:

Cuando estoy tomando una decisión importante para Chimera no pienso en la táctica del póker. Pienso más en las lecciones más amplias que aprendí con el juego. Hay un dicho en póker que dice: "Si piensas mucho, ganas poco". Eso quiere decir que a veces, cuanto más piensas en una decisión, mayores probabilidades tienes de elegir mal. Leí el libro *Blink* [Guiño], de Malcolm Gladwell, y me enseñó que, cuando estamos frente a una decisión compleja, importante, hay que guiarse por el instinto, confiar en la intuición.

Taylor confió en sus instintos cuando decidió poner en juego el futuro de su empresa al apostar por entero por el nuevo *software* de logística para negocios familiares por internet. Había aprendido, gracias a sus lecturas, que no estaba usando todo el potencial de su cerebro que podía utilizar. El lado izquierdo de este se encontraba muy ocupado analizando cada opción desde la perspectiva de los detalles de costo-beneficio, algo en lo cual el lado derecho de su cerebro, más emocional, nunca había tenido oportunidad de reparar, en pos de captar el cuadro general. "Dentro de Chimera tuve dos grupos en guerra con respecto a este lanzamiento", dijo luego, el día que salió de una reunión con el equipo del proyecto. Un grupo estaba muy entusiasmado con el nuevo producto, pero el otro tenía una larga lista de objeciones. Taylor tuvo que arbitrar y decir la última palabra:

> Esta vez me dije a mí mismo de entrada que no me quedaría empantanado en los detalles específicos del mercado, los precios, los plazos del proyecto y demás. Nuestros compañeros de marketing habían preparado un perfil del cliente al que apuntábamos [una madre soltera de 35 años que hace negocios por eBay desde una habitación de su casa] y sólo pensé en esa mujer y en lo importante que era su negocio para su familia y para su futuro, y la vi ganando más dinero con ese negocio gracias a nuestro *software*, y supe que entrar en este mercado era lo que teníamos que hacer.

El lanzamiento del producto está previsto para fin de año. En su camino de regreso a casa, Larry Taylor está un poco más relajado que en la oficina, pero no del todo descansado. De nuevo está hablando por teléfono, esta vez con sus hijos.

* * *

En caso de que no sea obvio, el perfil de Larry Taylor que el lector acaba de leer fue inventado en su totalidad –ciento por ciento ficticio–. Taylor y Flynt no existen, y Chimera Information Systems es una quimera. Esta historia ficticia es una imitación de muchos artículos similares que hemos visto en el periodismo empresarial.[208] Está llena de nociones de

---

208 Perfiles de liderazgo reales como este son analizados por Phil Rosenzweig en su excelente libro (2007: en especial 18-49). Aunque este ejemplo entraña una crítica a muchos periodistas de negocios, no los estamos acusando intencionalmente de ser presas de estas ilusiones. Para ser cla-

sentido común, supuestos y creencias cotidianas que describen a Taylor como un líder de negocios no convencional, pero sin duda exitoso. Sin embargo, comprobar que el perfil era falso no era la verdadera prueba. Inventamos intencionalmente la historia para destacar las seis ilusiones cotidianas que hemos tratado en este libro. ¿Las encontró a todas? Volvamos atrás y veamos dónde Taylor –y el "escritor" del perfil– fueron arrastrados por las ilusiones cotidianas. Taylor comienza su día hablando sin parar por su teléfono celular mientras conduce hacia su trabajo.

- En el capítulo 1 vimos que la ilusión de atención nos hace pensar insidiosamente que podemos hacer estas dos cosas a la vez con la misma eficiencia con la que las haríamos por separado.
- Durante su "entrevista", Taylor hace un *racconto* extremadamente preciso de cómo contrató a su gerente financiero, y enfatiza su propia inteligencia al anunciar un desafío sorpresa. Puede recordar el episodio "como si hubiera sido ayer" pero, como aprendimos en el capítulo 2, nuestros recuerdos, aun de los acontecimientos más sobresalientes, están sujetos a distorsión, aunque sigamos confiando en que los evocamos con precisión.
- La confianza fue una señal importante para Taylor cuando decidió contratar a su gerente financiero: James Flynt sobresalió respecto de los otros candidatos, más experimentados y con mayor formación, precisamente debido a la confianza que emanaba (y no le importó que hubiera sido el primero en hacer la presentación). En el capítulo 3 señalamos que Jennifer Thompson había rezumado exactamente el mismo tipo de confianza en el estrado, que le valió a Ronald Cotton la sentencia a prisión perpetua por un crimen que no había cometido.
- ¿Qué hace que Taylor sea tan buen gerente? Según su propia descripción, su amplio y profundo conocimiento de Chimera; según sus compañeros, su capacidad para captar información compleja en forma rápida. Pero, como lo ilustraron los ejemplos del capítulo 4, por lo general sobrestimamos nuestro propio conocimiento y nos apresuramos a tomar decisiones importantes en las que podríamos pensar dos veces si supiéramos que en realidad sabemos muy poco.
- ¿Qué hay detrás del reciente éxito de Chimera? Los expertos piensan que es Taylor –antes de que él se convirtiera en director ejecutivo era

---

ros: todos estamos sujetos a las ilusiones cotidianas, incluyéndonos a nosotros mismos.

un fracaso y ahora es una empresa líder–. Habiendo leído el capítulo 5, deberíamos reconocer que este es un ejemplo paradigmático de la ilusión de causa producida por una cronología de acontecimientos: el mero hecho de que a Chimera le fuera mejor con Taylor que sin él, en sí mismo, no prueba nada acerca de si su llegada fue la causa de la mejoría. Otras modificaciones en la empresa, que tuvieron lugar en la misma época, o cambios fuera de la empresa, como un auge general en la industria, podrían haber sido los causantes.

- El perfil también dice que Taylor pasa música clásica y mensajes subliminales a sus empleados, y que ha estado tratando de acceder a la capacidad desaprovechada de su propio cerebro. Pareciera estar bajo el influjo de la ilusión de potencial, que analizamos en el capítulo 6.

Antes mencionamos que las ilusiones cotidianas tienen una característica en común: todas ellas nos hacen pensar que nuestras habilidades y capacidades mentales son mayores de lo que en verdad son. Hay otro hilo común que las conecta. En cada caso, confundimos lo que nuestra mente podría hacer con facilidad con lo que en efecto está haciendo. En jerga psicológica, tomamos la "fluidez" con que procesamos información como señal de que estamos procesando mucha información, que lo estamos haciendo con profundidad, con gran precisión y en detalle. Aunque la fluidez a menudo es el resultado de la experiencia y conduce a procesos automáticos y que en apariencia no requieren ningún esfuerzo. Pero esos procesos sin esfuerzo no necesariamente están libres de las ilusiones. Por ejemplo, traer recuerdos a la memoria casi nunca parece difícil. Experimentamos lo fácil que nos resulta hacerlo, pero no las distorsiones que sufrieron desde que los almacenamos por primera vez. Esas distorsiones tuvieron lugar por debajo de la superficie de nuestra actividad mental, sin que participara nuestra conciencia. Entonces, atribuimos erróneamente la fluidez que percibimos en nuestro recordar a la precisión, completitud y permanencia de nuestros recuerdos. La fluidez desempeña un papel similar en nuestra comprensión de la percepción, atención, confianza, conocimiento y muchos otros procesos mentales, y en todos estos casos hemos comprobado que son resultado de ilusiones significativas.[209]

209 Para más detalles sobre el papel de la fluidez y las atribuciones erróneas sobre nuestros propios pensamientos en la cognición, véanse Kahneman y Frederick (2002: 49-81); Oppenheimer (2008: 237-241), y Schwartz (2004: 332-348).

No estamos afirmando que las ilusiones cotidianas sean malas en sí mismas o que sean simples errores en el *software* de nuestra mente que podrían haberse evitado con una mejor programación. Aunque son el resultado de nuestras limitaciones mentales, suelen tener un beneficio como contrapartida. Como señalamos en el capítulo 1, la ceguera por falta de atención que nos hace no ver el gorila es una consecuencia inevitable de nuestra capacidad de centrar la atención en contar los pases de pelota de básquetbol. Al igual que en muchas otras situaciones, la capacidad para centrar la atención es útil aquí precisamente porque aumenta en gran medida nuestra facultad para realizar la tarea que tenemos por delante. En los últimos años, los psicólogos han propuesto que la mayoría de nuestros procesos de pensamiento pueden dividirse en dos tipos: los que son rápidos y automáticos y los que son lentos y reflexivos. Ambos contribuyen a las ilusiones cotidianas. Los rápidos y automáticos que participan en la percepción, la memoria y la inferencia causal tienen serias limitaciones, que adquieren mucho más peso cuando nuestras capacidades de razonamiento de nivel más elevado, reflexivas, más abstractas, no nos ayudan a ver que nos desviamos ni a hacer las correcciones necesarias. En otras palabras, tenemos más accidentes cuando hablamos por celular mientras manejamos tanto porque nuestra atención es limitada como porque no advertimos esta limitación mientras está sucediendo.[210]

Le recordamos al lector por última vez que no sólo Larry Taylor y el equivocado "autor" de su perfil se encuentran bajo estas ilusiones. Nosotros mismos, cada vez que leemos historias como esta o que hacemos las mismas cosas que hace Taylor, somos presas de ellas. Las ilusiones cotidianas están tan inmersas en nuestros hábitos mentales que ni siquiera nos damos cuenta de que refuerzan todo el "sentido común" que nos conduce a aceptar historias como la de Larry Taylor.

Este tipo de sentido común tiene otro nombre: "intuición". Lo que aceptamos y creemos de manera intuitiva deriva de lo que colectiva-

---

210 Los procesos rápidos, automáticos, son conocidos como "Sistema 1" y los lentos, reflexivos, como "Sistema 2". Esta útil distinción fue introducida por primera vez por Steven A. Sloman, quien recibió esos nombres de Keith E. Stanovich y Richard F. West, y fue defendida en un influyente trabajo de Daniel Kahneman y Shane Frederick. Todos estos trabajos fueron reimpresos en Gilovich, Griffin y Kahneman (2002). Para una discusión de por qué la mente está diseñada de esta manera, los siguientes libros ofrecen perspectivas interesantes: Gigerenzer (2007); Marcus (2008); Piattelli-Palmarini (1994), y Pinker (1997).

mente suponemos y comprendemos, e influye en nuestras decisiones de manera automática y sin reflexión. La intuición nos dice que prestamos atención a más cosas de aquellas a las que en efecto atendemos, que nuestros recuerdos son más detallados y persistentes de lo que son, que las personas que muestran confianza son competentes, que sabemos más de lo que en realidad sabemos, que las coincidencias y correlaciones demuestran causalidad y que nuestro cerebro tiene reservas de potencial que son fáciles de liberar. Pero en todos estos casos, nuestras intuiciones son equivocadas, y si las seguimos ciegamente, pueden costarnos mucho dinero, nuestra salud e incluso la vida.

Este mensaje no ha sido muy popular últimamente. Entre el público en general y entre algunos psicólogos abocados a la investigación, se ha puesto de moda afirmar que los métodos intuitivos de pensamiento y toma de decisiones son superiores a los analíticos. Los primeros son más rápidos y fáciles, sin duda. La idea de que también podrían ser más precisos contradice la antigua supremacía de la racionalidad y la lógica en tanto formas más puras y objetivas de pensamiento, y eso es lo que vuelve al poder de la intuición aún más atractivo. Hacia el final del perfil, Larry Taylor muestra que ha absorbido este mensaje. Evocando un adagio de sus días de profesional del póker –"si piensas mucho, ganas poco"– y su experiencia de lectura del exitoso libro de Malcolm Gladwell, ignora todo el análisis que ha hecho su equipo y se guía por su instinto, que le dice que los clientes se beneficiarán con el nuevo producto. Pone en juego la empresa por este instinto, pero está en paz –y vuelve a usar el celular mientras maneja de regreso a su casa–.

La decisión de Taylor podría parecer una forma espantosa de apostar el dinero de sus inversores y los puestos de sus empleados. Por desgracia, pensamos que no es descabellado describir así a un director ejecutivo que toma una decisión que implica millones de dólares sobre la base de su instinto. Las revistas de negocios suelen celebrar este tipo de liderazgos basados en este tipo de toma de decisiones. Por ejemplo, en el perfil que traza de Percy Barnevik, el célebre director ejecutivo de la empresa suizo-sueca ABB, la revista *Long Range Planning* afirma con efusividad: "Conocerlo [...] es tomar conciencia inmediata de un abordaje incisivo y original de la gestión empresarial, en la que la capacidad para tomar decisiones rápidas y confiadas es fundamental" (Kennedy, 1992: 10-17, también citado en Rosenzweig, 2007).

Por dar sólo un ejemplo concreto de la aventura de tomar riesgos guiándose por el instinto, en la que las personas de negocios se embarcan todo el tiempo, mencionaremos la decisión de los principales ejecutivos de Motorola de lanzar el teléfono satelital Iridium. Esta estuvo guiada en gran medida por una "visión" intuitiva de que los clientes usarían un único teléfono móvil para hacer llamadas desde cualquier lugar del mundo, pese a la exhaustiva información que la propia empresa había producido, que mostraba que el rendimiento económico de ese negocio era cuestionable. El teléfono costaría 3000 dólares; el servicio, 3 dólares el minuto y la comunicación sería imposible en lugares cerrados o en ciudades con rascacielos. El producto era ideal para el nómade del desierto que tuviera unos miles de dólares quemándole el bolsillo, pero poco práctico para todos los demás. Según un analista externo, aun cuando lograra captar la totalidad del mercado mundial de llamadas internacionales de negocios de los países en desarrollo, no podría pagar el equipamiento que requería su sistema, y menos todavía los costos operativos. Iridium fracasó al año de su lanzamiento y sus pérdidas finalmente rondaron los 5000 millones de dólares.[211]

Cuando las primeras impresiones son equivocadas

Thomas J. Wise era un famoso coleccionista británico de libros y manuscritos raros de fines del siglo XIX y principios del XX. El catálogo de su colección privada, que bautizó Ashley Library, constaba de once volúmenes impresos. Cerca de 1885, un escritor llamado W. C. Bennett le mostró varios ejemplares de una edición impresa en forma privada de *Sonnets from the Portuguese*, una famosa serie de poemas escritos por Elizabeth Barrett Browning durante su noviazgo con Robert Browning. Los sonetos fueron publicados primero en una edición de colección de dos volúmenes que apareció en 1850. El librejo de 47 páginas de Bennett, que llevaba la inscripción "no para publicación", era de 1847, lo que lo convertía en la edición más antigua que se conociera hasta ese momento. Wise comprobó su valor de rareza y compró un ejemplar por 10 libras. También alertó a varios amigos coleccionistas, quienes hicieron lo mismo y agotaron el stock de Bennett.

La historia de Wise de cómo dio con el volumen de Browning fue corroborada por detalladas descripciones de uno de sus amigos, Harry Buxton-Forman, y por un escritor llamado Edmund Gosse. En los años que siguieron, Wise encontró y distribuyó volúmenes previamente desco-

---

211 La información sobre Iridium proviene del capítulo 6 de Carroll y Mui (2008).

nocidos de obras menores de otros escritores, incluyendo a Alfred Tennyson, Charles Dickens y Robert Louis Stevenson. Numerosos coleccionistas particulares y bibliotecas privadas se los sacaron de las manos; la fama y la fortuna de Wise crecieron proporcionalmente y terminó siendo conocido como el mayor coleccionista y bibliógrafo de toda Inglaterra.

A principios del siglo siguiente, sin embargo, algunos vendedores estadounidenses de libros comenzaron a sentirse cada vez más incómodos con el flujo constante de ediciones de autor recientemente descubiertos. "Hay graves sospechas de que algunos de ellos sean fabricados. Pero no puede decirse que esas sospechas estén bien fundadas [...]. Quizá *The Last Tournament [El último torneo],* de Alfred Tennyson, valga 300 dólares, ¡pero es curioso que cada coleccionista renombrado de Tennyson tenga uno en su poder!", escribió George D. Smith en *Price Current of Books,* en 1898. Si bien algunos de los libros fueron cuestionados en forma escrita, estas críticas nunca tomaron demasiada dimensión, y los folletos fueron consideradas auténticas durante décadas.

En los años treinta, dos jóvenes británicos vendedores de libros, John Carter y Graham Pollard, abrigaron sus propias sospechas acerca de la autenticidad de algunos de los hallazgos de Wise. Comenzaron un programa meticuloso de investigación en el que reunieron y analizaron toda la evidencia posible sobre la procedencia del libro *Sonnets* de Browning. Identificaron ocho elementos según los cuales la existencia del volumen era inconsistente con otros hechos conocidos sobre Browning y su obra, o con la experiencia habitual en libros raros. Por ejemplo, nunca se habían encontrado ejemplares que tuvieran inscripciones de la autora ni que hubieran sido cortados y encuadernados según las costumbres de la época, además de que la edición privada especial no se mencionaba en cartas, memorias u otros documentos dejados por los Browning.

A continuación, realizaron análisis científicos directos. La ciencia en la década de 1930 no era lo que es hoy, pero se podía examinar el papel utilizado con un microscopio. Todo el papel que se fabricaba en el Reino Unido antes de 1851 se hacía con harapos. La paja se introdujo como reemplazo, pero incluso en 1861 sólo se usaba para diarios y para papel de embalar. En aquella época también se utilizaba un material similar a la paja llamado esparto. Recién en 1874 comenzó a usarse pulpa de madera. Carter y Pollard colocaron el folleto de Browning bajo su microscopio y vieron una cantidad importante de pulpa de madera cuyas fibras habían sido tratadas químicamente. A partir de esta y muchas otras pruebas cuidadosamente reunidas, concluyeron que la supuesta impresión de 1847 era una falsificación producida después de 1874. Realizaron el mismo análisis a otros 50 libros similares y hallaron evidencia decisiva de que 21 de ellos habran sido también falsificados.

Carter y Pollard publicaron los resultados de su investigación en 1934, en un libro de 412 páginas titulado *An Enquiry into the Nature of Certain XIXth Century Pamphlets.* No llegaron a acusar a Wise de falsificación, pero los argumentos que exponían no dejaban dudas de que era culpable.[212] Wise negó los cargos hasta el día de su muerte, tres años más tarde. Investigaciones posteriores revelaron que también había robado páginas de muchos libros raros de la Biblioteca Británica. Aún hoy es conocido, pero ya no como un gran coleccionista y bibliógrafo; por el contrario, es universalmente considerado uno de los grandes falsificadores literarios de todos los tiempos.

¿Cómo hizo para tener semejante éxito a una escala tan masiva? Cuando evaluaban individualmente los artículos de sus colecciones, los compradores privados y bibliotecarios institucionales no tenían la oportunidad de analizar todo el espectro de materiales de Wise, o de hacer pruebas químicas. Tomados por separado, parecían auténticos, y cada uno llenaba muy bien un vacío en el cuerpo conocido de la obra de un autor. La intuición tampoco ayudaba a descubrir el fraude. La lógica deductiva, basada en el patrón general de libros recientemente descubiertos, una meticulosa comparación con otras fuentes y hechos históricos y el estudio científico de los artículos mismos eran la única forma de poner al descubierto el engaño. La historia de Thomas Wise, y del trabajo detectivesco realizado por John Carter y Graham Pollard, ilustra el triunfo de la deliberación y el análisis sobre el instinto. Las primeras impresiones llevaron a coleccionistas profesionales y expertos a gastar pequeñas fortunas en los folletos de Wise; el análisis riguroso reveló su error.[213]

Irónicamente, uno de los casos más conocidos que se usó para demostrar el poder de la intuición también involucraba la detección de una falsificación. En su exitoso libro *Blink,* que lleva por subtítulo *The Power of Thinking Without Thinking* [El poder de pensar sin pensar], Malcolm Gladwell (2005: 3-8) abre su defensa de la "cognición rápida", que es otro nombre que recibe la intuición, con la historia de expertos en arte que

---

212 Harry Buxton-Forman, que había dado fe del descubrimiento de Wise, conocía bien el proceso de impresión y al parecer había colaborado con Wise en la estafa.

213 La información sobre el fraude de Thomas J. Wise proviene de las siguientes fuentes: Carter y Pollard (1934), Jones, Craddock y Barker (1990) y Todd (1959).

pudieron determinar de inmediato que una supuesta estatua de Grecia antigua conocida como *Kouros* era falsa, mientras que expertos científicos afirmaron erróneamente que era auténtica.[214] La narrativa cautivante de Gladwell retrata en forma gráfica un caso en el que la intuición superó al análisis. Y, tal como hemos visto repetidas veces, un único ejemplo vívido que ilustra un argumento causal será tomado como prueba, a menos que pensemos detenidamente en la información que no se nos ha dado –y pensar en lo que *falta,* en una historia, no es algo que se haga de manera espontánea–. ¿Con qué frecuencia los expertos en arte intuyen que una pieza es falsificada cuando un análisis científico la considera incorrectamente genuina? Es decir, ¿el del *Kouros* es un caso aislado o muestra una tendencia? Es más importante aún preguntar cuán a menudo los falsificadores engañan la intuición de los expertos que sólo queda expuesta con un análisis científico, como en el caso de Thomas J. Wise. Tal vez, casos como este sean en realidad más comunes que el del *Kouros*. Y, ¿qué hacen ambos tipos de expertos cuando la obra de arte en cuestión es verdaderamente genuina? Esta última pieza de información es fundamental para determinar la precisión relativa de los abordajes intuitivo y analítico.

La historia de Thomas J. Wise es apenas un ejemplo de un análisis científico deliberado que superó juicios intuitivos defectuosos. Pero así como la historia del *Kouros* de Gladwell no demuestra que la intuición triunfa sobre el análisis, la de Wise tampoco prueba que el análisis siempre triunfa sobre la intuición. Si bien esta tiene sus usos, consideramos que no debe ser exaltada por sobre el análisis sin contar con buenas evidencias de que es verdaderamente superior. La clave para una toma de decisiones exitosa, creemos, depende de saber cuándo confiar en nuestra intuición, y cuándo desconfiar de ella y hacer el trabajo duro de pensar las cosas.[215]

214 Gladwell, en realidad, no usa demasiado las palabras "intuición" o "intuitivo" en su libro, pero esa es más una cuestión de selección léxica que de significado. Sostiene, por ejemplo, que "puede haber tanto valor en el guiño de un ojo como en meses de análisis racional" (2005: 17). Y presenta numerosos ejemplos de decisiones "instantáneas" muy acertadas, tomadas en un abrir y cerrar de ojos, sin que medie la deliberación, es decir, de manera intuitiva.

215 Muchos lectores de *Blink* toman al pie de la letra el argumento de Gladwell sobre el poder de la cognición rápida sin evaluar en su totalidad la forma en la que este matiza sus afirmaciones. Por ejemplo, señala que es importante determinar cuándo las intuiciones son útiles y cuándo no, y presenta casos en los cuales las intuiciones fallan: Warren Harding parecía presidenciable, pero resultó ser un mal presidente; la mejor manera de elegir a un músico es

La selección de conservas y el reconocimiento de ladrones

¿Hay casos en los que la deliberación da como resultado, en forma coherente, juicios peores que las decisiones rápidas y la intuición visceral? Sí, y he aquí un ejemplo de un experimento clásico. Supongamos que se nos pide que participemos en una cata a ciegas de cinco marcas diferentes de mermelada de frutillas. Luego de probarlas todas, pero antes de que nos pidan que las juzguemos, pasamos un par de minutos escribiendo las razones por las que algunas nos gustaron y otras no. Luego calificamos cada una con una escala de 1 a 9. ¿Qué tan precisas serían nuestras apreciaciones, suponiendo que la precisión se determinara comparando nuestras calificaciones con las que dio un panel de expertos reunido por la revista *Consumer Reports*?

Cuando los psicólogos Timothy Wilson y Jonathan Schooler realizaron este experimento con estudiantes universitarios, hallaron que las calificaciones que estos habían dado no se parecían casi en nada a las de los expertos. Los estudiantes deberían haber podido determinar cuáles eran buenas y cuáles no –las mermeladas variaban ampliamente en calidad, e incluían las calificadas en 1º, 11º, 24º, 32º y 44º lugar, de entre las 45 testeadas por *Consumer Reports*–. ¿Acaso los estudiantes no tenían paladar para las mermeladas, o el gusto popular simplemente tenía una preferencia diferente de la de los expertos? En absoluto. En condiciones distintas del experimento, en lugar de escribir las razones por las que les había gustado o no la mermelada, debían escribir acerca de algo que no tenía ninguna relación con eso: las razones por las que habían elegido su especialidad en la universidad. Los sujetos, entonces, calificaron las mermeladas y, a pesar de no haber pensado más en ellas luego de haberlas probado, hicieron calificaciones que se acercaban mucho más a las de los expertos (Wilson y Schooler, 1991: 181-192).

¿Por qué pensar en mermeladas hace que nuestras decisiones acerca de ellas sean peores? Hay dos razones. Primero, pensar en las mermeladas no nos da más información sobre ellas –una vez que las degustamos,

---

escucharlo tocar detrás de una pantalla y no cuando los jueces lo ven tocar; los policías de Nueva York dispararon 41 balas contra Amadou Diallo en una fría noche del Bronx en 1999. *Blink* no da más peso a los éxitos de la intuición que a sus fracasos, y a menudo atribuye estos últimos a otros factores situacionales, como un exceso de estrés o presión. Sin embargo, también parece razonable pensar que la cognición rápida debería ser más efectiva precisamente cuando la deliberación es imposible (debido al estrés o a presiones de tiempo).

tenemos toda la información que podemos obtener–. Segundo y, según creemos, más importante, las preferencias en cuanto a las mermeladas se basan naturalmente en respuestas emocionales, no en análisis lógicos. Estas respuestas tienden a aparecer en forma automática y rápida, a diferencia de lo que ocurre con los procesos deliberativos, más lentos, que subyacen al razonamiento analítico. Lo que tiene buen sabor es una preferencia subjetiva que no puede mejorarse pensándola. Pensar no hace más que generar información irrelevante, que en esencia bloquea nuestra reacción emocional.

Aunque las preferencias en cuanto al gusto se basan más en la emoción que en la lógica, el lanzamiento de un nuevo producto importante parece ser una buena ocasión para dejar la emoción de lado y dedicar algún tiempo al análisis. No obstante, la distinción no siempre es tan obvia. En general, cuando hay pocos fundamentos objetivos para determinar si una decisión es correcta o incorrecta, no se puede derrotar a la intuición. Pero aun cuando haya criterios objetivos, las respuestas viscerales a veces superan a las analíticas. Recuérdese otra vez el caso de Jennifer Thompson, analizado en el capítulo 3, quien identificó con confianza y repetidas veces al inocente Ronald Cotton como su violador. Una razón por la que estaba tan segura era porque había centrado toda su atención consciente en memorizar su aspecto, en parte para distraerse del trauma y en parte para ayudar a la policía a atraparlo después si lograba sobrevivir. Había visto retazos del rostro y del cuerpo de su atacante, y luego escribió que había tratado de almacenar los detalles, de "registrar la información" en su mente –su peso, la forma de su nariz, el color de su piel–. No hay duda de que estaba segura –había trabajado muy duro para memorizar sus rasgos durante el momento más angustiante de su vida–.

Por desgracia, pensar en palabras sobre el aspecto de una persona en realidad puede *perjudicar* nuestra capacidad para reconocerla más tarde. Aunque esta posibilidad se conoció en la década de 1950, el interés en ella se reavivó a partir de una serie de experimentos realizados en 1990, y se le dio el nuevo nombre de "eclipse verbal".[216] En un experimento, los sujetos observaron un video de treinta segundos de un robo a un banco en el que se veía el rostro del ladrón. Un grupo pasó luego cinco minutos escribiendo una descripción del rostro "con el mayor detalle posible". Otro grupo de control pasó cinco minutos haciendo

216 Véase Schooler y Engstler-Schooler (1990: 36-71). Este artículo menciona alguna bibliografía anterior sobre ese efecto, como Belbin (1950: 163-169).

tareas que no tenían ninguna relación con el video. Luego, cada uno trató de señalar al ladrón de entre una serie de fotografías de ocho individuos de aspecto similar, y luego indicó el grado de confianza que tenía en su elección.

Adviértase en qué medida este procedimiento se asemeja estrechamente a lo que ocurre en los casos criminales (como el de Thompson). La policía suele pedirles a los testigos que hagan descripciones detalladas de los sospechosos, y esos mismos testigos luego tratan de identificar a un sospechoso en una rueda de reconocimiento. En el experimento, los que hicieron una tarea no relacionada con el tema identificaron con éxito al sospechoso el 64% de las veces. ¿Qué ocurrió con los que escribieron notas detalladas sobre él? ¡Señalaron al sospechoso correcto sólo el 38% de las veces! Irónicamente, nuestra intuición nos dice que analizar el rostro debería ayudarnos a recordarlo mejor, pero en este caso al menos es mejor para el análisis dar un paso atrás y dejar que los procesos de reconocimiento de patrones más automáticos tomen la delantera. Este experimento no incluyó una evaluación emocional, sólo un test objetivo de memoria, pero los análisis no fueron de ayuda.[217]

El análisis no superará la intuición cuando tengamos acceso consciente a toda la información necesaria. En tales casos, la deliberación reflexiva *puede* generar información nueva que ayudará a tomar una mejor decisión. Volvamos por última vez al ajedrez. En el capítulo 6 presentamos el notable hallazgo de que los grandes maestros de ajedrez pueden jugar con los ojos vendados con la misma eficacia que si lo hicieran en forma normal. También pueden hacerlo de manera extremadamente competente si sólo cuentan con cinco minutos –o menos– para hacer todas sus movidas. Chris solía perder siempre contra un gran maestro que jugaba toda la partida usando un total de menos de un minuto para

217 En *Blink*, Malcolm Gladwell describió un experimento similar, y explicó el efecto de eclipse verbal en los siguientes términos: "Nuestro cerebro tiene una parte (el hemisferio izquierdo) que piensa en palabras y una parte (el hemisferio derecho) que piensa en imágenes, y lo que ocurrió cuando describimos el rostro en palabras fue que [...] nuestro pensamiento pasó del hemisferio derecho al izquierdo" (2005: 119-120). Como señalamos en el capítulo 6, la idea de que las dos mitades de nuestro cerebro tienen capacidades radicalmente diferentes y modos de pensamiento (palabras *versus* imágenes) que no se superponen es parte integral de la falsa idea de que el hemisferio derecho, que trabaja en forma holística, en imágenes, suele quedar suprimido por el izquierdo, verbal y analítico, y que podemos pensar mucho mejor si liberamos su potencial oculto.

hacer todas sus movidas mientras que a él le daba cinco minutos. ¿Cómo es posible?

La principal teoría es que los jugadores expertos reconocen los patrones familiares en los conjuntos de piezas que ven en el tablero, y esos patrones se conectan en sus mentes con potenciales estrategias, tácticas e incluso movidas específicas que pueden funcionar en esas situaciones. En el caso extremo, si su reconocimiento de patrones es tan bueno (y sus adversarios son lo bastante débiles), pueden ganar sin necesidad de hacer demasiados análisis. En esencia, pueden confiar por completo en su intuición e igualmente jugar bien. Recuérdese el estudio en el que Chris y su colega Eliot Hearst usaron un programa de computadora para encontrar los errores que cometen los grandes maestros jugando a ciegas. En otra parte de ese estudio, compararon partidas bajo condiciones de torneo normales, en las que cada una dura hasta cinco horas, con otras bajo condiciones "rápidas", en las que terminan en aproximadamente una hora. (Ninguna de estas condiciones incluyó el juego con los ojos vendados.) Si la experiencia reside exclusivamente en el reconocimiento rápido e intuitivo de patrones, entonces los grandes maestros deberían cometer la misma cantidad de errores cuando disponen de cinco horas que cuando disponen sólo de una. Pero en condiciones rápidas, la cantidad de errores aumentó en un 36%, un incremento muy significativo (Chabris y Hearst, 2003). En el ajedrez, tener más tiempo para pensar nos permite hacer mejores movidas, ya sea que seamos campeones mundiales, grandes maestros o aficionados. Lo mismo ocurre con la mayoría de las decisiones importantes que tenemos que tomar.

¿La tecnología al rescate?

Es más fácil señalar la naturaleza de las ilusiones cotidianas, y sus consecuencias potencialmente calamitosas, que encontrar soluciones a los problemas que ellas plantean en nuestras vidas. En términos generales, vemos tres maneras de superarlas, al menos en parte.

Primero, simplemente aprender cómo funcionan –por ejemplo, leyendo este libro– nos ayudará a advertirlas y evitarlas en el futuro. Sin embargo, operan sobre la naturaleza inconsciente de la mayor parte de nuestra vida mental, y nuestra capacidad de monitorear de manera consciente lo que está sucediendo en nuestra mente es limitada. Le hemos presentado al lector nuestras mejores ideas para anticiparlas y evitarlas, pero este tipo de conocimiento por sí solo no resolverá el problema en forma completa.

Segundo, el lector podría tratar de mejorar sus capacidades cognitivas mediante el entrenamiento mental. No obstante, como hemos señalado, es improbable que eso incremente su rendimiento lo suficiente como para superar las ilusiones cotidianas, y esto por dos razones: (1) aumentar la capacidad mental de modo que mejore el rendimiento en términos generales no es tan simple como hacer ejercicios mentales, jugar videojuegos o escuchar música clásica, y (2) es probable que las capacidades cognitivas que *podemos* mejorar mediante el entrenamiento no nos ayuden a superar las ilusiones cotidianas. La ejercitación mental puede ser buena en cierto sentido, e incluso puede ser una recompensa en sí misma, pero no nos liberará de las ilusiones.

La solución más prometedora podría ser la intervención tecnológica y ambiental. De hecho, ya hay muchos ejemplos prosaicos de tecnologías que ayudan a superar las limitaciones mentales reduciendo la necesidad de que nuestro cerebro realice cálculos complejos o recuerde grandes cantidades de información. La escritura ayudó a conservar la información histórica con mayor precisión al reducir el recurso a la memoria y a la tradición oral. La llegada de las calculadoras minimizó errores costosos y la pérdida de tiempo resultante de los límites de nuestra capacidad para manipular números mentalmente.

Innovaciones como estas han sido fundamentales para los adelantos tecnológicos, la mejora de la productividad y la calidad de vida. Pero sólo abordan las limitaciones de nuestros sistemas cognitivos, no las ilusiones que los afectan. Estas son el resultado de juicios erróneos acerca de nuestras limitaciones, y son esos juicios lo que debemos ajustar para reflejar mejor el funcionamiento de nuestra mente. Para que la tecnología resulte de ayuda, es necesario confiar en que los juicios automatizados pueden ser mejores que los propios juicios, algo que a muchas personas les resulta difícil hacer.

No creemos que las innovaciones tecnológicas puedan resolver por completo el problema. Un mejor abordaje que reemplazar el juicio humano en su totalidad podría ser cambiar el medio, de manera que las limitaciones ya no importen. En esencia, conocer los límites de la cognición puede ayudar a rediseñar nuestro medio para evitar las consecuencias de las intuiciones equivocadas. Por ejemplo, ahora que hemos leído acerca de la ilusión de atención, esperamos que el lector se haya disuadido de hablar por teléfono mientras conduce. Sin embargo, la tentación de distraerse mientras se está manejando ha aumentado en la medida en que los teléfonos se han transformado en puntos de acceso a internet de alta velocidad y máquinas de videojuegos. El mejor abordaje para superar la ilusión de atención sería reducir la tentación: eliminar el adaptador de corriente de nuestro automóvil o mantener el teléfono fuera de nuestro alcance, en una cartera o un maletín en el asiento trasero. Ningún entrenamiento hará que las personas vean a quienes las rodean, y a pesar de nuestras mejores intenciones, no podemos desechar rápidamente nuestras creencias intuitivas (e incorrectas) sobre lo que captura la atención. Pero conociendo la ilusión de atención, podemos reestructurar en forma activa nuestro medio a fin de ser menos proclives a dejarnos llevar por ella. Pensamos que lo mismo vale para otro tipo de ilusiones cotidianas, y esperamos que las personas sean más creativas que nosotros mismos y asuman el desafío de diseñar soluciones que nos ayuden a superar no sólo las limitaciones de nuestra mente, sino también las ilusiones acerca de ellas.

A buscar gorilas invisibles

Hemos llegado al final de nuestro libro. Como dijo Woody Allen cuando llegó al final de su legendaria rutina de monólogo de comedia: "Me gustaría tener algún tipo de mensaje afirmativo para dejarles. No lo tengo. ¿Les gustaría llevarse dos mensajes negativos?".[218]

Uno de nuestros mensajes en este libro es de hecho negativo: es preciso tener cuidado con nuestras intuiciones, en especial con las referidas a cómo funciona nuestra propia mente. Nuestros sistemas mentales de cognición rápida son muy buenos para resolver los problemas para cuya resolución han evolucionado, pero nuestras culturas, sociedades y tecnologías hoy son mucho más complejas que las de nuestros ancestros. En muchos casos, la intuición se adapta mal a la resolución de problemas en el mundo moderno. Es conveniente pensar dos veces antes de decidir confiar en la intuición en desmedro del análisis racional, sobre todo en cuestiones importantes, y es recomendable tener cuidado con aquellos que nos aseguran que ella es la panacea para los problemas de toma de decisiones. Y si alguien nos pide alguna vez que miremos un video y contemos los pases de pelota...

Pero también tenemos un mensaje positivo para dejarle al lector. Puede tomar mejores decisiones y, nos atrevemos a decir, vivir mejor, si hace todo lo posible por buscar los gorilas invisibles en el mundo que lo rodea.

218 Del monólogo humorístico de la década de 1960 de Woody Allen, grabado en el álbum *Standup Comic* (1970). La cita corresponde a la última pista, "Summing up" [Resumiendo].

Sólo estábamos tratando de ser astutos cuando titulamos a nuestro artículo original sobre el estudio del gorila "Gorilas entre nosotros"; pero, en un sentido metafórico, de verdad hay gorilas entre nosotros. Puede haber cosas muy importantes delante de nuestros ojos que no estemos viendo debido a la ilusión de atención. Ahora que el lector sabe acerca de ella, confiará en su propia memoria y un poco menos en la de los demás, y tratará de corroborar su memoria en situaciones importantes. Reconocerá que la confianza en sí misma que la gente manifiesta a menudo refleja su personalidad más que su conocimiento, su memoria o su capacidad. Será cauto a la hora de pensar que sabe más de lo que de hecho sabe acerca de un tema, y pondrá a prueba su propia comprensión antes de confundir la familiaridad con el conocimiento. No pensará que sabe la causa de algo cuando todo aquello que en realidad conoce es lo que ocurre antes o lo que tiende a acompañarlo. Se mostrará escéptico respecto de las afirmaciones de que simples artimañas pueden liberar el potencial de su mente, pero sabrá que puede desarrollar grandes niveles de habilidad si estudia y practica en la forma adecuada.

En cierta ocasión, Chris asignó a sus estudiantes la tarea de encontrar una anécdota tomada de la historia o de acontecimientos actuales en los que las ilusiones cotidianas desempeñaran un papel importante. La lista que generaron fue fascinante por su alcance: un tiroteo policial en Brooklyn, el épico esquema Ponzi de Bernard Madoff, una persona viva declarada muerta que se despierta en la morgue, e incluso las causas de la guerra de Vietnam y la explosión del transbordador espacial *Challenger*. El lector también puede hacerlo. Puede aprovechar cualquier oportunidad para hacer una pausa y mirar el comportamiento humano a través del lente que le hemos aportado. Puede tratar de rastrear también sus propios pensamientos y acciones para asegurarse de que sus intuiciones y decisiones viscerales están justificadas. Puede procurar disminuir el ritmo, relajarse y analizar sus creencias antes de saltar a las conclusiones. Cuando piense en el mundo, consciente de las ilusiones cotidianas, no estará tan seguro de sí mismo como antes, pero tendrá una nueva idea de cómo funciona la mente, y una nueva forma de comprender por qué las personas actúan de determinada manera. Muchas veces no es porque sean estúpidas, estén mal informadas, sean arrogantes o estén distraídas, sino debido a las ilusiones cotidianas que nos afectan a todos. Nuestra esperanza final es que el lector considere siempre esta posibilidad antes de pasar a una conclusión más dura.

Bibliografía

Abagnale, F. W., <en.wikipedia.org/wiki/Frank_Abagnale>, consultado el 2/5/2009.

— y Redding, S., *Catch me if you can*, Nueva York, Grosset & Dunlap, 1980.

Agence France-Presse, "Slovak Hospital Plays Mozart to Babies to Ease Birth Trauma", 10/09/2005, <www.andante.com/article/article.cfm?id=25923>, consultado el 29/5/2009.

Ainsworth, P. B., "Incident perception by British police officers", *Law and Human Behavior*, 5, 1981.

Alloy, L. B. y Abramson, L. Y., "Judgment of contingency in depressed and nondepressed students: Sadder but wiser?", *Journal of Experimental Psychology General*, 108, 1979.

Ambady, N. y Rosenthal, R., "Half a minute: Predicting teacher evaluations from thin slices of nonverbal behavior and physical attractiveness", *Journal of Personality and Social Psychology*, 64, 1993.

"And Then There Were None", episodio 9, *CSI: Crime Scene Investigation*, 2ª temporada, originalmente transmitido por CBS, 22/11/2001.

Anderson, C. y Kilduff, G. J., "Why do dominant personalities attain influence in face-to-face groups? The competence-signaling effects of trait dominance", *Journal of Personality and Social Psychology*, 96, 2009.

Ansen, D., "Pulp friction", *Newsweek*, 13/10/2003.

Ariely, D., *Predictably Irrational*, Nueva York, HarperCollins, 2009.

Armstrong, D., "Autism drug secretin fails in trial", *The Wall Street Journal*, 6/01/2004, <online.wsj.com/article/SB107331800361143000.html?>.

Arseneault, L.; Milne, B. J.; Taylor, A.; Adams, F.; Delgado, K.; Caspi, A. y Moffitt, T. E., "Being bullied as an environmentally mediated contributing factor to children's internalizing problems: A study of twins discordant for victimization", *Archives of Pediatrics and Adolescent Medicine*, 162, 2008.

Associated Press, <www.thescienceforum.com/Scientists-slash-estimated-number-of-human-genes-5t.php>, 20/10/2004a.

—, "'Virgin Mary grilled cheese' sells for $28,000", 23/11/2004b, <www.msnbc.msn.com/id/6511148/>.

—, "Measles outbreak sickens 4000 in Romania", 5/12/2005.

—, "Train hits car, and a GPS is blamed", 2008, <www.nytimes.com/2008/10/01/nyregion/01gps.html>.

"Awareness, fat loss & moonwalking bears", 31/12/2008, <www.bellyfatreport.com/?s=bear>.

Ayres, I., *Super crunchers: Why thinking-by-numbers is the new way to be smart*, Nueva York, Bantam Books, 2007.

Background Briefing, Radio Nacional ABC (Australia), 8/12/2002.

Baird, D., *A thousand paths to confidence*, Londres, Octopus, 2007. [*Mil vías hacia la confianza*, Madrid, Pearson Education, 2008.]

Ball, K. y otros, "Effects of cognitive training interventions with older adults: A randomized controlled trial", *JAMA*, 288, 2002.

Banaji, M., "Tenure and Gender", *Harvard Magazine*, enero de 2005, <harvardmagazine.com/2005/01/tenure-and-gender.html>.

Bangerter, A., *La diffusion des croyances populaires: Le cas de l'effet Mozart*, Grenoble, Presses Universitaires de Grenoble, 2008.

— y Heath, C., "The Mozart effect: Tracking the evolution of a scientific legend", *British Journal of Social Psychology*, 43, 2004.

Barber, B. y Odean, T., "Trading is hazardous to your wealth: The common stock investment performance of individual investors", *Journal of Finance*, 55, 2000.

—, "Boys will be boys: Gender, overconfidence, and common stock investment", *Quarterly Journal of Economics*, 116, 2001.

Bartlett, F. C., *Remembering: A study in experimental and social psychology*, Cambridge, Cambridge University Press, 1932.

Basak, C.; Boot, W. R.; Voss, M. W. y Kramer, A. F., "Can training in a real-time strategy video game attenuate cognitive decline in older adults?", *Psychology and Aging*, 23, 2008.

BBC News, "Sex keeps you young", 10/3/1999a, <news.bbc.co.uk/2/hi/health/294119.stm>.

—, "Message from Allah 'in tomato' ", 9/9/1999b, <news.bbc.co.uk/2/hi/uk_news/443173.stm>.

—, "Daft burglar writes name on wall", 6 /9/2007, <news.bbc.co.uk/2/hi/uk_news/england/manchester/6981558.stm>.

Belbin, E., "The influence of interpolated recall upon recognition", *Quarterly Journal of Experimental Psychology*, 2, 1950.

Bell, J., <en.wikipedia.org/wiki/Joshua_Bell>, consultado el 16/1/2009a.

—, biografía oficial, <www.joshuabell.com/biography>, consultado el 16/1/2009b.

Bell, V., "Does your neighborhood cause schizophrenia?", MindHacks blog, 5/7/2007, <www.mindhacks.com/blog/2007/07/does_your_neighbourh.html>, consultado el 1/6/2009.

Beyerstein, B. L., "Whence cometh the myth that we only use 10% of our brains?", en S. Della Salla (ed.), *Mind myths: Exploring popular assumptions about the mind and brain,* Chichester, Wiley, 1999.

Blais, A.-R.; Thompson, M. M. y Baranski, J. V., "Individual differences in decision processing and confidence judgments in comparative judgment tasks: The role of cognitive styles", *Personality and Individual Differences*, 38, 2005.

Bob Knight, Wilpedia <en.wikipedia.org/wiki/Bob_Knight>, consultado el 29/6/2009.

"Bob Knight's Outburst Timeline", *USA Today,* 14/11/2006.

Boot, W. R.; Kramer, A. F.; Simons, D. J.; Fabiani, M. y Gratton, G., "The effects of video game playing on attention, memory, and executive control", *Acta Psychologica*, 129, 2008.

Boot, W., entrevista realizada por Dan Simons el 14/5/2009.

Brain Trainer, <www.focusmm.co.uk/shop/Brain-Trainer-pr-1190.html>, consultado el 15/06/2009.

Brewer, W. F. y Sampaio, C., "Processes leading to confidence and accuracy in sentence recognition: A metamemory approach", *Memory*, 14, 2006.

— y Treyens, J. C., "Role of schemata in memory for places", *Cognitive Psychology*, 13, 1981.

Brown, R. y Kulik, J., "Flashbulb memories", *Cognition*, 5, 1977.

Buehler, R.; Griffin, D. y Ross, M., "Exploring the 'planning fallacy': Why people underestimate their task completion times", *Journal of Personality and Social Psychology*, 67, 1994.

Campbell, J. M., "Efficacy of behavioral interventions for reducing problem behaviors in autism: A quantitative synthesis of single-subject research", *Research in Developmental Disabilities*, 24, 2003.

Campbell, M., "100% Canadian", *The Globe and Mail,* 30/12/2000.

Carey, T., "SatNav danger revealed: Navigation device blamed for causing 300,000 crashes", 21/7/2008, <www.mirror.co.uk/news/top-stories/2008/07/21/satnav-danger-revealed-navigation-device-blamed-for-causing-300-000-crashes-89520-20656554>.

Carroll, P. B. y Mui, C., *Billion dollar lessons: What you can learn from the most inexcusable business failures of the last 25 years,* Nueva York, Portfolio, 2008.

Carter, J. y Pollard, G., *An Enquiry into the Nature of Certain XIXth Century Pamphlets,* Londres, Constable, 1934.

Cesarini, D.; Johannesson, M.; Lichtenstein, P. y Wallace, B., "Heritability of overconfidence", *Journal of the European Economic Association*, 7, abril/mayo de 2009.

Cha, A.; Hecht, B. R.; Nelson, K. y Hopkins, M. P., "Resident physician attire: Does it make a difference to our patients?", *American Journal of Obstetrics and Gynecology*, 190, 2004.

Chabris, C. F., "Prelude or requiem for the 'Mozart effect'?", *Nature,* 400, 1999.

— y Hearst, E. S., "Visualization, pattern recognition, and forward search: Effects of playing speed and sight of the position on grandmaster chess errors", *Cognitive Science*, 27, 2003.

—; Schuldt, J. y Woolley, A. W., "Individual differences in confidence affect judgments made collectively by groups", Annual Convention of the Association for Psychological Science, Nueva York, 25-28 de mayo de 2006.

Chabris, D. D., carta a Christopher F. Chabris, 27/12/2008.

Chapman, L. J. y Chapman, J. P., "Illusory correlation as an obstacle to the use of valid psychodiagnostic signs", *Journal of Abnormal Psychology*, 74, 1969.

Charba, J. P. y Klein, W. H., "Skill in precipitation forecasting in the National Weather Service", *Bulletin of the American Meteorological Society*, 61, 1980.

Chase, W. G. y Simon, H. A., "Perception in chess", *Cognitive Psychology*, 4, 1973a.

—, "The mind's eye in chess", en W. G. Chase (ed.), *Visual information processing*, Nueva York, Academic Press, 1973b.

Cherry, E. C., "Some experiments upon the recognition of speech, with one and with two ears", *Journal of the Acoustical Society of America*, 25, 1953.

Christiaen, J., "Chess and Cognitive Development", tesis doctoral inédita, Rijksuniversiteit, Gent, 1976.

Cialdini, R. B., "What's the best secret device for engaging student interest? The answer is in the title", *Journal of Social and Clinical Psychology*, 24, 2005.

Cimini, R., "Mangini Gets Players Tuned In", *New York Daily News*, 31/7/2007, <www.nydailynews.com/sports/football/jets/2007/07/31/2007-07-31_mangini_gets_players_tuned_in.html>.

Clifasefi, S. L.; Takarangi, M. K. T. y Bergman, J. S., "Blind drunk: The effects of alcohol on inattentional blindness", *Applied Cognitive Psychology*, 20, 2005.

CNN.com, "Jesus Seen in Cheese Snack", 18/5/2009a, <www.cnn.com/video/#/video/living/2009/05/18/pkg.tx.cheese.snack.jesus.KTXA>.

—, "Drop that BlackBerry! Multitasking may be harmful", 25/8/2009b, <www.cnn.com/2009/HEALTH/08/25/multitasking.harmful/index.html>.

CNN/Sports Illustrated, "Defending 'The General'", 12/4/2000b.

—, "The Knight Tape", 9/9/2000c.

—, "A Dark Side of Knight", 18/3/2000a.

Colcombe, S. J.; Erickson, K. I.; Scalf, P. E.; Kim, J. S.; Prakash, R.; McAuley, E.; Elavsky, S.; Márquez, D. X.; Hu, L. y Kramer, A. F., "Aerobic exercise training increases brain volume in aging humans", *Journal of Gerontology: Medical Sciences*, 61, 2006.

— y Kramer, A. F., "Fitness effects on the cognitive function of older adults: A meta-analytic study", *Psychological Science*, 14, 2003.

Colgrove, F. W., "Individual memories", *American Journal of Psychology*, 10, 1899.

Comprehensive Report of the Special Advisor to the DCI on Iraq's WMD (también conocido como "Duelfer Report"), <https://www.cia.gov/library/reports/general-reports-1/iraq_wmd_2004/index.html>.

Conklin, D., sermón pronunciado en la Epiphany Parish de Seattle, <www.epiphanyseattle.org/sermons/Lent4-2008.html>, consultado el 28/6/2009.

Cooke, W. E., "Forecasts and verifications in Western Australia", *Monthly Weather Review*, 34, 1906.

Cooper, H.; Chivers, C. J. y Levy, C. J., "U.S. watched as a squabble turned into a showdown", *The New York Times*, 17/8/2008, <www.nytimes.com/2008/08/18/washington/18diplo.html>.

Coover, J. E., "The feeling of being stared at", *The American Journal of Psychology*, 24, 1913.

Coplan, J.; Souders, M. C.; Mulberg, A. E.; Belchic, J. K.; Wray, J.; Jawad, A. F.; Gallagher, P. R.; Mitchell, R.; Gerdes, M. y Levy, S. E., "Children with autistic spectrum disorders. II: Parents are unable to distinguish secretin from placebo under double-blind conditions", *Archives of Disease in Childhood*, 88, 2003.

Corte Suprema de los Estados Unidos, alegatos orales, Departamento Municipal de Servicios Públicos n° 1 de Northwest, Austin *versus* Titular (n° 08-322), 29/04/2009, <www.supremecourtus.gov/oral_arguments/argument_transcripts.html>, consultado el 2/6/2009.

Cottrell, J. E.; Winer, G. A. y Smith, M. C., "Beliefs of children and adults about feeling stares of unseen others", *Developmental Psychology*, 32, 1996.

Cox, M., perfil preparado para el congreso "Race, Police and the Community", Facultad de Derecho de Harvard, 7-9 de diciembre de 2000, <law.harvard.edu/academics/clinical/cji/rpcconf/coxm.htm>, consultado el 18/5/2009.

Crncec, R.; Wilson, S. J. y Prior, M., "No evidence for the Mozart Effect in children", *Music Perception*, 23, 2006.

Crook, D., *The Wall Street Journal Complete Homeowner's Guidebook*, Nueva York, Three Rivers Press, 2008.

Cutting, J. E. y Kozlowski, L. T., "Recognizing friends by their walk: Gait perception without familiarity cues", *Bulletin of the Psychonomic Society, 9,* 1977.

Daily Mail, "Lorry driver had to sleep in cab for three nights after sat-nav blunder left him wedged in country lane", 1/11/2007, <www.dailymail.co.uk/news/ article-491073/Lorry-driver-sleep-cab-nights-sat-nav-blunder-left-wedged-country-lane.html>.

Dales, L.; Hammer, S. J. y Smith, N. J., "Time trends in autism and in MMR immunization coverage in California", *Journal of the American Medical Association, 285,* 2001.

Darwin, C., *The descent of man*, Londres, John Murray, 1871.

Datos sobre agricultura, Wikipedia, <en.wikipedia.org/wiki/Illinois>, consultado el 2/2/2009.

Davis, A., "Blueflameout: How giant bets on natural gas sank brash hedge-fund trader", *The Wall Street Journal*, 19/9/2006, <online.wsj.com/article/ SB115861715980366723.html>.

—, "Amaranth case shows trading's dark side", *The Wall Street Journal,* 26/7/2007.

De Groot, A. D., *Het denken van de schaker*, Ámsterdam, North-Holland, 1946.

De Vries, M. F. K. R., "The danger of feeling like a fake", *Harvard Business Review*, 2005.

Deer, B., "Focus: MMR: The truth behind the crisis", *The Sunday Times* (Londres), 22/2/2004.

—, "MMR doctor Andrew Wakefield fixed data on autism", *The Sunday Times* (Londres), 8/2/2009.

Deese, J., "On the prediction of occurrence of particular verbal intrusions in immediate recall", *Journal of Experimental Psychology, 58,* 1959.

DiCicco-Bloom, E.; Lord, C.; Zwaigenbaum, L.; Courchesne, E.; Dager, S. R.; Schmitz, C.; Schultz, R. T.; Crawley, J. y Young, L. J., "The developmental neurobiology of autism spectrum disorder", *Journal of Neuroscience, 26,* 2006.

Doyle, J. M., *True witness: Cops, courts, science, and the battle against misidentification*, Nueva York, Palgrave Macmillan, 2005.

Dreman, D. N., "The Amazing Two-Tier Market", en *Psychology and the stock market: Investment strategy beyond random walk*, Nueva York, Amacom, 1977.

Drews, F. A.; Pasupathi, M. y Strayer, D. L., "Passenger and cell phone conversations in simulated driving", *Journal of Experimental Psychology Applied, 14,* 2008.

Ebbinghaus, H., *Memory: A contribution to experimental psychology*, Nueva York, Columbia University, 1913.

Ehrlich, P., *The population bomb*, Nueva York, Ballantine, 1968.

Ejemplos de percepciones de imágenes religiosas, Wikipedia, <en.wikipedia. org/wiki/Perceptions_of_religious_imagery_in_natural_phenomena>, consultado el 28/5/2009.

Eller, C., "Paramount CEO Brad Grey Signs on for Five More Years", *The Los Angeles Times,* 8/1/2009, <articles.latimes.com/2009/jan/08/business/fi-grey8>.

Encuesta nacional representativa realizada por SurveyUSA a pedido de los autores, 1-8 de junio de 2009.

Ericsson, K. A.; Chase, W. G. y Faloon, S., "Acquisition of a memory skill", *Science, 208,* 1980.

ESPN.com, "Big Ben in serious condition after motorcycle accident", 12 y
13/6/2006, <sports.espn.go.com/nfl/news/story?id=2480830>.

Estados Unidos *versus* Kenneth M. Conley, 186 F.3d 7, 1° cir., 1999.

—, n° 01-10853-WGY, n° 01-97-cr-10213-WGY, 26/6/2003.

—, 415 F.3d 183, 1° cir., 2005.

Etcoff, N., *Survival of the prettiest: The science of beauty,* Nueva York,
Doubleday, 1999.

"Ex Amaranth trader makes good, possibly", blog DealBook, 11/4/2008,
<dealbook.blogs.nytimes.com/2008/04/11/ex-amaranth-trader-makes-
good-possibly/>.

Farrington, C. P.; Miller, E. y Taylor, B., "MMR and autism: Further evidence
against a causal association", *Vaccine*, 19, 2001.

Federal Aviation Administration, "Runway Safety Report: Trends and initiatives
at towered airports in the United States, FY 2004 through FY 2007", junio
de 2008.

Feingold, A., "Goodlooking people are not what we think", *Psychological
Bulletin*, 111, 1992.

Feng, J.; Spence, I. y Pratt, J., "Playing an action video game reduces gender
differences in spatial cognition", *Psychological Science*, 18, 2007.

FIDE, <ratings.fide.com/top.phtml?list=men>, consultado el 17/6/2009.

Fischer, E.; Haines, R. F. y Price, T. A., "Cognitive issues in head-up displays",
NASA Technical Paper, 1711, 1980.

Flavell, J. H.; Friedrichs, A. G. y Hoyt, J. D., "Developmental changes in
memorization processes", *Cognitive Psychology*, 1, 1970.

Fleischer, A., conferencia de prensa en la Casa Blanca, 10/4/2003, <www.
whitehouse.gov/news/releases/2003/04/20030410-6.html>.

Flyvbjerg, B., "Design by deception: The politics of megaproject approval",
Harvard Design Magazine, primavera/verano de 2005.

—, "From Nobel Prize to project management: Getting risks right", *Project
Management Journal,* agosto de 2006.

—; Bruzelius, N. y Rothengatter, W., *Megaprojects and risk: An anatomy of
ambition,* Cambridge, Cambridge University Press, 2003.

Fombonne, E.; Zakarian, R.; Bennett, A.; Meng, L. y McLean-Heywood, D.,
"Pervasive developmental disorders in Montreal, Quebec, Canada:
Prevalence and links with immunizations", *Pediatrics*, 118, 2006.

Frankovic, K., "To tell the truth to pollsters", CBS News.com, 15/8/2007,
<www.cbsnews.com/stories/2007/08/15/opinion/pollpositions/
main3169223.shtml>.

Fuoco, M. A., "Multiple injuries, few answers for Roethlisberger", *The
Pittsburgh Post Gazette*, 13/06/2006, <www.post-gazette.com/
pg/06164/697828-66.stm>.

Gabriel, M. T.; Critelli, J. W. y Ee, J. S., "Narcissistic illusions in self-evaluations
of intelligence and attractiveness", *Journal of Personality*, 62, 1994.

Galton, F., "Vox populi", *Nature*, 75, 1907.

Gigerenzer, G., "From tools to theories: A heuristic of discovery in cognitive
psychology", *Psychological Review*, 98, 1991.

—, *Gut feelings: The intelligence of the unconscious,* Nueva York, Viking,
2007.

Gilovich, T.; Griffin, D. y Kahneman, D. (eds.), *Heuristics and biases: The psychology of intuitive judgment*, Cambridge, Cambridge University Press, 2002.

Gladwell, M., *The Tipping Point: How Little Things Can Make a Big
Difference*, Little Brown and Company, 2000.

—, *Blink: The Power of Thinking Without Thinking,* Nueva York, Little, Brown, 2005.

Glaeser, E., "In Housing, Even Hindsight Isn't 20-20", *The New York Times*, blog Economix, 7/7/2009, <economix.blogs.nytimes.com/2009/07/07/in-housing-even-hindsight-isnt-20-20/?hp>.

Goodman, D. y Keene, R., *Man versus machine*: *Kasparov versus Deep Blue*, Cambridge, MA, H3 Publications, 1997.

Goodman, E., "We love, hate our cell phones", *The Boston Globe*, 6/7/2001.

Gould, S. J., *The mismeasure of man*, Nueva York, Norton, 1981.

Green, S. y Bavelier, D., "Action video game modifies visual selective attention", *Nature*, 423, 2003.

—, "Action-video-game experience alters the spatial resolution of attention", *Psychological Science*, 18, 2007.

Greenberg, D. L., "President Bush's false 'flashbulb' memory of 9/11/01", *Applied Cognitive Psychology*, 18, 2004.

Greenwald, A. G.; Spangenberg, E. R.; Pratkanis, A. R. y Eskenazi, J., "Double-blind tests of subliminal self-help audiotapes", *Psychological Science*, 2, 1991.

Griffiths, T. y Moore, C., "A matter of perception", *Acquatics International*, noviembre/diciembre de 2004, <www.aquaticsintl.com/2004/nov/0411_rm.html>.

Guerra Rusia-Georgia, Wikipedia, 2008, <en.wikipedia.org/wiki/2008_South_Ossetia_war>.

Hackman, R., conversación con Chris Chabris, 27/4/2009.

Hadjikhani, N.; Kveraga, K.; Naik, P. y Ahlfors, S., "Early (M170) activation of face-specific cortex by face-like objects", *Neuroreport*, 20, 2009.

Hahn, R. W. y Tetlock, P. C., *Information markets*: *A new way of making decisions*, Washington, DC, AEI Press, 2006.

Haines, R. F., "A breakdown in simultaneous information processing", en G. Obrecht y L. W. Stark (eds.), *Presbyopia Research*, Nueva York, Plenum Press, 1991.

Hannula, D.; Simons, D. J. y Cohen, N., "Imaging implicit perception: Promise and pitfalls", *Nature Reviews Neurosciene*, 6, 2005.

Hassin, R. R.; Ferguson, M. J.; Shidlovski, D. y Gross, T., "Subliminal exposure to national flags affects political thought and behavior", *Proceedings of the National Academy of Sciences*, 104, 2007.

Health Protection Report, "Confirmed measles cases in England and Wales: An update to end-May 2008", 2(25), 2008.

Hearst, E. y Knott, J., *Blindfold chess*: *History, psychology, techniques, champions, world records, and important games*, Jefferson, NC, McFarland, 2009.

Heath, C. y Heath, D., *Made to stick*: *Why some ideas survive and others die*, Nueva York, Random House, 2007.

Hench, D., "Steelers' QB hurt in crash", *Portland Press Herald*, 13/6/2006.

Henrion, M. y Fischhoff, B., "Assessing uncertainty in physical constants", *American Journal of Physics*, 54, 1986.

Herrnstein, R. J. y Murray, C., *The bell curve*: *Intelligence and class structure in American life*, Nueva York, Free Press, 1994.

Hertzog, C.; Kramer, A. F.; Wilson, R. S. y Lindenberger, U., "Enrichment effects on adult cognitive development: Can the functional capacity of older adults be preserved and enhanced?", *Psychological Science in the Public Interest*, 9, 2009.

Hill, D. F., "Climate and arthritis in arthritis and allied conditions", en J. L. Hollander y D. C. McCarty (eds.), *A textbook of rheumatology* (8ª ed.), Filadelfia, Lea and Feringer, 1972.

"Hillary's Balkan adventure, part II", *The Washington Post*,21/3/2008, <washingtonpost.com>.

Honda, H.; Shimizu, Y. y Rutter, M., "No effect of MMR withdrawal on the incidence of autism: A total population study", *Journal of Child Psychology and Psychiatry*, 46, 2005.

Horgan, D., "Children and chess expertise: The role of calibration", *Psychological Research*, 54, 1992.

Horrey, W. J. y Wickens, C. D., "Examining the impact of cell phone conversations on driving using meta-analytic techniques", *Human Factors*, 48, 2006.

"Housework cuts breast cancer risk", 29/12/2006, <news.bbc.co.uk/2/hi/health/6214655.stm>.

Hsu, F.-H., *Behind Deep Blue: Building the computer that defeated the world chess champion*, Princeton, NJ, Princeton University Press, 2002.

Hughes, P., "The great leap forward: On the 125th anniversary of the Weather Service, a look at the invention that got it started", *Weatherwise*, 47(5), 1994.

Hurt, H. H.; Ouellet, J. V. y Thom, D. R., *Motorcycle accident cause factors and identification of countermeasures*, vol. 1: "Technical report", Traffic Safety Center, University of Southern California, preparado para el Department of Transportation National Highway Traffic Safety Administration, Contract DOT HS-5-01160, 1981.

Informe del Center for Disease Control, "Import-associated measles outbreak, Indiana, May-June 2005", *Morbidity and Mortality Weekly Report* (MMWR), 27/10/2005.

—, "Outbreak of measles, San Diego, California, January-February 2008", *Morbidity and Mortality Weekly Report* (MMWR), 22/02/2008a.

—, "Measles, United States, January 1-April 25, 2008", *Morbidity and Mortality Weekly Report* (MMWR), 1/05/2008b.

—, "Update: Measles, United States, January-July 2008", *Morbidity and Mortality Weekly Report* (MMWR), 1/05/2008c.

Informe sobre el efecto Mozart, *Exploring the Unknown*, Fox Family Channel, 1999.

Informes financieros consolidados de Nintendo al 7/5/2009, <www.nintendo.com/corp/report/3QEnglishFinancial.pdf>, consultado el 6/12/09.

Innocence Project, <www.innocenceproject.org/understand/Eyewitness-Misidentification.php>, consultado el 21/2/2009.

Jacobsen, P. L., "Safety in numbers: More walkers and bicyclists, safer walking and bicycling", *Injury Prevention*, 9, 2003.

James, R. N. III, "Investing in housing characteristics that count: A cross-sectional and longitudinal analysis of bathrooms, bathroom additions, and residential satisfaction", *Housing and Society*, 35, 2008.

James, W., *The principles of psychology*, Nueva York, Henry Holt, 1890.

Johnson, C. G.; Levenkron, J. C.; Sackman, A. L. y Manchester, R., "Does physician uncertainty affect patient satisfaction?", *Journal of General Internal Medicine*, 3, 1988.

Johnson, D. D. P., *Overconfidence and War: The havoc and glory of positive illusions,* Cambridge, MA, Harvard University Press, 2004.

Johnson, O. R., "Fed court: Convicted Hub cop's trial unfair", *The Boston Herald*, 21/7/2005.

Johnson, S., *Everything Bad Is Good for You,* Nueva York, Riverhead, 2005.

Jones, M.; Craddock, P. y Barker, N., *Fake? The art of deception,* Berkeley, CA, University of California Press, 1990.

Kahn, C., "Federal judge orders Amaranth Advisors to pay $7.5 M for price manipulation", Associated Press, 12/8/2009, <ca.news.finance.yahoo. com/s/12082009/2/biz-financefederal-judge-orders-amaranth-advisors-pay-7-5m.html>.

Kahneman, D. y Frederick, S., "Representativeness revisited: Attribute substitution in intuitive judgment", en T. Gilovich, D. Griffin y D. Kahneman (eds.), *Heuristics and biases,* Cambridge, Cambridge University Press, 2002.

Kanter, R. M., *Confidence: How winning streaks and losing streaks begin and end,* Nueva York, Crown Business, 2004. [*Confianza: Cómo empiezan y terminan las rachas ganadoras y las rachas perdedoras,* México, Granica, 2006.]

Kassin, S. M.; Ellsworth, P. C. y Smith, V. L., "The 'general acceptance' of psychological research on eyewitness testimony: A survey of the experts", American Psychologist, 44, 1989.

KATV-7, "Foiled Robbery Attempt leads to Police Chase", 6/9/2007, <www. katv.com/news/stories/0907/453127.html>.

Keenan, J. M.; Baillet, S. D. y Brown, P., "The effects of causal cohesion on comprehension and memory", *Journal of Verbal Learning and Verbal Behavior, 23,* 1984.

Kennedy, C., "ABB: Model merger for the New Europe", *Long Range Planning,* 23(5), 1992.

Keren, G., "On the calibration of probability judgments: Some critical comments and alternative perspectives", *Journal of Behavioral Decision Making, 10,* 1997.

— y Teigen, K. H., "Why is p = .90 better than p = .70? Preference for definitive predictions by lay consumers of probability judgments", *Psychonomic Bulletin and Review, 8,* 2001.

Key, W. B., *Subliminal Seduction,* Nueva York, Prentice Hall, 1973.

Kieser, E., entrevista con Dan Simons, 27/2/2009.

Kiesewetter, J., "Brothers filming documentary caught '9/11' on tape", Gannett News Service, 10/03/2002.

Kihlstrom, J. F., "Hypnosis, memory and amnesia", *Philosophical Transactions of the Royal Society of London B, 352,* 1997.

Kirkbride, J. B.; Fearon, P.; Morgan, C.; Dazzan, P.; Morgan, K.; Murray, R. M. y Jones, P. B., "Neighborhood variation in the incidence of psychotic disorders in Southeast London", *Social Psychiatry and Psychiatric Epidemiology, 42,* 2007.

Kishan, S., "Ex-Amaranth trader Hunter helps deliver 17% gain for Peak Ridge", Bloomberg.com. 19/5/2009, <www.bloomberg.com/apps/news?pid=20601087&sid=aUlBVaEHAk04&refer =home>.

Knox, R. A., "Mozart makes you smarter, Calif. researchers suggest", *The Boston Globe,* 14/1/1993.

Kornbluth, J., *Highly confident: The crime and punishment of Michael Milken,* Nueva York, Morrow, 1992.

Koustanaï, A.; Boloix, E.; Van Elslande, P. y Bastien, C., "Statistical analysis of 'looked-but-failed-to-see' accidents: Highlighting the involvement of two distinct mechanisms", *Accident Analysis and Prevention,* 40, 2008.

Kramer, A. F. y otros, "Ageing, fitness and neurocognitive function", *Nature*, 400, 1999.

— y Erickson, K. I., "Capitalizing on cortical plasticity: Influence of physical activity on cognition and brain function", *Trends in Cognitive Sciences*, 11, 2007.

—; Larish, J.; Weber, T. y Bardell, L., "Training for executive control: Task coordination strategies and aging", en D. Gopher y A. Koriet (eds.), *Attention and Performance XVII*, Cambridge, MA, MIT Press, 1999.

Kruger, J. y Dunning, D., "Unskilled and unaware of it: How difficulties in recognizing one's own incompetence lead to inflated self-assessments", *Journal of Personality and Social Psychology*, 77, 1999.

Kuperberg, G. R.; Lakshmanan, B. M.; Caplan, D. N. y Holcomb, P. J., "Making sense of discourse: An fMRI study of causal inferencing across sentences", *Neuroimage*, 33, 2006.

Kwong, K., "Just the Ticket", *South China Morning Post*, 25/8/2000.

"La respuesta", *Seinfeld,* episodio 147, 30/01/1997, <www.seinfeldscripts. com/TheComeback.html>, consultado el 24/7/2009.

Lahmann, P. H. y otros, "Physical activity and breast cancer risk: The European prospective investigation into cancer and nutrition", *Cancer Epidemiology Biomarkers and Prevention*, 16, 2007.

Larish, I. y Wickens, C. D., "Divided attention with superimposed and separated imagery: Implications for head-up displays", *Aviation Research Laboratory Technical Report ARL-91-04/NASA-HUD-91-1*, 1991.

Lawson, R., "The science of cycology: Failures to understand how everyday objects work", *Memory and Cognition*, 34, 2006.

Lehr, D., "Boston police turn on one of their own", *The Boston Globe*, 8/12/1997.

—, "Truth or consequences", *The Boston Globe*, 23/9/2001.

—, "Free and clear", *The Boston Globe*, 22/1/2006a.

—, "Witness in '95 brutality case offers new account", *The Boston Globe*, 17/9/2006b.

—, *The Fence*, Nueva York, HarperCollins, 2009.

Leno, J., *NBC Tonight Show*, 3/04/2008.

Lens, *The New York Times*, 2009, <lens.blogs.nytimes.com/2009/06/03/ behind-the-scenes-tank-man-of-tiananmen>, 2009.

Levin, D. T. y Angelone, B. L., "The visual metacognition questionnaire: A measure of intuitions about vision", *American Journal of Psychology*, 121, 2008.

—; Momen, N.; Drivdahl, S. B. y Simons, D. J., "Change blindness blindness: The metacognitive error of overestimating change-detection ability", *Visual Cognition*, 7, 2000.

Levin, D. T. y Simons, D. J., "Failure to detect changes to attended objects in motion pictures", *Psychonomic Bulletin and Review*, 4, 1997. [La filmación puede verse en <www.theinvisiblegorilla.com>.]

—,Simons, D. J.; Angelone, B. L. y Chabris, C. F., "Memory for centrally attended changing objects in an incidental real-world change detection paradigm", *British Journal of Psychology*, 93, 2002.

Levy, D. y Newborn, M., *How computers play chess,* Nueva York, Computer Science Press, 1991.

Li, R.; Polat, U.; Makous, W. y Bavelier, D., "Enhancing the contrast sensitivity function through action video game training", *Nature Neuroscience*, 12, 2009.

Lindsay, R. C. L.; Wells, G. L. y Rumpel, C. M., "Can people detect eyewitness identification accuracy within and across situations?", *Journal of Applied Psychology*, 66, 1981.

Linebarger, D. L. y Walker, D., "Infants' and toddlers' television viewing and language outcomes", *American Behavioral Scientist*, 48, 2005.

"List of Trading Losses", Wikipedia, <en.wikipedia.org/wiki/List_of_trading_losses>, consultado el 27/3/2009.

Lloyd, C., "Minorities are the emerging face of the subprime crisis", *SF Gate*, 13/4/2007, <www.sfgate.com/cgibin/article.cgi?f=/g/a/2007/04/13/carollloyd.DTL>.

López, R. y Connell, R., "Cell phones swamping 911 system", *The Los Angeles Times*, 26/8/2007.

Los Simpson, "Mucho Apu y pocas nueces", episodio 723, 5/5/1996, <www.thesimpsons.com/episode_guide/0723.htm>.

Lovallo, D. y Kahneman, D., "Delusions of success: How optimism undermines executive decisions", *Harvard Business Review*, julio de 2003.

Lowenstein, R., "Triple-A failure", *The New York Times Magazine*, 27/4/2008, <www.nytimes.com/2008/04/27/magazine/27Credit-t.html>.

Lum, T. E.; Fairbanks, R. J.; Pennington, E. C. y Zwemer, F. L., "Profiles in patient safety: Misplaced femoral line guidewire and multiple failures to detect the foreign body on chest radiography", *Academic Emergency Medicine*, 12, 2005.

Mack, A. y Rock, I., *Inattentional Blindness*, Cambridge, MA, MIT Press, 1998.

Madsen, K. M.; Hviid, A.; Vestergard, M.; Schendel, D.; Wohlfahrt, J.; Thorsen, P.; Olsen, J. y Melbye, M., "A population-based study of measles, mumps, and rubella vaccination and autism", *New England Journal of Medicine*, 347, 2002.

Mangini, E., Wikipedia, <en.wikipedia.org/wiki/Eric_Mangini>, consultado el 16/06/2009.

Mankiewicz, J., "Film flubs: Mistakes made and left in popular movies", Dateline NBC, 22/3/1999.

Marcus, G., *Kluge: The haphazard construction of the human mind*, Nueva York, Houghton Mifflin, 2008.

Marks, D. F. y Colwell, J., "The psychic staring effect: An artifact of pseudo randomization", *Skeptical Inquirer*, septiembre/octubre de 2000, <www.csicop.org/si/show/psychic_staring_effect_an_artifact_of_pseudo_randomization>.

Martino, S. C.; Collins, R. L.; Elliott, M. N.; Strachman, A.; Kanouse, D. E. y Berry, S. H., "Exposure to degrading versus nondegrading music lyrics and sexual behavior among youth", *Pediatrics*, 118, 2006.

Mattson, K., "What the heck are you thinking, Mr. President?", *Jimmy Carter, America's "Malaise", and the speech that should have changed the country*, Nueva York, Bloomsbury, 2009.

Max, D. T., "The unfinished: David Foster Wallace's struggle to surpass 'Infinite Jest'", *The New Yorker*, 9/03/2009, <www.newyorker.com/reporting/2009/03/09/090309fa_fact_max>.

McCabe, D. P. y Castel, A. D., "Seeing is believing: The effect of brain images on judgments of scientific reasoning", *Cognition*, 107, 2008.

McCarthy, J., *Larry King Live*, CNN, 26/9/2007.

— y Carey, J., "Jenny McCarthy: My son's recovery from autism", CNN.com, 4/4/2008, <www.cnn.com/2008/US/04/02/mccarthy.autsimtreatment>.

McCarthy, T. y McCabe, J.,"Bitter passage", *Time*, 15/04/2001, <www.time.com/time/magazine/article/0,9171,106402-1,00.html>.

McKelvie, P. y Low, J., "Listening to Mozart does not improve children's spatial ability: Final curtains for the Mozart effect", *British Journal of Developmental Psychology*, 20, 2002.

McKinstry, B. y Wang, J., "Putting on the style: What patients think of the way their doctor dresses", *British Journal of General Practice*, 41, 1991.

Memmert, D., "The effects of eye movements, age and expertise on inattentional blindness", *Consciousness and Cognition*, 15, 2006.

—; Simons, D. J. y Grimme, T., "The relationship between visual attention and expertise in sports", *Psychology of Sport and Exercise*, 10, 2009.

Miller, G. A., "The magical number seven, plus or minus two: Some limits on our capacity for processing information", *Psychological Review*, 63, 1956.

Miller, P. P., *Script supervising and film continuity* (3ª ed.), Boston, Focal Press, 1999.

Mlodinow, L., "Meet Hollywood's Latest Genius", *The Los Angeles Times*, 2/7/2006.

Monastersky, R., "Disney throws tantrum over university study debunking baby DVDs and videos", *Chronicle of Higher Education*, 14/8/2007, <chronicle.com/news/article/2854/disney-throws-tantrum-over-university-study-debunking-babydvds-and-videos>.

Montanaro, D., "Bill's back on the trail", First Read, sitio web de MSNBC, 10/4/2008.

Mook, B., "In a 'tot'-anic size '01 deal, Disney buys Baby Einstein", *Denver Business Journal*, 1/3/2002, <www.bizjournals.com/denver/stories/2002/03/04/focus9.html>.

Most, S. B. y Astur, R. S., "Feature-based attentional set as a cause of traffic accidents", *Visual Cognition*, 15, 2007.

—; Simons, S. B.; Scholl, B. J.; Jiménez, R.; Clifford, E. y Chabris, C. F., "How not to be seen: The contribution of similarity and selective ignoring to sustained inattentional blindness", *Psychological Science*, 12, 2000.

Muhle, R.; Trentacoste, S. V. y Rapin, I., "The genetics of autism", *Pediatrics*, 113, 2004.

Mullen, B. y otros, "Newscasters' facial expressions and voting behavior: Can a smile elect a president?", *Journal of Personality and Social Psychology*, 51, 1986.

Murch, S. H. y otros, "Retraction of an interpretation", *Lancet, 363*, 2004.

Murphy, K. y Spencer, A., "Playing video games does not make for better visual attention skills", *Journal of Articles in Support of the Null Hypothesis*, 6(1), 2009.

Murphy, S., "A settlement is reached in beating of police officer", *The Boston Globe*, 4/3/2006.

Myers, S. M.; Johnson, C. P. y Council on Children With Disabilities, "Management of children with autism spectrum disorders", *Pediatrics*, 120, 2007.

Nantais, K. M. y Schellenberg, E. G., "The Mozart Effect: An artifact of preference", *Psychological Science*, 10, 1999.

National Research Council, *Strengthening forensic science in the United States: A path forward*, Washington, DC, National Academies Press, 2009.

National Transportation Safety Board (NTSB), Marine Accident Brief for Accident DCA-01-MM-022, 2005, <www.ntsb.gov/publictn/2005/MAB0501.htm>.

Neil *versus* Biggers, 409 U.S. 188, 1972.

Neisser, U., "The control of information pickup in selective looking", en A. D. Pick (ed.), *Perception and its development: A tribute to Eleanor J. Gibson*, Hillsdale, NJ, Erlbaum, 1979.

— y Harsch, N., "Phantom flashbulbs: False recollections of hearing the news about Challenger", en E. Winograd y U. Neisser (eds.), *Affect and accuracy in recall: Studies of "flashbulb" memories,* Cambridge, Cambridge University Press, 1992.

Newborn, M., *Deep Blue: An artificial intelligence milestone,* Nueva York, Springer, 2003.

Nokia Corporation, "Survey results confirm it: Women are better multi-taskers than men", comunicado de prensa, 22/11/2007, <www.nokia.com/press/pressreleases/showpressrelease?newsid=1170280>.

Noonan, P., "Getting Mrs. Clinton", *The Wall Street Journal,* 28/03/2008.

Offit, P., *Autism's false prophets: Bad science, risky medicine, and the search for a cure,* Nueva York, Columbia University Press, 2008a.

—, *Morning Edition,* National Public Radio, 11/12/2008b.

O'Higgins, M., *Beating the Dow: A High-Return, Low-Risk Method for Investing in the Dow Jones Industrial Stocks with as Little as $5000,* Nueva York, HarperCollins, 1991.

Omar, S. B.; Pan, W. K. Y.; Halsey, N. A.; Moulton, L. H.; Navar, A. M.; Pierce, M. y Salmon, D. A., "Nonmedical exemptions to school immunization requirements: Secular trends and association of state policies with pertussis incidence", *Journal of the American Medical Association,* 296, 2006.

Ophir, E.; Hass, C. y Wagner, A. D., "Cognitive control in media multitaskers", *Proceedings of the National Academy of Sciences,* 2009.

Oppenheimer, D. M., "The secret life of fluency", *Trends in Cognitive Sciences,* 12, 2008.

Organización Mundial de la Salud (OMS), *Measles Fact Sheet,* <www.who.int/mediacentre/factsheets/fs286/en/>, consultado el 24/3/2009.

Packer, A., "Metro 911 calls often put on hold", Las Vegas Sun, 23/10/2004.

Palmaffy, T., Entrevista telefónica realizada el 30/12/2008.

Pankratz, H., "Retraction demanded on 'Baby Einstein' ", *The Denver Post,* 14/8/2007, <www.denverpost.com/news/ci_6617051>.

Parker, A. A.; Staggs, W.; Dayan, G. H.; Ortega-Sánchez, I. R.; Rota, P. A.; Lowe, L.; Boardman, P.; Teclaw, R.; Graves, C. y LeBaron, C. W., "Implications of a 2005 measles outbreak in Indiana for sustained elimination of measles in the United States", *New England Journal of Medicine,* 355, 2006.

Pearlstein, S., "'No money down' falls flat", *The Washington Post,* 14/3/2007, <www.washingtonpost.com/wpdyn/content/article/2007/03/13/AR2007031301733_pf.html>.

Penn, D. C.; Holyoak, K. J. y Povinelli, D. J., "Darwin's mistake: Explaining the discontinuity between human and nonhuman minds", *Behavioral and Brain Sciences,* 31, 2008.

Pennisi, E., "And the gene number is…?", *Science,* 288, 2000.

—, "A low number wins the GeneSweep pool", *Science,* 300, 2003.

—, "Working the (gene count) numbers: Finally, a firm answer?", *Science,* 316, 2007.

Piattelli-Palmarini, M., *Inevitable illusions: How mistakes of reason rule our minds,* Nueva York, Wiley, 1994.

Piazzesi, M. y Schneider, M., "Momentum traders in the housing market: Survey evidence and a search model", manuscrito de la Stanford University, 2009, <www.stanford.edu/~piazzesi/momentum%20in%20housing%20search.pdf>.

Pinker, S., *How the mind works,* Nueva York, Norton, 1997.

Pirsig, R., *Zen and the Art of Motorcycle Maintenance*, Nueva York, William Morrow, 1974.

Popken, B., "Do coat hangers sound as good as Monster cables?", blog The Consumerist, 3/3/2008, <consumerist.com/362926/do-coat-hangers-sound-as-good-monster-cables>, consultado el 29/6/2009.

Portada satírica de Hillary Clinton, *The New Republic*, 7/5/2008, <cover image: meaningfuldistractions.files.wordpress.com/2008/05/newrepubhill.jpg>.

Pratkanis, A. R., "Myths of subliminal persuasion: The cargo-cult science of subliminal persuasion", *Skeptical Inquirer*, 16, 1992.

Price, R. A. y Vandenberg, S. G., "Matching for physical attractiveness in married couples", *Personality and Social Psychology Bulletin*, 5, 1979.

Radin, D., *Entangled minds*: *Extrasensory experiences in a quantum reality*, Nueva York, Paraview Pocket Books, 2006.

Ramachandran, V. S. y Blakeslee, S., *Phantoms in the brain*: *Probing the mysteries of the human mind*, Nueva York, Harper Perennial, 1999.

Rauscher, F. H., "The Mozart effect in rats: Response to Steele", *Music Perception*, 23, 2006.

—; Robinson, K. D. y Jens, J. J., "Improved maze learning through early music exposure in rats", *Neurological Research*, 20, 1998.

—; Shaw, G. L. y Ky, K. N., "Music and Spatial Task Performance", *Nature*, *365,* 1993.

—; "Listening to Mozart enhances spatialtemporal reasoning: Towards a neurophysiological basis", *Neuroscience Letters*, 185, 1995.

Real Age, 2009, <www.realage.com/ralong/entry4.aspx?cbr=GGLE806&gclid=CNGY5MG1qJsCFQJvswodCF-YDA>.

Redelmeier, D. A. y Tibshirani, R. J., "Association between cellular-telephone calls and motor vehicle collisions", *New England Journal of Medicine*, 336, 1997.

— y Tversky, A., "On the belief that arthritis pain is related to the weather", *Proceedings of the National Academy of Sciences*, 93, 1996.

Regis, E., "The doomslayer", *Wired,* febrero de 1997.

Rehman, S. U.; Nietert, P. J.; Cope, D. W. y Kilpatrick, A. O., "What to wear today? Effect of doctor's attire on the trust and confidence of patients", *The American Journal of Medicine*, 118, 2005.

Rehnquist, W. H., *The Supreme Court*: *How it was, how it is,* Nueva York, William Morrow, 1987.

"Remodeling 2007 Cost Versus Value Report", 2008, <www.remodeling.hw.net/costvsvalue/index.html>.

Rensink, R. A., "The dynamic representation of scenes", *Visual Cognition, 7,* 2000.

—; O'Regan J. K. y Clark, J. J., "To see or not to see: The need for attention to perceive changes in scenes", *Psychological Science*, 8, 1997.

Reuters, "Driver follows GPS into sand", 10/9/2006, <www.news.com.au/story/0,23599,20555319-13762,00.html>.

Reuters Health, "Bullying harms kids' mental health: Study", 6/02/2008, <www.reuters.com/article/healthNews/idUSCOL67503120080206>.

Rich, M., "Christmas essay was not his, author admits", *The New York Times*, 9/1/2009.

Robert, F. y Robert, J., *Faces,* San Francisco, Chronicle Books, 2000.

Robinson, D. L., "Safety in numbers in Australia: More walkers and bicyclists, safer walking and bicycling", *Health Promotion Journal of Australia, 16* (1), 2005.

Roediger, H. L., y McDermott, K. B., "Creating false memories: Remembering words not presented in lists", *Journal of Experimental Psychology*: *Learning, Memory and Cognition*, 21, 1995.

Rosenzweig, P., *The Halo Effect... and the Eight Other Business Delusions that Deceive Managers*, Nueva York, Free Press, 2007.

Ross, C., "2 embattled cops welcomed back to force", *The Boston Herald*, 20/5/2006.

Rowlands, A., *The continuity supervisor* (4ª ed.), Boston, Focal Press, 2000.

Rozenblit, L. G., "Systematic bias in knowledge assessment: An illusion of explanatory depth", tesis doctoral inédita, Yale University, 2003.

—, Entrevista con Dan Simons, 14/08/2008.

Rubin, D., "Fanning the vaccineautism", carta al editor de *Neurology Today,* 2008, <www.neurotodayonline.com/pt/re/neurotoday/pdfhan-dler.00132985-200808070-00005.pdf;jsessionid=K9THyp2N32JTTFnNMJ 1hkgdwG81ckJkZ3lfL2BbcF7v4nthcvJMv!7130 60492!181195629!8091!-1>, consultado el 20/6/2009.

Rubinstein, J. S.; Meyer, D. E. y Evans, J. E., "Executive control of cognitive processes in task switching", *Journal of Experimental Psychology*: *Human Perception and Performance,* 27, 2001.

Sacchi, D. L. M.; Agnoli, F. y Loftus, E. F., "Changing history: Doctored photographs affect memory for past public events", *Applied Cognitive Psychology*, 21, 2007.

Sagrada Familia, Wikipedia, 2009, <en.wikipedia.org/wiki/Sagrada_Família>.

Salthouse, T. A., "The processing-speed theory of adult age differences in cognition", *Psychological Review*, 103, 1996.

—, "Mental exercise and mental aging: Evaluating the validity of the 'use it or lose it' hypothesis", *Perspectives on Psychological Science*, 1, 2006.

Sandler, A. D.; Sutton, K. A.; DeWeese, J.; Girardi, M. A.; Sheppard, V. y Bodfish, J. W., "Lack of benefit of a single does of synthetic human secretin in the treatment of autism and pervasive developmental disorder", *New England Journal of Medicine*, 341, 1999.

Schellenberg, E. G. y Hallam, S., "Music listening and cognitive abilities in 10 and 11 year olds: The Blur Effect", *Annals of the New York Academy of Sciences*, 1060, 2005.

Scholl, B. J.; Noles, N. S.; Pasheva, V. y Sussman, R., "Talking on a cellular telephone dramatically increases 'sustained inattentional blindness'", abstract, *Journal of Vision*, 3, 2003, <journalofvision.org/3/9/156/>.

Schooler, J. W. y Engstler-Schooler, T. Y., "Verbal overshadowing of visual memories: Some things are better left unsaid", *Cognitive Psychology*, 22, 1990.

Schraw, G., "The effect of generalized metacognitive knowledge on test performance and confidence judgments", *Journal of Experimental Education*, 65, 1997.

Schwartz, N., "Metacognitive experiences in consumer judgment and decision making", *Journal of Consumer Psychology*, 14, 2004.

Science, "Random Samples", 30/1/1998, <www.scienceonline.org/cgi/content/summary/279/5351/663d>.

Sender, H. y Kelly, K., "Blind to Trend, 'Quant' Funds Pay Heavy Price", *The Wall Street Journal,* 9/8/2007.

Sharman, S. J.; Garry, M.; Jacobson, J. A.; Loftus, E. F. y Ditto, P. H., "False memories for end-of-life decisions", *Health Psychology*, 27, 2008.

Sharot, T.; Delgado, M. R. y Phelps, E. A., "How emotion enhances the feeling of remembering", *Nature Neuroscience*, 7, 2004.

Shaw, G. L., *Keeping Mozart in mind* (2ª ed.), San Diego, CA, Academic Press, 2004.

Sheard R., *The Unemotional Investor: Simple Systems for Beating the Market,* Nueva York, Simon & Schuster, 1998.

Shermer, M., "Rupert's resonance", *Scientific American*, noviembre de 2005, <www.scientificamerican.com/article.cfm?id=ruperts-resonance>.

Shutty Jr., M. S.; Cundiff, G. y DeGood, D. E., "Pain complaint and the weather: Weather sensitivity and symptom complaints in chronic pain patients", *Pain*, 49, 1992.

Silver, J., "Roethlisberger, car driver are both charged", *The Pittsburgh Post Gazette*, 20/6/2006, <www.post-gazette.com/pg/06171/699570-66.stm>.

Silverman, M. E., *Unleash your dreams: Tame your hidden fears and live the life you were meant to live,* Nueva York, Wiley, 2007.

Simon, H. A. y Newell, A., "Heuristic problem solving: The next advance in operations research", *Operations Research*, 6, 1958.

Simon, J. L., "Resources, population, environment: An oversupply of false bad news", *Science*, 208, 1980.

Simons, D. J. y Ambinder, M., "Change blindness: Theory and consequences", *Current Directions in Psychological Science*, 14, 2005.

— y Chabris, C. F., "Gorillas in our midst: Sustained inattentional blindness for dynamic events", *Perception,* 28, 1999.

— y Levin, D. T., "Failure to detect changes to people during a real-world interaction", *Psychonomic Bulletin and Review*, 5, 1998.

Sitio web Brain Age, <www.brainage.com/launch/ontv.jsp?video=tvspot>, consultado el 12/6/2009.

Sitio web de las apuestas, <web.archive.org/web/20030424100755/www.ensembl.org/Genesweep/>, consultado el 27/8/2009.

Sitio web del National Institute of Neurological Disorders and Stroke, <www.ninds.nih.gov/disorders/landaukleffnersyndrome/landaukleffnersyndrome.htm>, consultado el 20/6/2009.

Sitio web del premio Nobel, <nobelprize.org/nobel_prizes/economics/laureates/1978/index.html>.

Sitio web oficial del Big Dig, 2009, <masspike.com/bigdig/index.html>.

Smedslund, J., "The concept of correlation in adults", *Scandinavian Journal of Psychology*, 4, 1963.

Sporer, S.; Penrod, S.; Read, D. y Cutler, B. L., "Choosing, confidence, and accuracy: A meta-analysis of the confidence-accuracy relation in eyewitness identification studies", *Psychological Bulletin*, 118, 1995.

Spring, D. B. y Tennenhouse, D. J., "Radiology malpractice lawsuits: California Jury verdicts", *Radiology*, 159, 1986.

Steele, K. M., "The 'Mozart Effect': An example of the scientific method in operation", *Psychology Teacher Network,* noviembre/diciembre de 2001.

—; "Do rats show a Mozart Effect?", *Music Perception*, 21, 2003.

—; Bass, K. E. y Crook, M. D., "The mystery of the Mozart Effect: Failure to replicate", *Psychological Science*, 10, 1999.

Stewart, D., <www.cshl.edu/public/HT/ss03-sweep.pdf>, consultado el 27/8/2009.

Stewart, J. B., *Den of thieves*, Nueva York, Simon & Schuster, 1991.

Stollznow, K., "Merchandising God: The Pope Tart", *The Skeptic,* otoño de 2006.

Stough, C.; Kerkin, B.; Bates, T. y Mangan, G., "Music and spatial IQ", *Personality and Individual Differences*, 17, 1994.

Strasburg, J., "A decade later, Meriwether must scramble again", *The Wall Street Journal,* 27/3/2008, <online.wsj.com/article/SB120658664128767911.html>.

Strasburger, V. C., "First do no harm: Why have parents and pediatricians missed the boat on children and the media?", *Journal of Pediatrics,* 151, 2007.

Strayer, D. L.; Drews, F. A. y Crouch, D. J., "Comparing the cell-phone driver and the drunk driver", *Human Factors,* 2006.

Sunstein, C. R., *Infotopia*: *How many minds produce knowledge,* Oxford, Oxford University Press, 2006.

Surowiecki, J., *The Wisdom of Crowds,* Nueva York, Doubleday, 2004.

Svenson, O., "Are we all less risky and more skillful than our fellow drivers?", *Acta Psychologica,* 47, 1981.

Talarico, J. M. y Rubin, D. C., "Confidence, not consistency, characterizes flashbulb memories", *Psychological Science,* 14, 2003.

Tanner, L., "Sexual lyrics prompt teens to have sex", Associated Press, 6/8/2006, <www.sfgate.com/cgi-bin/article.cgi?f=/n/a/2006/08/06/national/a215010D94.DTL>.

Taylor, B.; Miller, E.; Farrington, C. P.; Petropoulos, M.-C.; Favot-Mayaud, I.; Li, J. y Waight, P. A., "Autism and measles, mumps, and rubella vaccine: No epidemiological evidence for a causal association", *Lancet,* 353, 1999.

Taylor, S. E., *Positive illusions: Creative self-deception and the healthy mind,* Nueva York, Basic Books, 1989.

Teoría Dow, Wikipedia, <en.wikipedia.org/wiki/Dow_theory>, consultado el 25/3/2009.

Tetlock, P. E., *Expert political judgment*: *How good is it? How can we know?,* Princeton, NJ, Princeton University Press, 2005.

Thaler, R. H.; Tversky, A.; Kahneman, D. y Schwartz, A., "The effect of myopia and loss aversion on risk taking: An experimental test", *Quarterly Journal of Economics,* 112, 1997.

"The Case of the Missing Evidence", <www.blog.sethroberts.net/2008/09/13/the-case-ofthe-missing-evidence/>, 2008.

The Times (Londres) *Online,* "Sat-nav dunks dozy drivers in deep water", 20/4/2006, <www.timesonline.co.uk/tol/news/article707216.ece>.

"The Top Ten Stupid Criminals of 2007", <www.neatorama.com/2007/12/18/the-top-ten-stupid-criminals-of-2007/>.

Thompson, J., "I was certain, but I was dead wrong", *Houston Chronicle,* 20/6/2000, <www.commondreams.org/views/062500-103.htm>, consultado el 3/05/2009.

Thompson, M., "Driving blind", *Time,* 15/4/2001, <www.time.com/time/magazine/article/0,9171,99833,00.html>.

Thompson, W., "Arrest of the Confidence Man", *New York Herald,* 8/7/1849, <chnm.gmu.edu/lostmuseum/lm/328/>.

—, Wikipedia, <en.wikipedia.org/wiki/Wiliam_Thompson_(confidence_man)>, consultado el 5/2/2009.

Thompson-Cannino, J.; Cotton, R. y Torneo, E., *Picking Cotton*: *Our memoir of injustice and redemption,* Nueva York, St. Martin's Press, 2009.

Tierney, J., "Betting on the planet", *The New York Times,* 2/12/1990.

—, "Flawed science advisor for Obama?", blog TierneyLab, 19/12/2008a, <tierneylab.blogs.nytimes.com/2008/12/19/flawed-science-advice-for-obama/>.

—, "Science adviser's unsustainable bet (and mine)", blog TierneyLab, 23/12/2008b, <tierneylab.blogs.nytimes.com/2008/12/23/science-advisors-unsustainablebet-and-mine/>.

Till, H., "The Amaranth collapse: What happened and what have we learned thus far?", EDHEC Business School, Lille, 2007.

Titchener, E. B., "The 'feeling of being stared at'", *Science*, 8, 1898.

Todd, W. B., *Thomas J. Wise: Centenary studies*, Austin, TX, University of Texas Press, 1959.

Treakle, A.; Thom, K.; Furuno, J.; Strauss, S.; Harris, A. y Perencevich, E., "Bacterial contamination of health care workers' white coats", *American Journal of Infection Control*, 37, 2009.

Treisman, A., "Monitoring and storage of irrelevant messages in selective attention", *Journal of Verbal Learning and Verbal Behavior*, 3, 1964.

Tsouderos, T., "Miracle drug called junk science", *Chicago Tribune*, 21/5/2009, <www.chicagotribune.com/health/chi-autism-lupron-may21,0,242705.story>.

Tugend, A., "Secrets of confident kids", *Parents*, mayo de 2008.

USA Today On Deadline blog, 7/9/2007, <blogs.usatoday.com/ondeadline/2007/09/policesay-tape.html>.

Van Delft, K., "Chess as a subject in elementary school", inédito , Universidad de Ámsterdam, 1992.

Vanderbilt, T., *Traffic*, Nueva York, Knopf, 2008.

Waddle, S., *The Right Thing*, Brentwood, Integrity Publishers, 2003.

Wade, K. A.; Garry, M.; Read, J. D. y Lindsay, S., "A picture is worth a thousand lies: Using false photographs to create false childhood memories", *Psychonomic Bulletin & Review*, 9, 2002.

Wakefield, A. J. y otros, "Ileal-lymphoid-nodular hyperplasia, non-specific colitis, and pervasive developmental disorder in children", *Lancet*, 351, 1998.

Wedge, D., "Two officers cleared in '95 beating get back $$$", *The Boston Herald*, 20/11/2007.

Weeks, D. y James, J., *Secrets of the superyoung*, Nueva York, Villard Books, 1998.

Weingarten, G., "Pearls before breakfast", *The Washington Post*, 8/4/2007, <www.washingtonpost.com/wp-dyn/content/article/2007/04/04/AR2007040401721.html>.

Weisberg, D. S.; Keil, F. C.; Goodstein, J.; Rawson, E. y Gray, J. R., "The seductive allure of neuroscience explanations", *Journal of Cognitive Neuroscience*, 20, 2008.

Wells, G. L.; Olson, E. A. y Charman, S. D., "The confidence of eyewitnesses in their identifications from lineups", *Current Directions in Psychological Science*, 11, 2002.

"What Jennifer Saw", *Frontiline*, PBS, 1997.

"What's he doing? He's going to Kill us all!", *Times*, 11/4/1977.

"Which?", <www.which.co.uk/advice/braintraining/index.jsp>, consultado el 15/6/2009.

Wikipedia, consultas realizadas para la edición original en inglés de este libro, <en wikipedia.org>, 2009.

Wilder, F. V.; Hall, B. J. y Barrett, J. P., "Osteoarthritis pain and weather", *Rheumatology*, 42, 2003.

Willis, S. L. y otros, "Long-term effects of cognitive training on everyday functional outcomes in older adults", *JAMA*, 296, 2006.

Wilson, T. D. y Schooler, J. W., "Thinking too much: Introspection can reduce the quality of preferences and decisions", *Journal of Personality and Social Psychology*, 60, 1991.

Wogalter, M. S. y Mayhorn, C. B., "Perceptions of driver distraction by cellular phone users and nonusers", *Human Factors*, 47, 2005.

Wolfe, J. M.; Horowitz, T. S. y Kenner, N. M., "Rare items often missed in visual searches", *Nature*, 435, 2005.

Wolinsky, F. D.; Unverzagt, F. W.; Smith, D. M.; Jones, R.; Stoddard, A. y Tennstedt, S. L., "The ACTIVE cognitive training trial and health-related quality of life: Protection that lasts for 5 years", *Journal of Gerontology*, *61A*, 2006.

Woodward, B., *Plan of attack,* Nueva York, Simon & Schuster, 2004.

Wormser, G. P. y otros, "The clinical assessment, treatment, and prevention of Lyme disease, human granulocytic anaplasmosis, and babesiosis: Clinical practice guidelines by the infectious diseases society of America", *IDSA Guidelines*, 43, 2006.

Worthen, B., "Keeping it simple pays off for winning programmer", *The Wall Street Journal*, 20/5/2008, <online.wsj.com/article/ SB121124841362205967.html>.

WTAE-TV4, "Man Jailed After Trying to Pass $1 Million Bill at Pittsburgh Giant Eagle", 9/10/2007, <www.thepittsburghchannel.com/news/14300133/ detail.html?rss=pit&psp=news>.

Yun, S., "Music a sound contribution to healing: Good Samaritan taking cacophony out of hospital care", *Rocky Mountain News,* 31/5/2005, <www. mozarteffect.com/RandR/Doc_adds/RMNews.htm>, consultado el 24/6/2009.

Zerbst, R., *Gaudi: The Complete Buildings,* Hong Kong, Taschen, 2005.

Zimmerman, F. J.; Christakis, D. A. y Meltzoff, A. N., "Associations between media viewing and language development in children under age 2 years", *Journal of Pediatrics*, 151, 2007.

Zuckerman, G. y Karmin, C., "Rebounds by hedge-fund stars prove 'It's a mulligan industry'", *The Wall Street Journal*, 12/5/2008, <online.wsj.com/ article/SB121055428158584071.html>.